Jens Niemeyer

Modellprädiktive Regelung eines PEM-Brennstoffzellensystems

Schriften des
Institus für Regelungs- und Steuerungssysteme,
Universität Karlsruhe (TH)

Band 05

Modellprädiktive Regelung eines PEM-Brennstoffzellensystems

von

Jens Niemeyer

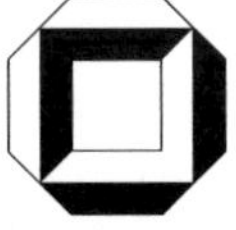

universitätsverlag karlsruhe

Dissertation, Universität Karlsruhe (TH)
Fakultät für Elektrotechnik und Informationstechnik, 2008

Impressum

Universitätsverlag Karlsruhe
c/o Universitätsbibliothek
Straße am Forum 2
D-76131 Karlsruhe
www.uvka.de

Dieses Werk ist unter folgender Creative Commons-Lizenz
lizensiert: http://creativecommons.org/licenses/by-nc-nd/2.0/de

Universitätsverlag Karlsruhe 2009
Print on Demand

ISSN 1862-6688
ISBN 978-3-86644-320-4

Modellprädiktive Regelung eines PEM-Brennstoffzellensystems

Zur Erlangung des akademischen Grades eines

DOKTOR-INGENIEURS

von der Fakultät für Elektrotechnik und Informationstechnik
der Universität Fridericiana Karlsruhe
genehmigte

DISSERTATION

von

Dipl.-Ing. Jens Niemeyer
aus Varel

Tag der mündlichen Prüfung: 20. November 2008

Hauptreferent: Prof. Dr.-Ing. Volker Krebs
Korreferentin: Prof. Dr.-Ing. Ellen Ivers-Tiffée

Friedrichshafen, den 30. November 2008

Vorwort

Die vorliegende Dissertation entstand während meiner Zeit als wissenschaftlicher
Mitarbeiter am Institut für Regelungs- und Steuerungssysteme (IRS) an der Universität Karlsruhe (TH). Dem Leiter des Instituts, Herrn Prof. Dr.-Ing. Volker Krebs,
danke ich herzlich für die Anregungen und Hinweise bei der Durchführung der Arbeit.

Frau Prof. Dr.-Ing. Ellen Ivers-Tiffée, der Leiterin des Instituts für Werkstoffe der
Elektrotechnik (IWE) an der Universität Karlsruhe (TH), danke ich für die Übernahme des Korreferates. Darüber hinaus bedanke ich mich für die Möglichkeit, einen
Brennstoffzellen-Prüfstand ihres Instituts für den Betrieb des hier verwendeten Demonstrator-Systems nutzen zu können.

Das durchgeführte Forschungsprojekt geht aus der Zusammenarbeit mit zwei Fraunhofer-Instituten hervor. Den beteiligten Mitarbeitern am Fraunhofer-Institut für Solare Energiesysteme (ISE) und am Fraunhofer-Institut für Produktionstechnik und
Automatisierung (IPA) danke ich für ihren Einsatz und die Unterstützung bei der
Durchführung des Projektes.

Ein besonderer Dank geht an Michael Buchholz und Martin Kröner für sorgfältiges
Korrekturlesen der Arbeit, an Doris Bickel für das Erstellen der Zeichnungen, an
Matthias Schwaiger für Unterstützung im Umgang mit LaTeX und an Otto Salzburger
für den Aufbau der Regler-Hardware.

Weiterhin bedanke ich noch allen Mitarbeitern und Mitarbeiterinnen des IRS und
danke allen Studienarbeitern und Diplomanden für ihre Beiträge, die zum Gelingen
dieser Dissertation beigetragen haben.

Friedrichshafen, den 30. November 2008

Jens Niemeyer

Inhaltsverzeichnis

Kapitel 1

Einleitung

In der Historie des technischen Fortschritts hatte die Entwicklung neuer Verfahren zur Energiewandlung stets eine herausragende Bedeutung. So ist der Beginn der Industrialisierung eng verknüpft mit der Entwicklung der Dampfmaschine durch Watson. Erst durch ihren Einsatz war es möglich, mechanische Maschinen wie beispielsweise automatische Webstühle zu betreiben. Durch den Einsatz dieser ersten Wärmekraftmaschine ist der Beginn einer ganzen Ära gekennzeichnet.
Die Entwicklung von Ottomotor und Dieselmotor markierten den Beginn der individuellen Mobilität durch deren Einsatz im Automobil und löste einen bis heute ungebrochenen Trend aus. Elektrische Energie kann seit der Entwicklung des Generators durch Siemens im großen Maßstab aus mechanischer Energie erzeugt werden. Sie ist in unserem Alltag fest verwurzelt und hat eine Reihe weiterer Innovationen ausgelöst, vom elektrischen Licht bis hin zu Computer und Mobiltelefon.

Eine spezielle Möglichkeit elektrische Energie zu erzeugen, ist die Verwendung von Brennstoffzellen. Unter einer kontinuierlichen Zufuhr von Reaktionsstoffen läuft dabei eine elektrochemische Reaktion ab, die eine direkte Wandlung der chemischen Energie der Brennstoffe in elektrische Energie ermöglicht. Seit dem Beginn der bemannten Raumfahrt, bei der solche Systeme erstmals technisch eingesetzt wurden, hat eine rasante Weiterentwicklung stattgefunden. Heute gibt es in der Forschung eine Vielzahl von Anwendungen für Brennstoffzellensysteme von Großkraftwerken über elektrisch betriebene Autos bis hin zu kleinen portablen Systemen. Doch zurzeit hat diese Technologie noch keinen kommerziellen Durchbruch erlebt. Sie hat aber das Potential, die bisherigen Versorgungssysteme für elektrische Energie tiefgreifend zu verändern. Zum einen könnten zunehmend Großkraftwerke durch Blockheizkraftwerke auf Basis von Brennstoffzellen ersetzt werden. Diese Form der dezentralen Energieversorgung hat den Vorteil, dass die Abwärme gleichzeitig zum Heizen verwendet werden kann. Zum anderen könnten sich Brennstoffzellen auch für portable Systeme als eine Technologie erweisen, die bisherigen Batterie- und Akkumulatorsysteme überlegen ist.

Neben der Entwicklung geeigneter Materialien und leistungsfähiger Systeme ist die sichere Betriebsführung von Brennstoffzellensystemen ein wesentlicher Aspekt für den Erfolg dieser Technologie.

In der vorliegenden Arbeit geht es darum, eine solche Betriebsführungsstrategie für ein konkretes Brennstoffzellensystem zu entwickeln. Dabei wird ein spezieller Typ von Brennstoffzellen untersucht, die sogenannten PEM-Brennstoffzellen. Die Abkürzung PEM steht für Proton Exchange Membrane oder auch Polymer-Elektrolyt-Membran und bezeichnet den charakteristischen Aufbau des Systems. Als Verbraucher wird ein autonom agierender Staubsauger-Roboter eingesetzt. Der Energiebedarf besteht in Form von elektrischer Energie, die für die elektrischen Antriebe und die Saugturbine benötigt wird. Je nach ausgeführter Aktion des Roboters, wie zum Beispiel reinem Fahrbetrieb oder Fahr- und Saugbetrieb, besteht ein veränderlicher Bedarf an elektrischer Energie.

Ziel ist es, durch den Einsatz regelungstechnischer Methoden einen sicheren und effizienten Betrieb des Systems zu erreichen. In der untersuchten Anwendung ergeben sich durch die auftretenden dynamischen Änderungen des Leistungsbedarfs des Verbrauchers besondere Anforderungen an die Betriebsführung. Die vom Brennstoffzellensystem abgegebene Leistung muss jeweils dem schwankenden Bedarf entsprechen. Zudem soll der Betrieb des Systems möglichst effizient sein, Verluste in den Peripheriekomponenten des Aufbaus sollen minimiert werden, um einen geringen Verbrauch an Reaktionsstoffen zu erzielen. Durch die Betriebsführung soll außerdem das Erreichen ungünstiger Betriebszustände, die zu einer Schädigung des Brennstoffzellensystems führen könnten, verhindert werden.

Im vorliegenden System ist es möglich, nicht nur den aktuellen Bedarf an elektrischer Energie anzugeben, sondern auch in einem gewissen Rahmen Vorhersagen über den zukünftigen Bedarf zu machen. Diese zusätzlich verfügbare Information wird hier ebenfalls für die Regelungsstrategie verwendet. Es wird das klassische Vorgehen bei der Bearbeitung einer regelungstechnischen Aufgabe gewählt: ausgehend von einer physikalischen Modellierung des Systems erhält man nichtlineare Systemgleichungen, die die Dynamik des Energieversorgungssystems wiedergeben. Auftretende Parameter der Gleichungen sind nur teilweise vorab bekannt, unbekannte Parameter werden mittels einer Parameteridentifikation aus Messdaten des realen Systems gewonnen. Das verifizierte Systemmodell wird zur Entwicklung der eigentlichen Regelungsstrategie verwendet. Dabei kommt hier – da eine Vorhersage des Energiebedarfs möglich ist – das Prinzip der modellprädiktiven Regelung zum Einsatz. Durch eine Optimierung werden die Stellgrößen dabei so gewählt, dass der prädizierte Verlauf der Systemtrajektorie den Wert eines entsprechend gewählten Gütemaßes minimiert. Um das System in einem möglichst großen Arbeitsbereich betreiben zu können, werden keine Linearisierungen der Systemgleichungen vorgenommen, sondern es wird die nichtlineare modellprädiktive Regelung umgesetzt und am realen System erprobt.

Die Grundlage dieser Dissertation entstammt dem Projekt „Optimale Betriebsführung von Mini-Brennstoffzellen", das von der Landesstiftung Baden-Württemberg finanziert wurde. Die Finanzierung des Forschungsvorhabens wird dankend anerkannt. Bei dem Projekt handelt es sich um eine Zusammenarbeit des Fraunhofer-Instituts für Solare Energiesysteme (ISE) in Freiburg mit dem Fraunhofer-Institut für Produktionstechnik und Automatisierung (IPA) in Stuttgart und dem Institut für Regelungs- und Steuerungssysteme (IRS) der Universität Karlsruhe (TH).

Die Arbeit gliedert sich in acht Kapitel. Im Kapitel 2 werden die Grundlagen der PEM-Brennstoffzelle erläutert, im Kapitel 3 wird das Anwendungsbeispiel des autonom agierenden Staubsauger-Roboters und das verwendete Brennstoffzellensystem genauer beschrieben. Die physikalische Modellbildung wird im Kapitel 4 ausführlich dargestellt. Im Kapitel 5 werden spezielle Simulationsverfahren und die Identifikation des Systemmodells erläutert. Das hier eingesetzte Regelungskonzept wird im Kapitel 6 beschrieben. Neben der Untersuchung verschiedener Methoden zum Regelungsentwurf wird speziell auf den Ansatz der nichtlinearen modellprädiktiven Regelung und die verwendeten numerischen Methoden eingegangen. Zudem ist für den Betrieb des realen Systems ein Verfahren zur Zustandsschätzung erforderlich. Dazu wird das Sigma-Punkt Kalman-Filter verwendet, das im Kapitel 7 näher beschrieben wird. Die Arbeit wird im Kapitel 8 mit einer Zusammenfassung abgeschlossen.

Kapitel 2

Grundlagen der PEM-Brennstoffzelle

Elektrische Energie ist wichtig für viele Bereiche des modernen Lebens. Durch die Versorgungsnetze steht sie in den entwickelten Ländern praktisch an jedem Ort für den Einsatz von elektrischen Geräten und Maschinen zur Verfügung. Für portable Kleingeräte und Verbraucher, die nicht mit einem Versorgungsnetz verbunden sind, kann elektrische Energie beispielsweise durch Batterien bereitgestellt werden. Aufgrund der großen Bedeutung für das tägliche Leben ist die effiziente Erzeugung elektrischer Energie eine herausfordernde Aufgabe für Ingenieure und Naturwissenschaftler.

Für die Erzeugung elektrischer Energie werden im Wesentlichen zwei Verfahren eingesetzt: die generatorische Erzeugung, die beispielsweise in Großkraftwerken genutzt wird, und die elektrochemische Erzeugung, die in Batterien und Akkumulatoren für portable Kleingeräte zum Einsatz kommt. Weitere Verfahren wie etwa die Photovoltaik oder thermoelektrische Verfahren, die auf dem Peltier-Effekt beruhen, haben in der Praxis nur eine geringe Bedeutung.

Im Folgenden wird zunächst auf die Verfahren der generatorischen und der elektrochemischen Energiewandlung eingegangen, und es werden deren thermodynamische Grundlagen erläutert. Anschließend werden im Abschnitt 2.2 die elektrochemischen Verfahren genauer dargestellt. Dabei wird im Abschnitt 2.3 insbesondere auf die unterschiedlichen Typen von Brennstoffzellen und deren Einsatzgebiete eingegangen, im Abschnitt 2.4 wird dann speziell die Funktionsweise der sogenannten PEM-Brennstoffzelle und deren physikalischer Aufbau erläutert. Das Kapitel schließt mit einem kurzen historischen Überblick im Abschnitt 2.5 und einer kritischen Bewertung der PEM-Brennstoffzellen im Abschnitt 2.6.

2.1　Generatorische und elektrochemische Erzeugung elektrischer Energie

Das Grundprinzip der Erzeugung elektrischer Energie ist die Wandlung aus primären Energieträgern. Dabei können verschiedene Schritte durchgeführt werden. Hier wird auf die generatorische und die elektrochemische Wandlung näher eingegangen.

2.1.1　Generatorische Energiewandlung

Bei der generatorischen Energieerzeugung in Großkraftwerken wird die Wärmeenergie aus der Verbrennung fossiler Brennstoffe wie beispielsweise Kohle oder die Abwärme aus nuklearen Zerfallsprozessen in Atomkraftwerken mittels eines thermodynamischen Kreisprozesses zunächst in mechanische Energie gewandelt, zum Beispiel durch den Antrieb einer Turbine. Diese mechanische Energie wird dann durch einen Generator in elektrische Energie umgesetzt. Es werden also drei Energiewandlungen durchgeführt: die Wandlung von chemischer Energie der Brennstoffe in thermische Energie, die Wandlung thermischer in mechanische Energie und schließlich die Wandlung mechanischer Energie in elektrische Energie.
Betrachtet man den Wirkungsgrad der generatorischen Energiewandlung, so müssen die Wirkungsgrade der einzelnen Schritte miteinander multipliziert werden.

Der Carnot-Prozess beschreibt die Wärmekraftmaschine mit dem höchsten theoretisch erreichbaren thermodynamischen Wirkungsgrad

$$\eta_{\text{Carnot, theoretisch}} = \frac{T_2 - T_1}{T_1} \, .$$

$$(2.1)$$

Dabei ist T_2 die Temperatur des wärmeren und T_1 die Temperatur des kälteren Wärmereservoirs. Bei Dampfkraftwerken findet der sogenannte Clausius-Rankine-Kreisprozess Anwendung. Bei ihm wird Wasser in einem Kessel isobar erhitzt und gelangt dann in einen Überhitzer, um anschließend an einer Turbine mechanische Arbeit zu leisten. Der Turbinendampf wird dann in einem Kondensator isobar kondensiert und durch eine Speisepumpe wieder auf Kesseldruck gebracht [Lei06].
Der Wirkungsgrad des Clausius-Rankine-Prozesses liegt unter dem theoretischen Maximum, das durch den Carnot-Prozess erreicht werden kann. Für die einzelnen Teilschritte liegen nach [Lei06] die folgenden Wirkungsgrade vor:

theoretischer thermodynamischer Wirkungsgrad

des Clausius-Rankine-Prozesses:　　　　　　　　$\eta_{\text{CR, theoretisch}} = 0{,}2 \dots 0{,}5$

Kesselwirkungsgrad:　　　　　　　　　　　　$\eta_{\text{K}} = 0{,}7 \dots 0{,}93$

thermischer Wirkungsgrad der Turbine:　　　　$\eta_{\text{i}} = 0{,}7 \dots 0{,}97$

mechanischer Wirkungsgrad der Turbine:　　　$\eta_{\text{m}} = 0{,}95 \dots 0{,}98$

Generatorwirkungsgrad:　　　　　　　　　　$\eta_{\text{G}} = 0{,}92 \dots 0{,}98$

Eigenbedarfswirkungsgrad (Pumpen, Gebläse):　$\eta_{\text{EB}} = 0{,}9 \dots 0{,}95$

In modernen Dampfkraftwerken kann damit ein elektrischer Gesamtwirkungsgrad von bis zu 45 % erreicht werden.

2.1.2　Elektrochemische Energiewandlung

Systeme zur elektrochemischen Energiewandlung werden als galvanische Elemente oder galvanische Zellen bezeichnet. Sie ermöglichen die direkte Umwandlung der chemischen Energie der Reaktionsstoffe in elektrische Energie. Dabei findet eine räumlich getrennte Redox-Reaktion – also ein Elektronenaustausch zwischen den Reaktionsstoffen – statt. Die Elektronenabgabe wird als Oxidation bezeichnet und findet an der Anode des galvanischen Elements statt. Die Elektronenaufnahme, die Reduktion, vollzieht sich an der Kathode. Anode und Kathode sind räumlich getrennt durch einen Elektrolyten, der selektiv für die Ionen eines der Reaktionsstoffe durchlässig ist. Letztlich ist die Gesamtreaktion durch den Diffusionsstrom der Ionen getrieben, die durch den Elektrolyten transportiert werden können. Die zwischen den Reaktionsstoffen ausgetauschten Elektronen werden über einen äußeren Stromkreis zwischen den beiden Elektroden transportiert und geben dabei elektrische Energie ab. Bei den galvanischen Elementen unterscheidet man verschiedene Typen, die als primäre, sekundäre oder tertiäre Zellen bezeichnet werden [HV98].

Bei den Primärzellen oder auch Primärbatterien besteht ein begrenzter Vorrat an Reaktanden, der im System integriert ist. Bei der Abgabe von elektrischer Energie wird dieser Vorrat aufgebraucht. Die ablaufende Reaktion kann durch Zufuhr von elektrischer Energie in die Zelle nicht umgekehrt werden, die Zelle kann nicht wieder aufgeladen werden. Unter diesen Typen von elektrochemischen Wandlern fallen die üblichen Batterien, wie die gebräuchlichen Alkali-Mangan-Batterien.

Die als Sekundärzellen bezeichneten Systeme besitzen ebenfalls einen festen, im System integrierten Vorrat an Reaktanden, der bei Abgabe von elektrischer Energie umgewandelt wird. Allerdings ist die im System ablaufende elektrochemische Reaktion umkehrbar. Wird elektrische Energie von außen in die Zelle eingespeist, so wird das System wieder aufgeladen und kann danach erneut Energie abgeben. Die Systeme der sekundären Zellen werden auch als Akkumulatoren bezeichnet. Zu ihnen

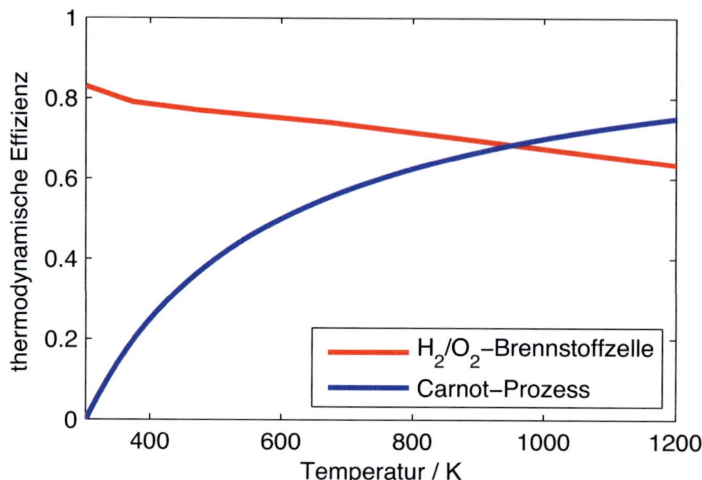

Abbildung 2.1: Vergleich der theoretischen Wirkungsgrade von Brennstoffzellensystemen und Wärmekraftmaschinen

zählen beispielsweise die häufig verwendeten Bleiakkumulatoren (z.B. im Automobilbereich) oder Lithium-Ionen-Akkumulatoren, die vor allem in kleinen portablen Systemen eingesetzt werden.

Brennstoffzellen stellen die Klasse der tertiären elektrochemischen Zellen dar. Im Gegensatz zu den primären und sekundären Zellen ist der Vorrat an Reaktanden im System prinzipiell nicht begrenzt, da eine ständige Zufuhr von außen stattfindet. Das kann im Fall eines stationären Systems beispielsweise die Versorgung mit Erdgas aus dem Versorgungsnetz sein, für portable Systeme werden Gastanks verwendet. Damit können prinzipiell höhere Laufzeiten als bei primären oder sekundären Zellen erreicht werden.

Zur Berechnung des thermodynamischen Wirkungsgrades einer Brennstoffzelle wird das Verhältnis $\eta_{\mathrm{BSZ,\ theoretisch}}$ der freien Reaktionsenthalpie ΔG (auch als Gibbssche Energie bezeichnet) zur Reaktionsenthalpie ΔH der Reaktanden berechnet, das das Verhältnis von nutzbarer zu aufgewendeter Energie beschreibt mit

$$\eta_{\mathrm{BSZ,\ theoretisch}} = \frac{\Delta G}{\Delta H}. \qquad (2.2)$$

Die entsprechenden Werte von ΔG und ΔH können für die Reaktionsgleichung der Literatur [HV98, AdP02] entnommen werden.

Ein Vergleich der theoretischen Wirkungsgrade von Brennstoffzellen und Wärmekraftmaschinen, hier am Beispiel des Carnot-Prozesses, ist in Abbildung 2.1 dargestellt. Im Bereich niedriger Temperaturen ist die Brennstoffzellentechnologie deutlich überlegen. Allerdings müssen für beide Systeme die in der Realität erreichbaren Wirkungsgrade betrachtet werden. Die auftretenden Verluste bei Dampfkraftwerken wurden bereits beschrieben. Bei der Berechnung des elektrischen Wirkungsgrades eines Brennstoffzellensystems müssen die dort auftretenden Verluste ebenfalls berücksichtigt werden. Der elektrochemische Wirkungsgrad η_{el} beschreibt die Differenz zwischen theoretischer Zellspannung und der realen Leerlaufspannung. Der Faraday-Wirkungsgrad η_F beschreibt die Differenz zwischen rechnerischem und realem Stoffverbrauch in der Zelle, die Brenngasausnutzung η_f das Verhältnis von verbrauchtem zu zugeführtem Brennstoff. Schließlich muss noch der Energiebedarf zur Brennstoffaufbereitung $\eta_{Reformer}$ und der elektrische Systemwirkungsgrad $\eta_{el,System}$ berücksichtigt werden, der beispielsweise den Verbrauch an Energie in Peripheriekomponenten beschreibt. Für die erwähnten Wirkungsgrade gilt [IT05]:

$$
\begin{aligned}
\text{elektrochemischer Wirkungsgrad:} \quad & \eta_{el} = \frac{U_a}{U_{th}} \\[2ex]
\text{Faraday-Wirkungsgrad:} \quad & \eta_F = \frac{I}{I_m} \\[2ex]
\text{Brenngasausnutzung:} \quad & \eta_f = \frac{\text{verbrauchter Brennstoff}}{\text{zugeführter Brennstoff}} \\[2ex]
\text{Brennstoffaufbereitung:} \quad & \eta_{Reformer} = \frac{\Delta H}{\Delta H_{fuel}} \\[2ex]
\text{elektrischer Systemwirkungsgrad:} \quad & \eta_{el,System} = \frac{W_{el}}{n_{Zellen} \cdot I \cdot U_a}
\end{aligned}
$$

Für den elektrischen Wirkungsgrad eines Brennstoffzellensystems erhält man damit den Ausdruck

$$\eta_{elektrisch} = \eta_{BSZ,\,theoretisch} \cdot \eta_{el} \cdot \eta_F \cdot \eta_f \cdot \eta_{Reformer} \cdot \eta_{el,System}\,, \tag{2.3}$$

der das Verhältnis von gewonnener elektrischer Energie zur mit den Brennstoffen zugeführten chemischen Energie beschreibt. Kann wie beispielsweise bei Blockheizkraftwerken die Abwärme des Systems genutzt werden, so kann der thermische Wirkungsgrad als

$$\eta_{thermisch} = \frac{\text{gewonnene Wärme}}{\text{chemische Energie des Brennstoffs}} \tag{2.4}$$

definiert werden, und man erhält den Gesamtwirkungsgrad des Systems

$$\eta_{gesamt} = \eta_{elektrisch} + \eta_{thermisch}\,. \tag{2.5}$$

Der Wirkungsgrad von typischen Blockheizkraftwerken, bei denen der elektrische und der thermische Wirkungsgrad berücksichtigt wird, liegt im Bereich von $60-75\,\%$, der rein elektrische Wirkungsgrad liegt im Bereich von $23-28\,\%$ [Vet05].

2.2   Elektrochemische Grundgleichungen

Die einzelne galvanische Zelle ist das Grundelement eines Brennstoffzellenstacks. Sie setzt sich prinzipiell zusammen aus Anode, Kathode und Elektrolyt. Der Elektrolyt ist nicht elektronenleitend, besitzt aber eine ionische Leitfähigkeit. Damit wird das Grundprinzip aller Brennstoffzellen ermöglicht, die räumliche Aufteilung der ablaufenden Redoxreaktion in eine Anodenreaktion und eine Kathodenreaktion.

In der praktischen Anwendung werden mehrere Einzelzellen zu einem Brennstoffzellenstack – oder kurz Stack oder auch Stapel – zusammengefügt. Meist werden die Zellen dabei elektrisch in Serie geschaltet, um eine höhere Ausgangsspannung und kleinere Ströme zu erhalten. Die Zufuhr der Reaktionsgase erfolgt parallel an allen Zellen, sodass sie unter möglichst homogenen Bedingungen betrieben werden.

Die elektrische Kontaktierung der einzelnen Zellen wird durch die sogenannten Bipolarplatten vorgenommen. Sie bestehen aus einem Material mit hoher elektrischer Leitfähigkeit, bei PEM-Brennstoffzellen im Allgemeinen Graphit. Um eine gleichmäßige Versorgung der Zellen mit den Reaktionsstoffen zu ermöglichen, sind in das Material der Bipolarplatten entsprechende Gaskanäle eingefräst, meist als mehrfach parallele Mäanderstrukturen.

Der theoretisch bei der Reaktion ablaufende Stoffumsatz kann mit dem Faraday-Gesetz in Abhängigkeit vom elektrischen Strom berechnet werden. Für eine Stoffkomponente i, deren Moleküle die Ladungszahl z_i haben, gilt

$$N_i = \frac{I}{z_i \cdot F} \, . \tag{2.6}$$

Mit N_i wird der Umsatz der Stoffkomponente in mol beschrieben, der wirkende elektrische Strom mit I in A. Bei F handelt es sich um die Faradaykonstante mit $F = 96485{,}3 \, \frac{C}{mol}$.
Um eine Unterversorgung mit Reaktionsgasen zu vermeiden, wird im Allgemeinen ein Vielfaches dessen zugeführt, was sich aus der Berechnung mit dem Faraday-Gesetz ergibt, also

$$N_{i,\,\text{Zufuhr}} = \lambda_i \cdot \frac{I}{z_i \cdot F} \quad \text{mit} \quad \lambda_i \geq 1 \, . \tag{2.7}$$

Der Faktor λ_i wird als Stöchiometrie bezeichnet. Bei dem hier betrachteten Brennstoffzellenstack liegt er im Bereich von $\lambda_i = 2 - 4$.

2.3 Typen von Brennstoffzellen

Im Zuge der technischen Entwicklung sind verschiedene Typen von Brennstoffzellen
entstanden. Sie unterscheiden sich im physikalischen Aufbau, wie etwa dem verwendeten Elektrolyten, in den durch den Elektrolyten ausgetauschten Ionen, in den
benötigten Reaktionsstoffen und in den Betriebsbedingungen, wie beispielsweise der
Betriebstemperatur. Die gebräuchlichen Typen sind in einem Überblick in Tabelle 2.1 zusammengestellt (nach [HV98]).

Typ	Eigenschaften	
PEMFC (Polymer-Electrolyte-Membrane Fuel Cell)	Betriebstemperatur:	$20\,°C - 80\,°C$
	Elektrolyt:	Polymermenbran
	Oxidationsmittel:	Sauerstoff oder Luft
	primärer Brennstoff:	Wasserstoff
	Anodenreaktion:	$H_2 \rightarrow 2\,H^+ + 2\,e^-$
	Kathodenreaktion:	$\frac{1}{2}\,O_2 + 2\,H^+ + 2\,e^- \rightarrow H_2O$
DMFC (Direct Methanol Fuel Cell)	Betriebstemperatur:	$20\,°C - 80\,°C$
	Elektrolyt:	Polymermenbran
	Oxidationsmittel:	Sauerstoff oder Luft
	primärer Brennstoff:	Methanol
	Anodenreaktion:	$CH_3OH + H_2O$ $\rightarrow 6\,H^+ + 6\,e^- + CO_2$
	Kathodenreaktion:	$\frac{3}{2}\,O_2 + 6\,H^+ + 6\,e^- \rightarrow 3\,H_2O$
AFC (Alcaline Fuel Cell)	Betriebstemperatur:	$90\,°C - 250\,°C$
	Elektrolyt:	Kalilauge
	Oxidationsmittel:	reiner Sauerstoff
	primärer Brennstoff:	Wasserstoff
	Anodenreaktion:	$H_2 + 2\,OH^- + 2\,e^-$ $\rightarrow 2\,H_2O + 2\,e^-$
	Kathodenreaktion:	$\frac{1}{2}\,O_2 + H_2O + 2\,e^- \rightarrow 2\,OH^-$

Tabelle 2.1: Übersicht Typen von Brennstoffzellen

Typ	Eigenschaften	
PAFC (Phosphoric Acid Fuel Cell)	Betriebstemperatur:	$160\,°C - 220\,°C$
	Elektrolyt:	Phosphorsäure
	Oxidationsmittel:	Sauerstoff oder Luft
	primärer Brennstoff:	Wasserstoff
	Anodenreaktion:	$H_2 \rightarrow 2\,H^+ + 2\,e^-$
	Kathodenreaktion:	$\frac{1}{2}\,O_2 + 2\,H^+ + 2\,e^- \rightarrow H_2O$
MCFC (Molten Carbonate Fuel Cell)	Betriebstemperatur:	$600\,°C - 800\,°C$
	Elektrolyt:	Lithium- und Kaliumcarbonat
	Oxidationsmittel:	Sauerstoff oder Luft
	primärer Brennstoff:	Wasserstoff, Methan oder Erdgas
	Anodenreaktion:	$H_2 + CO_3{}^{2-} \rightarrow H_2O + CO_2 + 2\,e^-$
	Kathodenreaktion:	$\frac{1}{2}\,O_2 + CO_2 + 2\,e^- \rightarrow CO_3{}^{2-}$
SOFC (Solid Oxide Fuel Cell)	Betriebstemperatur:	$700\,°C - 1000\,°C$
	Elektrolyt:	Keramik oder Stahl
	Oxidationsmittel:	Sauerstoff oder Luft
	primärer Brennstoff:	Wasserstoff, Methan oder Erdgas
	Anodenreaktion:	$H_2 + O^{2-} \rightarrow H_2O + 2\,e^-$
	Kathodenreaktion:	$\frac{1}{2}\,O_2 + 2\,e^- \rightarrow O^{2-}$

Tabelle 2.1: Übersicht Typen von Brennstoffzellen (Fortsetzung)

Die Polymer-Elektrolyt-Membran-Brennstoffzelle (Polymer-Electrolyte-Membrane Fuel Cell, PEMFC) und die Direkt-Methanol-Brennstoffzelle (Direct Methanol Fuel Cell, DMFC) zählen zu den sogenannten Niedertemperatur-Brennstoffzellen mit einer Betriebstemperatur von unter $100\,°C$, die Alkalische Brennstoffzelle (Alkaline Electrolyte Fuel Cell, AFC) und die Phosphorsäure-Brennstoffzelle (Phosphoric Acid Fuel Cell, PAFC) können im Bereich bis $200\,°C$ betrieben werden, während die Hochtemperatur-Brennstoffzellen, wie die Schmelz-Karbonat-Brennstoffzelle (Molten Carbonate Fuel Cell, MCFC) und die Festelektrolyt-Brennstoffzelle (Solid Oxide Fuel Cell, SOFC) bei $650\,°C$ bzw. bei bis zu $1000\,°C$ eingesetzt werden.

Durch die unterschiedlichen Elektrolyte, Reaktionsstoffe und Betriebstemperaturen weisen die Typen von Brennstoffzellen jeweils spezifische Vor- und Nachteile auf und eignen sich besonders für spezielle Einsatzgebiete. Im Folgenden werden die einzelnen Typen kurz charakterisiert [LD03, HV98, IT05].

PEMFC: Die Betriebstemperatur vom PEMFC-Systemen liegt im Bereich von 20 °C bis 80 °C. Generell können hohe Energiedichten erreicht werden. Damit eigenen sich diese Systeme besonders zum Betrieb von portablen Geräten. Die elektrische Leistung kann dabei zwischen wenigen Watt für Kleingeräte und mehreren kW für Anwendungen im Automobilbereich oder bei Blockheizkraftwerken liegen. Neben reinem Wasserstoff als Brenngas kann auch Methan oder Erdgas verwendet werden, wenn ein sogenannter Reformer verwendet wird, der daraus Wasserstoff erzeugt. Damit nimmt allerdings die Komplexität des Systems zu; die Möglichkeit auf dynamische Lastwechsel zu reagieren nimmt dann ab, da die Dynamik des Reformers begrenzt ist. Außerdem stellt die PEM-Brennstoffzelle erhöhte Anforderungen an die Reformer-Einheit, es dürfen nur sehr geringe Mengen von Kohlenstoffmonoxid im Brenngas vorliegen. Die CO-Moleküle gehen eine chemische Verbindung mit dem Platin-Katalysator in der PEM-Brennstoffzelle ein und vermindern so die Reaktionsfähigkeit für die Wasserstoff-Oxidation der Anodenreaktion. Man spricht dann auch von einer CO-Vergiftung der Zelle.
Eine weitere Schwierigkeit des Betriebs von PEM-Brennstoffzellen ist der Wasserhaushalt des Systems. Durch die niedrige Betriebstemperatur kann es zur Kondensation von Wasser kommen, das den Gasaustausch in der Zelle behindert. Andererseits verbessert die Feuchte die Transporteigenschaften des Elektrolyten. Auf den Aufbau von PEMFC-Systemen wird im nächsten Abschnitt genauer eingegangen, die physikalische Modellierung wird im Kapitel 4 vorgenommen.
Eine neuere Entwicklung sind die sogenannten Hochtemperatur-PEM-Brennstoffzellen (HT-PEM), die im Bereich von $120 - 200\,°C$ betrieben werden. Das Membranmaterial basiert auf Polybenzimidazolen (PBI). Die Vorteile der HT-PEM-Brennstoffzelle bestehen in einer besseren Reaktionskinetik, einer erhöhten CO-Toleranz des Katalysators und dem Wegfall der Problematik des Wasserhaushalts, die bei gewöhnlichen PEM-Systemen auftritt [ZXZ⁺06]. Durch die verbesserte CO-Toleranz vermindern sich die Anforderungen an einen Reformer, der Systemaufbau vereinfacht sich dadurch erheblich.

DMFC: Auch DMFC-Systeme eignen sich besonders für portable Anwendungen. Ein großer Vorteil ist der benötigte Brennstoff. Methanol lässt sich einfacher herstellen als Wasserstoff und hat sich beispielsweise schon in südamerikanischen Ländern als Alternative zu herkömmlichen Brennstoffen etabliert. Es ist bei Zimmertemperatur flüssig, und damit leichter zu transportieren und zu lagern als Wasserstoff. Betrachtet man den Automobilbereich als eine mögliche Anwendung von Brennstoffzellensystemen, so ist keine völlig neue Infrastruktur zur Kraftstoffversorgung erforderlich, der Umgang mit einem flüssigen Medium ist deutlich einfacher als der mit einem gasförmigen.

Mit DMFC-Systemen können nicht die hohen Energiedichten von PEM-Brennstoffzellensystemen erreicht werden. Dies liegt an dem sogenannten Fuel-Crossover des Methanols und der insgesamt langsameren Reaktion im Vergleich zu Wasserstoff-Systemen. Der Crossover-Effekt ist bedingt durch die Wasserlöslichkeit von Methanol. Dadurch kann es durch die Membran diffundieren und direkt an der Kathode reagieren. In der Praxis werden daher geringere Leerlaufspannungen erreicht als bei PEM-Brennstoffzellensystemen. Auch beim Aufschalten eines Laststromes liegt die Ausgangsspannung unter den Werten für ein vergleichbares PEM-Brennstoffzellensystem.

AFC: AFC-Systeme besitzen einen flüssigen Elektrolyten in Form von Kalilauge, der entweder durch das System gepumpt wird oder in einem Trägermaterial gebunden ist. Ein Nachteil des Systems besteht darin, dass schon geringe Konzentrationen von CO_2 zu Reaktionen führen, die die Ionenleitfähigkeit des Elektrolyten herabsetzen. Daher ist praktisch nur der Betrieb mit reinem Sauerstoff möglich. Dennoch wurden AFC-Systeme zu Beginn der bemannten Raumfahrt eingesetzt, die Leistung der Systeme lag dabei im Bereich von mehreren kW. Je nach Design des Systems liegt die Betriebstemperatur bei 80 °C bis 260 °C.

PAFC: Bei PAFC-Systemen besteht der Elektrolyt aus Phosphorsäure, die in einem porösen Trägermaterial gebunden ist. Im Betrieb muss die Temperatur über 42 °C gehalten werden, da die Phosphorsäure sonst in den festen Aggregatzustand übergeht und in der Zelle mechanische Spannungen entstehen. Zum Betrieb mit Methan oder Erdgas muss eine externe Umwandlung in Wasserstoff, eine Reformierung, durchgeführt werden. PAFC-Systeme werden vor allem im Leistungsbereich von 50 bis 200 kW eingesetzt. Die Gesamtleistung der existierenden Demonstrationsanlagen liegt über 65 MW.

MCFC: Die MCFC gehört zu den Hochtemperatur-Brennstoffzellen. Das bedeutet, dass auch reines Methan oder Erdgas durch eine interne Reformierung in der Zelle direkt umgesetzt werden können. Der Leistungsbereich dieser Systeme liegt bei 250 kW bis 2 MW. Durch die im Allgemeinen langen Aufheizzeiten eignen sich MCFC-Systeme vor allem zur Abdeckung von Grundlast. Systeme wie das „Hot Module" der Firma CFC Solutions können schon als erste kommerzielle Systeme betrachtet werden.

Probleme bei MCFC-Systemen ergeben sich durch die hohe Betriebstemperatur, die im Langzeitbetrieb zum Nachsintern des als Katalysator verwendeten Nickels führt, und die chemischen Eigenschaften der Karbonat-Schmelze, die zur Korrosion der verwendeten Materialien führt.

SOFC: Die SOFC ist das Brennstoffzellensystem mit der höchsten Betriebstemperatur von bis zu 1000 °C. Dadurch kann wie bei der MCFC eine interne Reformierung von Erdgas durchgeführt werden. Es wird meist ein keramischer Elektrolyt verwendet, es können aber auch spezielle Stahl-Legierungen eingesetzt werden.

Durch die sehr hohe Betriebstemperatur stellt die SOFC besonders hohe Anforderungen an die verwendeten Werkstoffe, ein Ziel der Entwicklung ist es, den Betrieb bei niedrigeren Temperaturen zu ermöglichen. Die Anwendungen von SOFC-Brennstoffzellen liegen vor allem im Bereich von Kraftwerken und Blockheizkraftwerken, der Einsatz zur elektrischen Energieversorgung im Automobil ist aber auch denkbar.

Alle vorgestellten Brennstoffzellensysteme befinden sich noch in einer Entwicklungsphase, der kommerzielle Einsatz solcher Systeme steht – bis auf wenige Ausnahmen – noch bevor. Im Bereich der großtechnischen Energieerzeugung durch Kraftwerke gibt es schon eine große Zahl von Pilotanlagen, beispielsweise im 250 kW-Bereich [FEKM04], im Bereich kleiner Systeme gibt es Prototypen in unterschiedlicher Ausprägung, wie beispielsweise sogenannte Power-Box-Systeme zur netzunabhängigen Energieversorgung, die klassische Generatoren ersetzen könnten. Erste kommerzielle Einsatzgebiete sind U-Boote [HK06] und Segelyachten. Im militärischen Bereich gibt es verschiedene Anwendungen, wie die Energieversorgung eines Stützpunktes, das sogenannte „Silent Camp" [HBBB06].
Das Ziel der Entwicklungen ist es jedoch, über den Bereich von Nischen-Produkten herauszukommen und den Massenmarkt zu erreichen. Mögliche Einsatzgebiete sind Blockheizkraftwerke zur dezentralen Energieversorgung oder der Automobilbereich. Dort könnten Brennstoffzellen den klassischen Verbrennungsmotor ersetzen oder als zusätzliche Energiequelle für elektrische Verbraucher (Auxiliary Power Unit, APU) eingesetzt werden.

Zum Erreichen dieser Ziele müssen noch einige technische Probleme gelöst werden, die generell für alle Brennstoffzellentypen ähnlich wenn auch unterschiedlich stark ausgeprägt sind. Vor allem im Bereich Langzeitstabilität der Werkstoffe, Alterung und Degradation müssen noch weitere Verbesserungen erzielt werden. Beim Einsatz im Automobil müssen auch Aspekte wie Platzbedarf, der Einfluss von Vibrationen und der Start des Systems bei Temperaturen unterhalb des Gefrierpunktes berücksichtigt werden.
Eine weitere große Hürde stellen die Kosten dar, erst wenn sie im Bereich von etablierten Techniken liegen (z.B. 50 Euro/kW im Automobilbereich) und wenn die Systeme eine mit den etablierten Technologien vergleichbare Zuverlässigkeit aufweisen, wird der Eintritt in den Massenmarkt gelingen.

Ein wesentlicher Aspekt zur Verbesserung der Leistungsfähigkeit von Brennstoffzellen ist die Weiterentwicklung der verwendete Materialien. Um jedoch ein bestehendes System möglichst effizient und sicher zu betreiben, müssen entsprechende systemtheoretische Methoden entwickelt und angewendet werden. Der Fokus bisheriger Forschungsarbeiten lag sehr stark im Bereich der Materialentwicklung, Untersuchungen der Betriebsführungsstrategie wurden nur vereinzelt durchgeführt. Eine entsprechende systematische Untersuchung für ein konkretes PEM-Brennstoffzellensystem ist das Thema dieser Arbeit. Ziel ist die Anpassung der abgegebenen elektrischen Leistung an einen variablen Verbraucher. Der Brennstoffzellenstack soll dabei in einem zulässigen Arbeitspunkt betrieben werden, Leistungsverluste in den Komponenten der Peripherie sollen minimiert werden, um eine hohe Laufzeit zu erreichen. Mit Verfahren der Systemtheorie lassen sich noch weiterführende Aufgaben lösen, wie die Überwachung des Systems im Betrieb mit dem Ziel Fehler detektieren und eine Fehlerdiagnose durchführen zu können. Auf diese Möglichkeiten wird im Folgenden nicht weiter eingegangen. Entsprechende Ansätze für PEM-Brennstoffzellensysteme wurden beispielsweise in [NK04, BPNK06, BPNK07] und für SOFC-Systeme in [HRK$^+$04] veröffentlicht.

Das in dieser Arbeit entwickelte Regelungskonzept wird für ein PEM-Brennstoffzellensystem realisiert. Daher wird im folgenden Abschnitt genauer auf die grundsätzliche Funktionsweise dieses Brennstoffzellentyps eingegangen.

2.4 Funktionsweise der PEM-Brennstoffzelle

Zunächst wird ein Überblick über die grundsätzlichen physikalischen Eigenschaften von PEM-Brennstoffzellen gegeben. Das in dieser Arbeit verwendete Demonstratorsystem ist im Kapitel 3 beschrieben. Die detaillierte physikalische Modellierung wird im Kapitel 4 vorgestellt.

2.4.1 Physikalische Eigenschaften

Der schematische Aufbau einer PEM-Brennstoffzelle ist in Abbildung 2.2 wiedergegeben. Anode und Kathode setzen sich jeweils aus einer porösen Diffusionsschicht, die auch als Gas Diffusion Layer (GDL) oder Backing bezeichnet wird, und einer Reaktionsschicht zusammen. Die Diffusionsschicht ermöglicht den Gasaustausch im System und erzeugt eine mechanische Stabilität. In der Reaktionsschicht sind fein verteilte Platin-Partikel aufgebracht, die als Katalysator der Anoden- und Kathodenreaktion fungieren. Sie wird auch als katalytische Schicht bezeichnet.
Der Elektrolyt wird bei PEM-Brennstoffzellen üblicherweise als Membran bezeichnet. Er besteht aus perfluorierten, sulfonisierten Polymeren, eines der gebräuchlichen Materialien ist Nafion der Firma DuPont. Die ionische Leitfähigkeit der Polymers

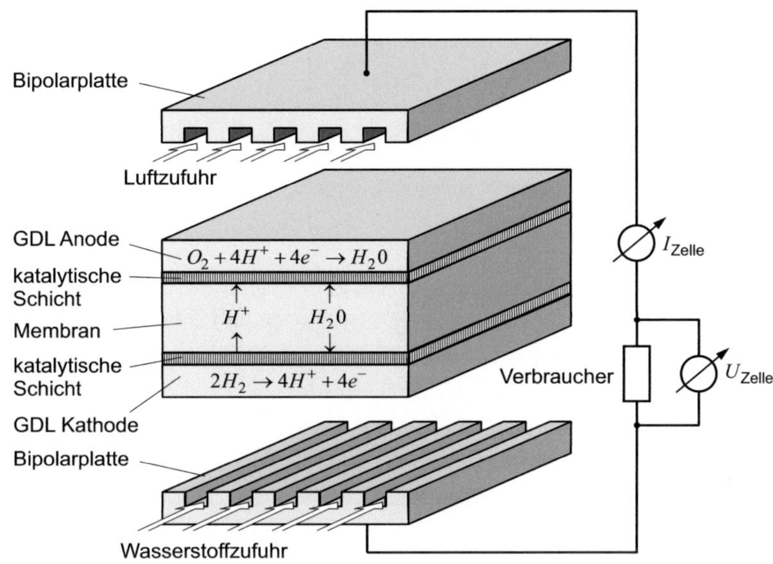

Abbildung 2.2: Schematischer Aufbau einer PEM-Zelle

entsteht bei Anwesenheit von Wasser, die sulfonisierten Endgruppen ($-SO_3H$) geben jeweils ein Proton ab, das dann durch den Elektrolyten transportiert werden kann. Die Protonen-Leitfähigkeit der Membran sollte möglichst hoch sein. Darüberhinaus sollte sie gasdicht für die Reaktionsgase sein, also einen direkten Übertritt von Wasserstoff an die Kathode oder von Sauerstoff an die Anode verhindern.

Hersteller liefern Membran und die beiden Elektroden als eine Einheit in Form der sogenannten MEA (Membrane-Electrode-Assembly). Zusätzlich zu den beiden Gasdiffusionsschichten werden dann noch die Bipolarplatten benötigt. Sie sind meist aus Graphit gefertigt und dienen zum einen der elektrischen Kontaktierung von Anode und Kathode. Durch die eingefrästen Gaskanäle, die auch als Flowfield bezeichnet werden, dienen sie außerdem zur gleichmäßigen Verteilung der Gase über der Membranfläche. Die typischen Schichtdicken der Materialien von PEM-Zellen sind in Tabelle 2.2 angegeben.

Bei der PEM-Brennstoffzelle wird an der Anode Wasserstoff in Protonen und Elektronen aufgespalten. Die Protonen können durch den Elektrolyten transportiert werden, die Elektronen wandern über den Stromkreis mit dem elektrischen Verbraucher. An der Kathode reagieren Sauerstoff, Protonen und Elektronen zu Wasser. Die Reaktionsgleichungen der PEM-Brennstoffzelle lauten:

$$\begin{array}{lll}
\text{H}_2 & \rightarrow\ 2\,\text{H}^+ + 2\,\text{e}^- & \text{(Anodenraktion)} \\
\frac{1}{2}\,\text{O}_2 + 2\,\text{H}^+ + 2\,\text{e}^- & \rightarrow\ \text{H}_2\text{O} & \text{(Kathodenreaktion)} \\
\hline
\text{H}_2 + \frac{1}{2}\,\text{O}_2 & \rightarrow\ \text{H}_2\text{O} & \text{(Zellreaktion)}
\end{array}$$

Gasdiffusionsschicht	350 μm
katalytischen Schicht	50 μm
Membran	175 μm

Tabelle 2.2: Dicken der Schichten in der PEM-Brennstoffzelle nach [Wöh00]

Ein wichtiger Aspekt beim Betrieb eines PEM-Systems ist der Wasserhaushalt im System. Zum einen ist Wasser erforderlich, um eine hohe Leitfähigkeit des Elektrolyten zu erreichen. Dabei verbessert sich die Leitfähigkeit mit steigender Feuchte (siehe auch Kapitel 4). Wasser entsteht bei der Kathodenreaktion, und es kann durch den Elektrolyten diffundieren und so auch die Anodenseite erreichen. Außerdem wird Wasser durch den sogenannten Drag-Effekt mit dem Protonenstrom von der Anode zur Kathode befördert. Eine zu hohe Feuchte kann zur Kondensation des Wassers führen. Dieser Effekt ist im Betrieb unerwünscht, denn er vermindert den Gasaustausch in den Diffusionsschichten. Für eine Betriebsführungsstrategie ist daher der Wasserhaushalt der Zelle von wesentlicher Bedeutung.

Um elektrische Leistung aus einer Zelle zu bekommen, muss sie durch einen Verbraucher belastet werden. Dabei gibt es verschiedene Möglichkeiten, wie diese Last ausgeprägt sein kann. Es gibt den galvonostatischen Betrieb, bei dem ein bestimmter Strom auf die Zelle aufgeprägt wird und den potentiostatischen Betrieb, bei dem eine bestimmte Spannung aufgeprägt wird. Als drittes besteht noch die Möglichkeit, einen festen Widerstand als Last zu verwenden.
Häufig wird die Vorgabe des Laststroms durchgeführt. Je nach Belastung und aktuellem Betriebszustand der Zelle kann eine entsprechende Ausgangsspannung gemessen werden. Ein beispielhafter statischer Verlauf mit den auftretenden Verlusteffekten ist in Abbildung 2.3 dargestellt. Im Bereich kleiner Stromdichten fallen besonders die Elektrodenverluste ins Gewicht, im Bereich mittlerer Stromdichten ist der Verlauf vor allem durch die ohmschen Verluste geprägt, während bei hohen Stromdichten eine Massenstrom-Limitierung – also eine auftretende Begrenzung der Zufuhr der Reaktionsstoffe – zu einem Abfall der Spannung führt. Eine genaue physikalische Beschreibung der Vorgänge wird im Kapitel 4 vorgenommen.

2.4.2   Systemaufbau

Ein Brennstoffzellenstack besteht im Allgemeinen aus mehreren Zellen, die elektrisch in Serie geschaltet sind, um eine höhere Ausgangsspannung zu erreichen. Bei der Serienschaltung der einzelnen Zellen wird durch Spannschrauben der nötige Anpressdruck erzeugt. Der schematische Aufbau eines Stacks ist in Abbildung 2.4 dargestellt.

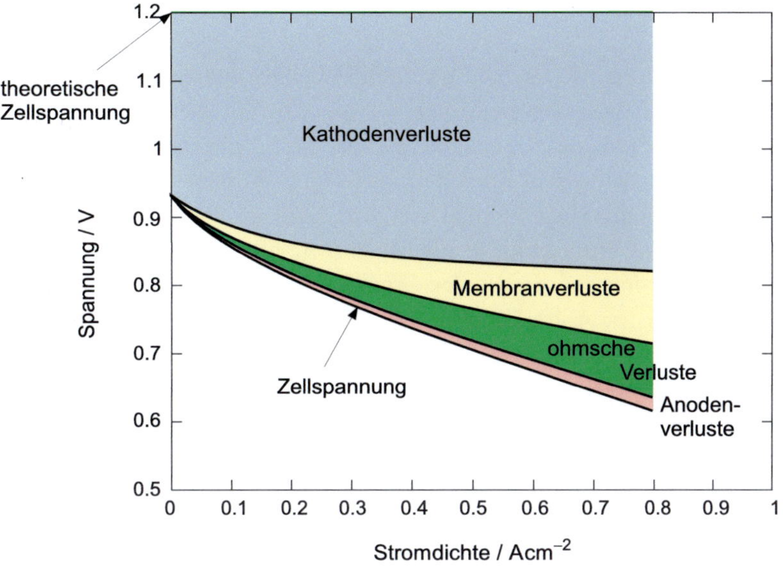

Abbildung 2.3: Typischer Verlauf einer Strom-Spannungskennlinie mit auftretenden Verlusten nach [BV92]

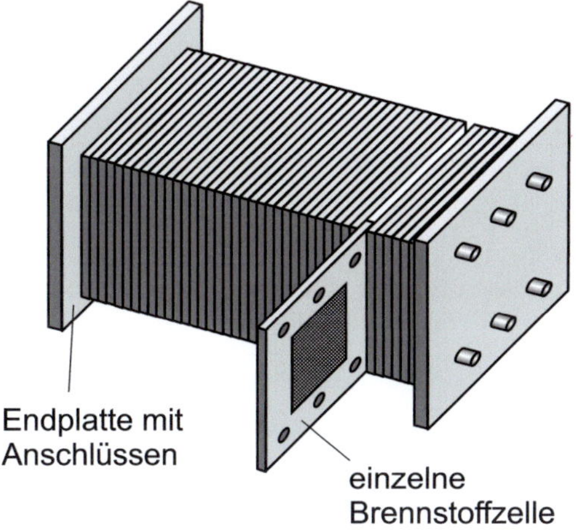

Abbildung 2.4: Aufbau eines Brennstoffzellenstacks

Über den Brennstoffzellenstack hinaus werden für den Betrieb noch weitere Systemkomponenten benötigt:

Brenngasversorgung: Je nach Einsatzgebiet des Systems werden unterschiedliche Systeme zur Brenngasversorgung verwendet. Für portable Systeme können Metallhydrid-Speicher, Druckgasflaschen oder Flüssiggas-Speicher verwendet werden. In Metallhydrid-Speichern geht der Wasserstoff eine chemische Reaktion mit einem Metallhydrid ein und wird so gebunden. Die Abgabe des Wasserstoffs ist eine endotherme Reaktion, für deren Ablauf Wärmeenergie zugeführt werden muss. Da der Wasserstoff gebunden ist und der Speicher nicht unter Druck steht, ist dies eine sehr sichere Art des Speicherns. Mit den entsprechenden Materialien, wie beispielsweise Nickel-Mangan-Hydrid NiMg, können hohe Speicherraten in Volumen pro Gewicht H_2 erreicht werden. Das Gewicht dieser Speicher ist jedoch sehr hoch.

Der typische Speicher für kleine Mengen von Wasserstoff sind Druckgasflaschen. Problematisch ist auch hier das Gewicht, wenn man beispielsweise Mengen speichern möchte, die für den Betrieb eines Automobils erforderlich sind. Eine andere Möglichkeit besteht darin, Wasserstoff flüssig zu speichern, nachdem er entsprechend heruntergekühlt wurde. Bei dieser Art von Speicher ist vor allem die thermische Isolation entscheidend. Bei einem Anstieg der Temperatur steigt auch der Druck im Speicher. Bei zu hohem Druck muss Wasserstoff abgelassen werden, um die Zerstörung des Tanks zu verhindern. Der Vorgang der Verflüssigung von Wasserstoff ist energieaufwendig und setzt den Wirkungsgrad des Gesamtsystems herab.

Für stationäre Anwendungen aber auch im Automobilbereich gibt es als Alternative noch die Möglichkeit der Reformierung [KWL$^+$05, Vet05, PSP04], also der Umwandlung einer Kohlenwasserstoff-Verbindung wie Methan in Wasserstoff und Kohlenstoffdioxid. Entsprechende Systeme erhöhen die Komplexität des Gesamtsystems und setzen die Möglichkeit auf Lastwechsel schnell reagieren zu können herab. Für PEM-Brennstoffzellen ist der Aufwand bei der Reformierung hoch, da schon kleine Menge von CO die Wirkung der katalytischen Schicht herabsetzen und zu einer CO-Vergiftung führen.

Sauerstoffversorgung: Mit Ausnahme von speziellen Anwendungen wie der Raumfahrt werden PEM-Brennstoffzellen mit Luft statt mit reinem Sauerstoff betrieben. Die Luftzufuhr geschieht mittels einer Pumpe oder eines Kompressors. Bei einer speziellen Ausprägung von PEM-Systemen, den sogenannten planaren Systemen, wird die Kathode nicht aktiv mit Luft versorgt. Es handelt sich um flache Systeme mit einer entsprechend großen Oberfläche, die den benötigten Sauerstoff passiv aus der umgebenden Raumluft beziehen. Sie werden daher auch als „selbst-atmende Systeme" bezeichnet.

Kühlsystem: Die Reaktionswärme der Zellreaktion führt zu einer Aufheizung des Brennstoffzellenstacks. Zu hohe Temperaturen führen zu einem Austrocknen des Systems und können so zu Schädigungen führen. Mit Ausnahme von sehr kleinen Systemen ist daher im Allgemeinen ein spezielles Kühlsystem erforderlich. Es gibt Systeme mit Luftkühlung, die z.B. durch Kühlkörper und einen Lüfter erreicht werden kann. Bei Systemen mit Wasserkühlung befinden sich in den Biploarplatten zusätzlich zur Gasversorgung auch Kanäle, durch die Kühlwasser geleitet werden kann. Durch einen Wärmetauscher und gegebenenfalls einen Lüfter kann so die Reaktionswärme aus dem Stack abgeführt werden, bei Blockheizkraftwerken wird sie weiter genutzt.

Spannungswandler: Um einen Verbraucher mit einem Brennstoffzellensystem zu betreiben, ist eine stabilisierte Ausgangsspannung oder die Wandlung in eine Wechselspannung erforderlich. Dazu wird ein DC/DC- bzw. DC/AC-Wandler benötigt. Um einen hohen Wirkungsgrad des Gesamtsystems zu erreichen, müssen auftretende Wandler-Verluste möglichst minimiert werden. Daher muss eine Auslegung entsprechend der Leistungsdaten des jeweiligen Stacks vorgenommen werden.

Durch die geeignete Auslegung aller Komponenten kann ein PEM-Brennstoffzellensystem aufgebaut werden, das den Anforderungen durch den Verbraucher gerecht wird. Die wesentlichen Aspekte sind dabei die Auslegung des Stacks und der Versorgung mit Brennstoffen, sowie die Auslegung des Kühlsystems. Erst durch eine geeignete Betriebsführungsstrategie kann dann ein sinnvoller Betrieb des Systems erreicht werden.

2.5   Historische Entwicklung

Effekte, die auf elektrischer Spannung beruhen, wurden erstmals mit den berühmten Froschschenkel-Experimenten von Galvani im Jahre 1780 entdeckt. Das erste Verfahren zur Erzeugung elektrischer Energie war ein elektrochemisches: die Voltaschen Säulen, die etwa um 1800 entwickelt wurden, stellen einen Vorläufer heutiger Batterien dar.

Als Entdecker des Brennstoffzelleneffektes gilt Christian Friedrich Schönbein. Er konnte die Polarisierung von Gasen und Flüssigkeiten an einer Platin-Elektrode nachweisen. Die erste Veröffentlichung stammt vom Januar 1839. Als Erfinder der Brennstoffzelle gilt Sir William Robert Grove. Es ist möglich, dass er seine Experimente begann, nachdem er die Veröffentlichung von Schönbein gelesen hat [Bos00]. Seine erste Veröffentlichung stammt ebenfalls aus dem Jahr 1839, sie bestätigt im wesentlichen Schönbeins Experimente. Dennoch gilt Grove unbestritten als Erfinder

der Brennstoffzelle, die er selbst als „gaseous voltaic battery", als Gasbatterie, bezeichnete. Dabei entwickelte er unterschiedliche Aufbauten mit bis zu zehn in Serie geschalteten Zellen.

Die Möglichkeit der generatorischen Energieerzeugung aus mechanischer Energie wurde erst 1866 von Werner von Siemens mit dem Bau einer Dynamomaschine ermöglicht. Dennoch konnte sie die Brennstoffzelle verdrängen, da sie den einfacher zu beherrschenden und günstiger herzustellenden Energiewandler darstellte.

Mit dem Beginn der Raumfahrt wuchs wieder das Interesse an der Brennstoffzelle. Für diese spezielle Anwendung war sie anderen Technologien überlegen: Sie ermöglichte eine lange Laufzeit bei geringem Gewicht. Für die bemannte Raumfahrt konnte zudem das entstehende Wasser genutzt werden. Andere Batterie-Technologien sind unter diesem Gesichtspunkt unterlegen. Zudem waren die Kosten des Systems von nachrangiger Bedeutung [LD03].

Durch das Voranschreiten der technischen Entwicklung dieser Systeme wurden sie auch für weitere Anwendungen interessant. So konnte beispielsweise die Platinbeladung der katalytischen Schicht von PEM-Brennstoffzellen um den Faktor 100 reduziert werden [CS01a], was zu einer erheblichen Kostenreduktion führte.

Aktuell betreiben viele der großen Automobilhersteller, wie etwa Daimler, General Motors, Volkswagen, Honda und Toyota Testfahrzeuge mit PEM-Systemen mit einer Leistung von bis zu 100 kW [IT05]. Dennoch ist gerade der Einsatz von PEM-Brennstoffzellen mit Wasserstoff als Brennstoff sehr umstritten.

2.6   Kritische Bewertung

Der Einsatz von Brennstoffzellen kann für spezielle Anwendungen lohnenswert sein. Das ist der Fall, wenn netzunabhängig eine lange Laufzeit mit geringem Gewicht erforderlich ist, lokale Emissionen oder Lärm unerwünscht sind. Andere Batterie- und Akkumulatortechnologien ermöglichen bei gleichem Gewicht nicht die Laufzeiten eines Brennstoffzellensystems mit entsprechendem Gastank. Klassische Wärmekraftmaschinen erzeugen immer auch lokale Emissionen und Lärm.

Weitere Vorteile speziell der PEM-Brennstoffzelle bestehen darin, dass auch auf große Lastwechsel relativ schnell reagiert werden kann und der Systemaufbau im Vergleich zu den Hochtemperatur-Systemen erheblich einfacher ist.

Außerdem scheint Wasserstoff zunächst ein idealer Energieträger zu sein, bei dessen Reaktion keine schädlichen Emissionen freigesetzt werden, sondern nur Wasser. So wird beispielsweise in einem Forschungsbericht der Europäischen Union [Hig03] der Umstieg der Energiewirtschaft auf Wasserstoff propagiert. Als Argumente werden neben der „sauberen" Energieform eine Reduktion der CO_2-Emissionen und die Unabhängigkeit vom Öl und anderen Energieträgern aufgeführt. Wasserstoff ermögliche demnach eine besonders effiziente und nachhaltige Energiewirtschaft.

Diese Argumente halten einer wissenschaftlichen Überprüfung wie beispielsweise [BET03] nicht stand. Oftmals wird die Effizienz von PEM-Systemen ohne den erforderlichen Aufwand zur Erzeugung von Wasserstoff berechnet, der Wirkungsgrad der Brenngasaufbereitung η_{Ref} wird dann vernachlässigt. Die Herstellung ist energetisch aufwendig und senkt damit die Effizienz des Gesamtsystems. Dieser Schritt, der entweder durch Elektrolyse oder eine Reformierung realisiert wird, ist für andere Energiewandler nicht erforderlich und daher ein spezieller Nachteil von PEM-Systemen. Selbst wenn zur Elektrolyse elektrische Energie aus regenerativen Quellen verwendet würde, wäre es effizienter die Energie ins elektrische Versorgungsnetz einzuspeisen, statt daraus Wasserstoff zu erzeugen, der in einem weiteren Wandlungsschritt in einer Brennstoffzelle wieder in elektrische Energie zurückgewandelt würde. Auch abgesehen von der Herstellung hat Wasserstoff als Energieträger noch weitere Nachteile im Vergleich zu anderen Stoffen. Der Energiegehalt bezogen auf das Gewicht ist gut, wird jedoch das Volumen betrachtet, so schneidet Wasserstoff deutlich schlechter ab als andere Energieträger. Der Energieaufwand zur Kompression ist im Vergleich zu anderen gasförmigen Energieträgern deutlich höher, der Transport durch Pipelines ist mit großen Verlusten behaftet und insgesamt ist der Umgang mit einem gasförmigen Energieträger bei Betankungen wie im Automobilbereich erforderlich deutlich aufwendiger als der Umgang mit einer Flüssigkeit [BET03].
Der baldige großtechnische Umstieg auf eine Wasserstoffwirtschaft und der Aufbau eines Wasserstoff-Tankstellennetzes sind daher kritisch zu hinterfragen. Technologische Herausforderungen im Umgang mit diesem Energieträger müssen noch gelöst werden.

Dennoch gibt es spezielle Anwendungen, bei denen der Einsatz von PEM-Brennstoffzellen sinnvoll sein kann. Neben der Effizienz der Energiewandlung müssen auch weitere Aspekte berücksichtigt werden, wie eben das Entstehen von lokalen Emissionen oder Lärm beim Betrieb des Systems. Die Robotik gehört zu den Anwendungen, bei denen die Vorteile der PEM-Brennstoffzellensysteme relevant sind. So können bei Anwendungen, die in geschlossenen Räumen betrieben werden, Abgase nicht toleriert werden. Außerdem kann in der Robotik die erhöhte Laufzeit im Vergleich zu einem Akkumulatorsystem ein wesentlicher Vorteil sein.

Kapitel 3

Demonstrator-System

Generell stellen autonom agierende Robotersysteme ein sinnvolles Anwendungsgebiet für die Energieversorgung mit einem Brennstoffzellensystem dar. Vorteile gegenüber Akkumulatorsystemen bestehen insbesondere dann, wenn eine lange Laufzeit ohne Unterbrechungen zum Aufladen oder Tauschen des Energiespeichers erforderlich ist. Mit dem Einsatz eines Brennstoffzellensystems mit entsprechend dimensioniertem Brennstoffspeicher können höhere Energiedichten erreicht werden, das System bietet dann Vorteile in Bezug auf Größe und Gewicht im Vergleich zu einem Batteriesystem gleicher Leistung.

Hier wird als konkretes Anwendungsbeispiel ein autonom agierender Staubsauger-Roboter betrachtet. Durch eine Erweiterung des zugrunde liegenden, kommerziell erhältlichen Systems mit zusätzlicher Sensorik kann eine intelligente Wegplanung durchgeführt werden, die auch eine Vorhersage über den Leistungsbedarf des Systems zulässt.

Das Brennstoffzellensystem ist so ausgelegt, dass der Energiebedarf des Roboters gedeckt werden kann. Durch die Betriebsführungsstrategie soll die Leistungsabgabe der Brennstoffzelle an den variablen Bedarf des Roboters angepasst werden. Dabei soll das System in einem günstigen Arbeitspunkt betrieben werden und es soll eine möglichst lange Laufzeit erreicht werden. Beide Komponenten – das Brennstoffzellensystem und der Roboter – werden im Folgenden beschrieben. Im Abschnitt 3.1 wird genauer auf den Aufbau des Brennstoffzellensystems eingegangen, die Eigenschaften des Robotersystems werden im Abschnitt 3.2 und das vollständige Demonstrator-System im Abschnitt 3.3 dargestellt.

3.1 Brennstoffzellensystem

Das verwendete Brennstoffzellensystem basiert auf einem kommerziellen PEM-Stack der Firma Staxon. Die Auslegung und der Aufbau des Systems wurden vom ISE vor-

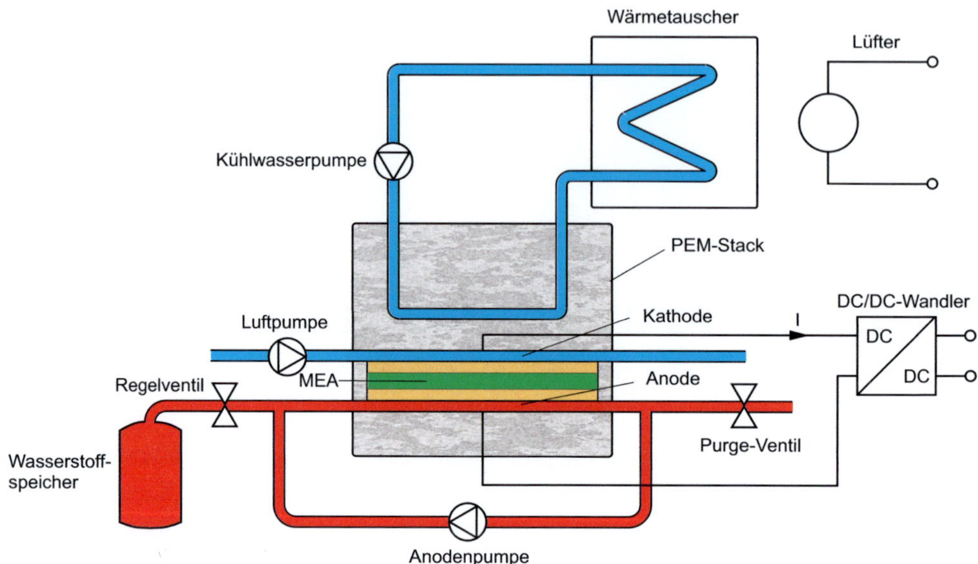

Abbildung 3.1: Schematische Darstellung des Brennstoffzellensystems

genommen. Der schematische Aufbau des Systems ist in Abbildung 3.1 dargestellt. Der Stack dabei wird durch eine einzelne Zelle wiedergegeben, der verwendete Stack besteht aus 40 Zellen, die elektrische in Serie geschaltet sind. Die Versorgung mit Reaktionsgasen für die einzelnen Zellen erfolgt parallel. Die technischen Daten des Stacks sind in Tabelle 3.1 angegeben.

Am Stack können die Gesamtspannung und der Gesamtstrom gemessen werden. Zusätzlich sind die Einzelzellspannungen von fünf Zellen messtechnisch zugänglich. Es handelt sich dabei um die im Stack geometrisch am weitesten unten liegenden Zellen, die auch von der Zufuhr der Brennstoffe am weitesten entfernt sind. Bei diesen Zellen zeigen sich ungünstige Betriebsbedingungen wie eine Unterversorgung mit den Reaktionsgasen – die zu einer Schädigung des Stacks führen würde und die daher unbedingt zu vermeiden ist – oder eine Reduktion des Gasaustauschs durch die Entstehung von kondensiertem Wasser besonders deutlich. Weichen die gemessenen Spannungswerte von der gemittelten Zellspannung (Stackspannung geteilt durch die Anzahl der Zellen) um mehr als 150 mV ab, muss eine Abschaltung der Last vorgenommen werden.

Die Versorgung das Systems mit Wasserstoff kann entweder im Prüfstand durch eine Versorgungsleitung oder im autonomen Betrieb durch eine kleine Gasdruckflasche vorgenommen werden. Die Zufuhr zur Anode wird mit dem Regelventil eingestellt. Dabei handelt es sich um ein diskretes Ventil, das zwischen den Positionen vollständig geöffnet und vollständig geschlossen umgeschaltet werden kann. Die Ansteuerung

Anzahl der Zellen	40
maximaler Laststrom	20 A
aktive Membranfläche	ca. $1000\,\mathrm{cm}^2$ bei 40 Zellen
Abmessungen, L × B × H	$190 \times 120 \times 52\,\mathrm{mm}^3$
Gewicht	2,1 kg

Tabelle 3.1: Technische Daten des verwendeten Stacks der Firma Staxon [Sta05]

wird durch einen Zweipunktregler vorgenommen, durch den der an der Anode gemessene Überdruck zur Umgebung zwischen 100 und 150 mbar gehalten wird. Durch die Anodenpumpe wird eine gleichmäßige Durchmischung der Reaktionsgase erreicht, die diskreten Öffnungs- und Schließvorgänge des Regelventils werden dabei herausgemittelt. Das sogenannte Purge-Ventil[1] ist im Betrieb normalerweise geschlossen, damit die Reaktionsgase an der Anode nicht entweichen können. Vom Stackhersteller wird empfohlen, es alle 600 bis 900 s für 1 bis 2 s zu öffnen, um eventuell entstandenes kondensiertes Wasser, das den Gasaustausch an der Anodenseite vermindert, auszutragen. Dies geschieht durch den Überdruck auf der Anodenseite.

Die Luftversorgung wird mit einer Pumpe vorgenommen. Der Stöchiometrie-Faktor sollte im normalen Betrieb zwischen $\lambda_{O_2} = 2$ und $\lambda_{O_2} = 4{,}5$ liegen. Die der Kathode zugeführte Luftmenge ist eine Eingangsgröße des Systems, deren Wert durch die Betriebsführungsstrategie bestimmt wird.

Der Stack ist als wassergekühltes System ausgeführt, zwischen den einzelnen Bipolarplatten sind entsprechende Kanäle vorhanden, um die Reaktionswärme mit dem Kühlwasser abführen zu können. Durch die Kühlwasserpumpe kann der entsprechende Volumenstrom eingestellt werden. Über einen Wärmetauscher wird die Wärme dann an die Umgebung abgegeben. Der Wärmeaustausch kann dabei durch einen Lüfter beeinflusst werden. Neben der Umgebungstemperatur und der Stacktemperatur werden die Kühlwassertemperaturen am Einlass und Auslass des Stacks gemessen.

Die elektrische Verknüpfung des Stacks mit dem Verbraucher geschieht über den DC/DC-Wandler. Zum einen sorgt er dafür, dass trotz veränderlicher Stackspannung die Ausgangsspannungen des Wandlers, die zur Versorgung der elektrischen Verbraucher dienen, auf feste Werte stabilisiert werden. Gleichzeitig kann über den Wandler der Laststrom des Stacks und damit der Arbeitspunkt des Brennstoffzellensystems vorgegeben werden.
Der in diesem System verwendete DC/DC-Wandler wurde vom ISE speziell für die

---

[1]Der aus dem englischen stammende Begriff wird üblicherweise verwendet, *to purge* bedeutet entleeren, ausspülen.

elektrischen Eigenschaften des Systems mit dem Ziel entwickelt, einen besonders hohen Wirkungsgrad zu erreichen. Er liegt im Nennbetrieb bei 97 %. Zum Starten des Systems und zum Puffern von hohen Einschaltströmen der Verbraucher ist ein Akkumulator im System integriert. Die Stackspannung darf im Betrieb nicht unter der Akkuspannung liegen, da sonst der PEM-Brennstoffzellenstack in die Elektrolyse getrieben und dadurch beschädigt würde.

Aus systemtheoretischer Sicht handelt es sich bei dem untersuchten Brennstoffzellensystem um ein Mehrgrößensystem. Eingangsgrößen sind Laststrom, zugeführte Luftmenge in der Kathode, zugeführte Wasserstoffmenge in der Anode, Volumenströme des Kühlwassers und des Lüfters. Gemessen werden die Stackspannung, die Temperaturen der Umgebung, des Stacks und des Kühlwassers am Einlass und Auslass und der Druck an der Anode. Die Stoffzufuhr auf der Anodenseite ist durch einen einfachen Zweipunktregler festgelegt.

Durch eine Strategie zur Betriebsführung müssen geeignete Werte für die vier Eingangsgrößen Laststrom, Luftdurchsatz in der Kathode, Kühlwasserdurchsatz und Volumenstrom des Lüfters bestimmt werden. Das Ziel der Betriebsführung besteht darin, den Brennstoffzellenstack in einem zulässigen Betriebsbereich zu halten und die abgegebene elektrische Leistung an den variablen Bedarf des Robotersystems anzupassen. Um eine möglichst lange Laufzeit des Brennstoffzellensystems zu erreichen, soll zusätzlich der Leistungsbedarf der peripheren Komponenten wie der Luftpumpe oder des Lüfters möglichst gering gehalten werden. Dazu wurde der Energiebedarf der einzelnen Komponenten gemessen, die Ergebnisse für die Luftpumpe und den Lüfter sind in der Abbildung 3.2 dargestellt.

Im Betrieb des PEM-Brennstoffzellenstacks müssen die in Tabelle 3.2 angegebenen Randbedingungen eingehalten werden. Dabei gibt es Vorgaben für die Stackspannung und die Einzelzellspannungen, für den Überdruck an der Anode, die Luftzufuhr an der Kathode und die Temperaturen des Systems. Liegt mindestens eine der Größen außerhalb des definierten Betriebsbereiches, wird eine Abschaltung der elektrischen Last vorgenommen. Dadurch kann eine Schädigung des Stacks verhindert werden.

3.2 Robotersystem

Als Verbraucher wird das in Abbildung 3.3 abgebildete Robotersystem der Firma FriendlyRobotics verwendet. Es handelt sich um ein autonom agierendes Staubsaugersystem, das eigenständig Räume reinigen kann. Beim ursprünglichen Roboter wird zur Energieversorgung ein Blei-Akkumulator verwendet. Um Räume flächendeckend zu reinigen, kommt zunächst eine zufallsgestützte Fahrstrategie zum Einsatz. Mit gleichbleibender Fahrtrichtung wird dabei solange gefahren, bis der Roboter ein

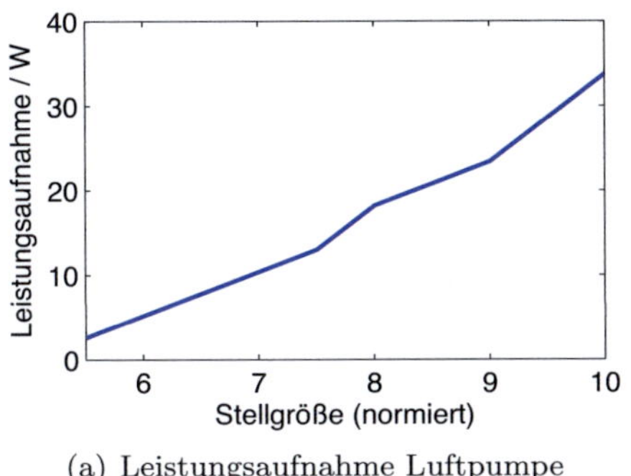

(a) Leistungsaufnahme Luftpumpe

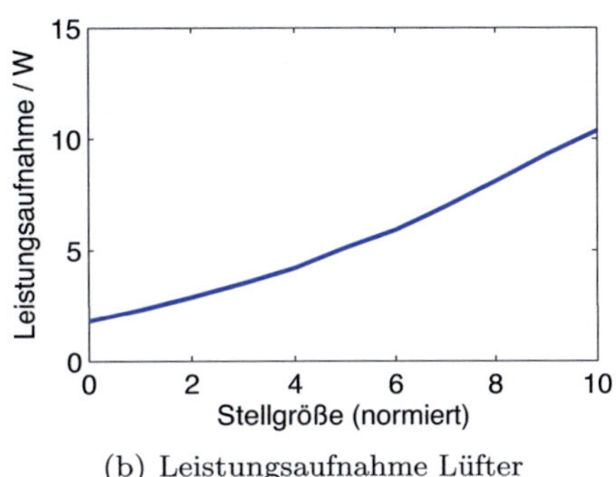

(b) Leistungsaufnahme Lüfter

Abbildung 3.2: Leistungsaufnahme von Komponenten der Stackperipherie

Leerlaufspannung des Stacks	$> 35\,\mathrm{V}$
Stackspannung im Betrieb	$> 20\,\mathrm{V}$
Stackspannung und Akkuspannung	$U_{\mathrm{Stack}} > U_{\mathrm{Akku}}$
gemessene Einzelzellspannungen	$\geq 0{,}2\,\mathrm{V}$
Differenz gemittelte Zellspannung und Einzelzellspannungen	$\leq 0{,}15\,\mathrm{V}$
maximaler Überdruck an der Anodenseite	$\leq 300\,\mathrm{mbar}$
Überdruck an der Anodenseite im Betrieb	$100 - 150\,\mathrm{mbar}$
Purgen der Anodenseite	alle $600 - 900\,\mathrm{s}$ für eine Dauer von $1 - 2\,\mathrm{s}$
Luftstöchiometrie	$2 \leq \lambda_{O_2} \leq 4{,}5$
Stacktemperatur	$\leq 55\,^{\circ}\mathrm{C}$
Austrittstemperatur Kühlwasser am Stack	$\leq 52\,^{\circ}\mathrm{C}$
Eintrittstemperatur Kühlwasser am Stack	$\leq 45\,^{\circ}\mathrm{C}$
Temperaturdifferenz Wassertemperaturen	$\leq 7\,^{\circ}\mathrm{C}$
Umgebungstemperatur	$10\,^{\circ}\mathrm{C} - 25\,^{\circ}\mathrm{C}$

Tabelle 3.2: Randbedingungen zum sicheren Betrieb des Stacks [Sta05]

Abbildung 3.3: Ursprüngliches Robotersystem

Hindernis berührt. Nach der Drehung um einen zufälligen Winkel wird die Fahrt in gerader Richtung weitergeführt.

Vom IPA wurde für das beschriebene Robotersystem eine intelligente Navigationsstrategie entwickelt. Ziel dieser Strategie ist die systematische Bearbeitung der Flächen zur Reduktion der Bearbeitungszeit unter Verwendung möglichst kostengünstiger Sensorik. Mittels einfacher Abstandssensoren, die Entfernungen nur im Nahbereich bestimmen können, wird zunächst eine Karte des zu bearbeitenden Gebiets erstellt, dann kann die Fläche systematisch bearbeitet werden.
In den Abbildungen 3.4(a) und 3.4(b) sind die Ergebnisse der zufallsgestützten Fahrstrategie und des intelligenten Navigationsalgorithmus wiedergegeben. Es ist jeweils die Draufsicht eines beispielhaften Raumes mit Möblierung und die Fahrtrajektorie des Roboters dargestellt. Nur durch die intelligente Wegplanung kann eine effiziente flächendeckende Reinigung erreicht werden.

Je nach der ausgeführten Aktion ändert sich der Energiebedarf des Roboters. Dabei stellt die Saugturbine den wesentlichen Verbraucher des Robotersystems dar. Ein typischer Verlauf des Leistungsbedarfs ist in Abbildung 3.5 wiedergegeben. Es wurde der ursprüngliche Roboter ohne die Verbraucher des Brennstoffzellensystems gemessen.
Der intelligente Navigationsalgorithmus ermöglicht auch eine Vorhersage über die Ein- und Ausschaltzeitpunkte der Saugturbine. Werden beispielsweise Gebiete überfahren, die schon bearbeitet wurden, kann sie abgeschaltet werden, um den Energieverbrauch des Systems zu verringern. Diese Information über den zukünftigen Leistungsbedarf wird bei der Betriebsführungsstrategie berücksichtigt.

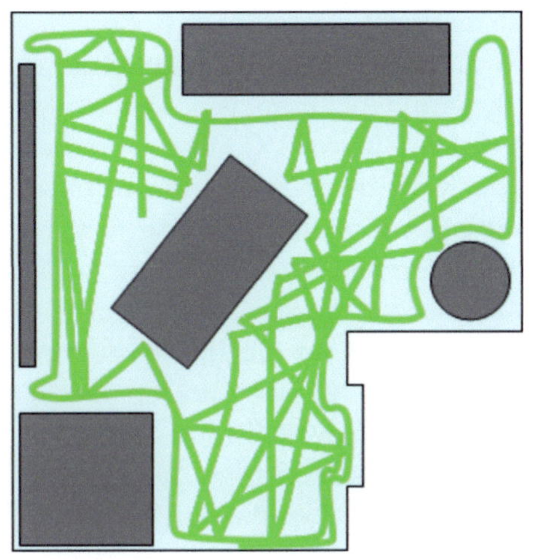
(a) Zufallsgestützte Fahrstrategie

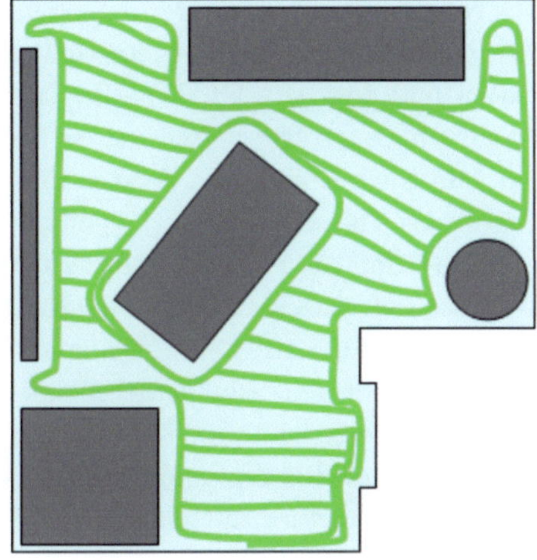
(b) Intelligente Wegplanung

Abbildung 3.4: Vergleich der Navigationsstrategien

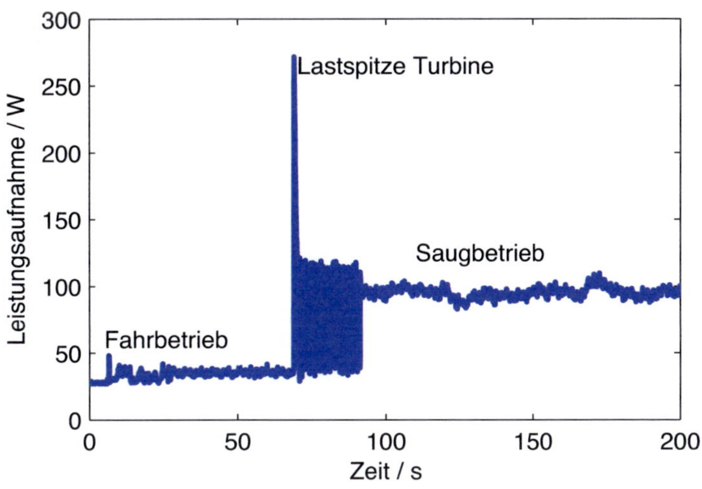

Abbildung 3.5: Gemessenes Lastprofil des ursprünglichen Roboters

3.3   Vollständiges Demonstrator-System

Das vollständige Demonstrator-System setzt sich aus den Komponenten Roboter mit
Navigationssystem, dem Brennstoffzellensystem mit zugehörigen Peripheriekomponenten und dem DC/DC-Wandler sowie dem Reglermudol zusammen. Das Regler-
modul wurde am IRS entwickelt, es besteht aus einem Minatur-PC mit entsprechenden I/O-Karten und den Ansteuerungen für die Komponenten des Brennstoffzellensystems [Ham05]. Die im Folgenden vorgestellte Betriebsführungsstrategie wurde
auf dem Miniatur-PC implementiert und am realen Gesamtsystem erprobt.
Zwischen den einzelnen Komponenten ist ein Datenaustausch erforderlich. Zum einen
muss der prädizierte Leistungsbedarf des Robotersystems an die Betriebsführung
übertragen werden, zum anderen müssen zwischen dem DC/DC-Wandler und der
Betriebsführungskomponente Informationen über Soll- und Ist-Strom, Stackspannung und über den Zustand des Wechselrichters ausgetauscht werden. Die Übertragung der Daten wird mittels eines binären Datenprotokolls über die serielle Schnitt-
stelle vorgenommen.

Das vollständige Demonstrator-System ist in den Abbildungen 3.6 und 3.7 dargestellt, die wichtigsten Komponenten sind in den Bildern beschriftet.

Für das abgebildete System wird zunächst im Kapitel 4 eine physikalische Modellierung des Brennstoffzellenstacks vorgenommen. Im Kapitel 5 werden die zugehörigen
Systemparameter identifiziert. In den Kapiteln 6 und 7 wird dann für das gesamte
Brennstoffzellensystem ein Regelungskonzept und ein Verfahren zur Zustandsschätzung entwickelt.

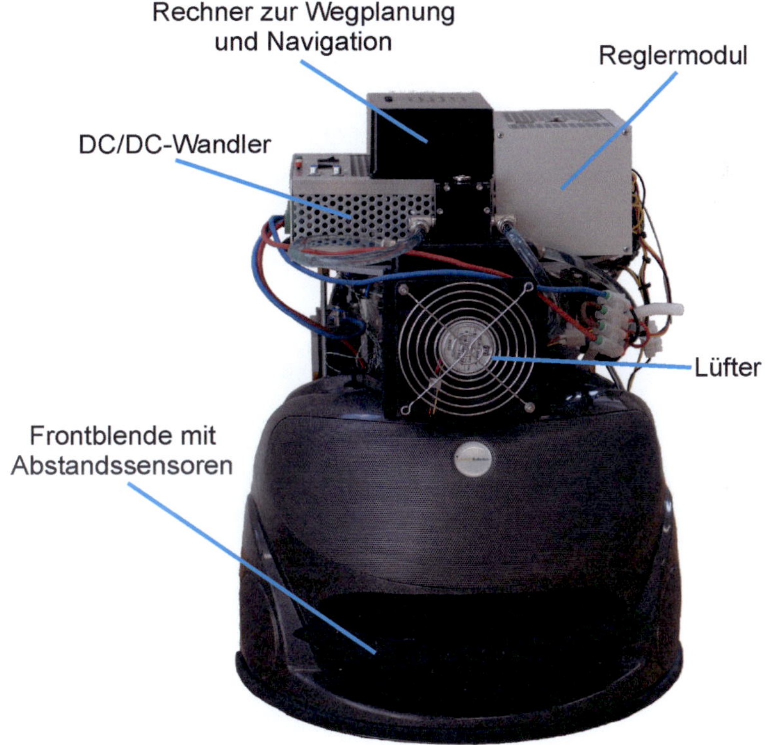

Abbildung 3.6: Frontansicht des vollständigen Demonstrator-Systems

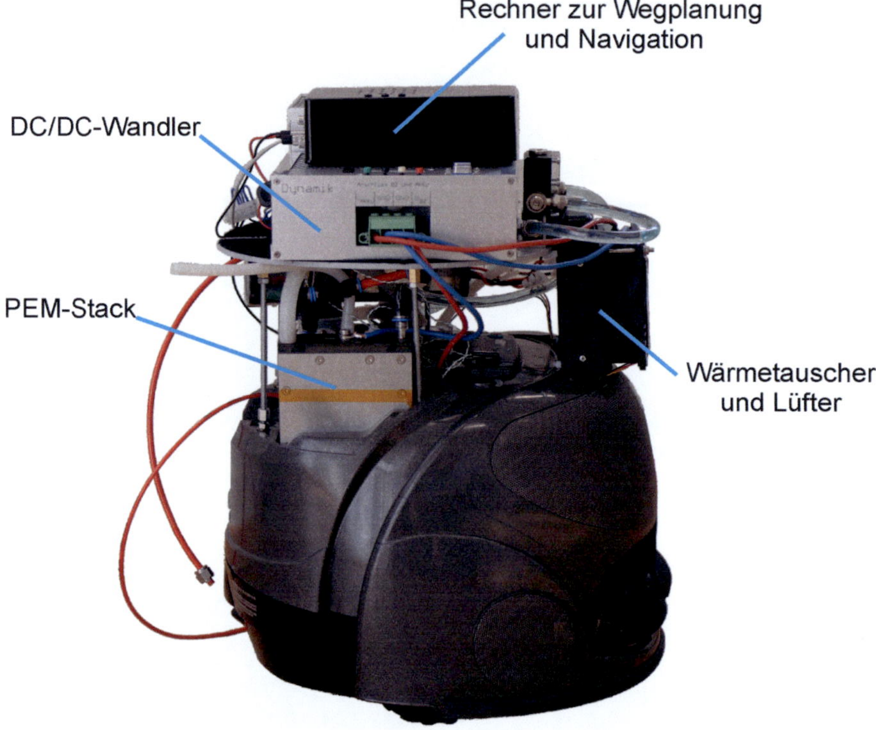

Abbildung 3.7: Seitenansicht des vollständigen Demonstrator-Systems

Kapitel 4

Modellierung eines PEM-Brennstoffzellensystems

Modelle werden in der Regelungstechnik benötigt, um die wesentlichen Aspekte eines realen Systemverhaltens mathematisch nachzubilden. Sie bilden die Grundlage, um technische Aufgabenstellungen zu bewältigen. Regelungstechnische Aufgaben umfassen dabei insbesondere den Entwurf von Steuerungen und Regelungen, Verfahren zur Zustandsbeoachtung oder -schätzung und der Diagnose.

Ziel des Entwurfs von Regelungen und Steuerungen ist es, einem System ein gewünschtes Verhalten aufzuprägen. Das Systemmodell wird dann beim Steuerungs- oder Reglerentwurf verwendet, um eine entsprechende Stellstrategie für die Eingangsgrößen des Systems zu bestimmen.

Die Zustandsbeobachtung oder -schätzung kann als Teilaufgabe beim Reglerentwurf auftreten. Messtechnisch im System nicht erfasste Größen werden dabei aus den messbaren Größen, den Ausgangsgrößen des Systems und den Eingangsgrößen rekonstruiert. Die klassische Methode der Zustandsbeobachtung ist der Luenberger-Beobachter [Föl94b, Lun02], ein übliches Verfahren zur Zustandsschätzung ist das Kalman-Filter mit seinen Varianten [Sim06, GA93]. Für die Umsetzung beider Verfahren ist ein Systemmodell erforderlich.

Eine weitere typische Aufgabenstellung der Regelungstechnik ist die Diagnose. Damit ist das Erkennen abrupt oder schleichend auftretender Fehler in einem System gemeint. Man unterscheidet signalbasiertes und modellbasiertes Vorgehen [Fra94]. Eine Möglichkeit des modellbasierten Vorgehens besteht darin, Parameter des Systemmodells aus aktuellen Messdaten durch Identifikation oder Parameterschätzung mittels des Systemmodells zu bestimmen. Abweichungen von Nominalparametern sind Anzeichen eines Fehlers und können entsprechend behandelt werden. Signalbasierte Verfahren beruhen auf einer Auswertung der Messsignale, beispielsweise durch eine Frequenzanalyse oder die Untersuchung des Wertebereiches. Solche Ansätze beruhen meist auf Expertenwissen über das betrachtete technische System, ein Modell des Systems wird dazu im Allgemeinen nicht benötigt.

Über die klassischen Anwendungen in der Regelungstechnik hinaus können physikalische Modelle von Brennstoffzellen auch für weitere Aufgaben verwendet werden. So können physikalische Erkenntnisse über grundsätzliche Prozesse gewonnen werden, wie beispielsweise die Modellierung der Transportvorgänge im Elektrolyten bis auf atomarer Ebene, um Hinweise auf verbesserte Materialien zu erlangen. Auf Basis von Modellen können Betrachtungen zur Alterung vorgenommen werden und Degradationseffekte untersucht werden. Die Motivation solcher Untersuchungen ist es, durch eine modellgestützte Werkstoffentwicklung gezielt die Lebensdauer von Brennstoffzellen zu erhöhen und eine parametrische Beschreibung der Degradation von Zellen zu erhalten, um deren zeitlichen Verlauf vorhersagen zu können.

Im Folgenden wird eine Übersicht über die in der Regelungstechnik typischen Modellformen gegeben und über die Modellierungsansätze für Brennstoffzellen, im speziellen PEM-Brennstoffzellensysteme. Dann wird eine Modellierung des im Kapitel 3 beschriebenen Systems mit seinen Komponenten vorgenommen. Die spezielle Zielsetzung ist dabei die Entwicklung einer Strategie zur optimierten Betriebsführung des Systems.

4.1 Modellformen

Bei der Modellbildung für ein dynamisches System gibt es prinzipiell zwei Vorgehensweisen. Zum einen können die physikalischen Gleichungen aufgestellt werden, die das Systemverhalten beschreiben. Dies können zum Beispiel Massenbilanzgleichungen, elektrische Gleichungen oder bei mechanischen Systemen Gleichungen wie die Impulserhaltung sein. Je nach vorliegendem System erhält man dann ein System von gewöhnlichen Differentialgleichungen oder, wenn die örtliche Ausdehnung mit berücksichtigt wird, ein System von partiellen Differentialgleichungen. Da das physikalische Verständnis des Prozesses möglichst vollständig erhalten bleibt, bezeichnet man diese Art von Modellen auch als *White-Box-Modelle* [Ise92a].
Diese Form der Modellbildung führt oftmals auf nichtlineare Differentialgleichungssysteme hoher Ordnung oder auf nichtlineare Systeme partieller Differentialgleichungen. Auf die Möglichkeiten zur Lösung von Systemen, die durch partielle Differentialgleichungen beschrieben sind, wird im Abschnitt 5.2 genauer eingegangen. Die entsprechenden Verfahren beruhen auf einer Diskretisierung der Lösung. Dabei kann die Ortsauflösung diskretisiert werden, wie beim Verfahren der finiten Differenzen aus Abschnitt 5.2.2 oder der Finite-Elemente-Methode aus Abschnitt 5.2.3. Eine

andere Möglichkeit besteht darin, den Funktionenraum, durch den die Lösung beschrieben wird, zu diskretisieren. Diesen Ansatz bezeichnet man auch als spektrales Verfahren. Verschiedene Varianten dieses Ansatzes werden im Abschnitt 5.2.4 erläutert.

Für manche Anwendungen ist es zulässig, noch weitere Vereinfachungen vorzunehmen. Beispielsweise kann das dynamische Modell von einzelnen Teilprozessen, die so schnell ablaufen, dass sie durch die vorhandene Messeinrichtung nicht aufgelöst werden können, durch ein statisches Teilmodell ersetzt und so die Modellordnung des Gesamtsystems reduziert werden.

Auftretende physikalische Parameter, die nicht von vornherein bekannt sind, müssen auch bei White-Box-Modellen mittels einer Parameteridentifikation aus Messdaten des konkreten Systems bestimmt werden.

Die alternative Möglichkeit der Modellbildung besteht darin, aufgezeichnete Messdaten des betrachteten Systems nachzubilden, ohne detaillierte Kenntnisse über die physikalischen Eigenschaften des Prozesses zu berücksichtigen. Um das gemessene Ein-/Ausgangsverhalten eines Systems wiederzugeben, muss dazu eine Struktur mit genügend Freiheitsgraden vorgegeben werden, die auftretenden Parameter werden dann durch eine Identifikation entsprechend festgelegt. Dieses Vorgehen ist beispielsweise typisch für den Einsatz von künstlichen Neuronalen Netzen. Zur Modellbildung wird eine Netzstruktur vorgegeben, auftretende Gewichtungen werden dann durch ein Lernverfahren so gewählt, dass das in den Messdaten dokumentierte Systemverhalten bezüglich eines Gütemaßes möglichst gut nachgebildet wird.

Für lineare Zustandsraummodelle oder Übertragungsfunktionen gibt es analoge Verfahren, die ebenfalls auf der Minimierung eines Gütemaßes beruhen [Ise92a, Lju06]. Mittels numerischer Minimierung können auch nichtlineare Systemmodelle durch Identifikation bestimmt werden, wie beispielsweise Hammerstein-Modelle [Ise92b]. Die mit dieser Modellierung erhaltene Systembeschreibung bezeichnet man auch als *Black-Box-Modelle*, da nur das Ein-/Ausgangsverhalten nachgebildet wird, innere Systemgrößen wie etwa Zustände, die nicht gleichzeitig Ausgangsgrößen darstellen, können im Allgemeinen nicht physikalisch interpretiert werden.

Zwischenformen, bei denen Teilmodelle physikalisch motiviert sind oder die Struktur des Modells anhand von physikalischen Überlegungen festgelegt wurde, bezeichnet man auch als *Grey-Box-Modelle*. Sie lassen eine teilweise Interpretation der inneren Modellgrößen zu.

Generell ist der Weg der physikalischen Modellbildung aufwendig, aber mit dem Vorteil der physikalischen Interpretierbarkeit und einer besseren Extrapolationsfähigkeit über den Bereich der vorliegenden Messdaten des Systems hinaus verbunden. Die sogenannten Black-Box-Modelle sind im Allgemeinen schneller entwickelt, bzw. es gibt entsprechende Software-Produkte, die den Anwender bei deren Einsatz unterstützen. Welcher der Modelltypen zu bevorzugen ist, hängt immer von der konkreten Aufgabenstellung ab, die gelöst werden soll.

Bei der Modellbildung muss immer auch ein Kompromiss zwischen Modellgenauigkeit und Rechenaufwand getroffen werden. Dies gilt insbesondere für die physikalisch motivierten Modelle, bei denen Differentialgleichungssysteme sehr hoher Ordnung entstehen können. Eine sehr detaillierte Modellierung kann zu Modellen führen, die einen hohen Rechenaufwand bei der Simulation erfordern und die viele unbekannte Parameter enthalten, die durch eine Identifikation bestimmt werden müssen. Dabei können ähnliche Effekte auftreten, die vom Training künstlicher Neuronaler Netze bekannt sind: Liegen zu viele Freiheitsgrade vor, tritt dort ein sogenanntes „Over-Fitting" auf, das trainierte Netz bildet die Trainigsdaten sehr gut nach, weist aber eine schlechte Interpolationsfähigkeit auf. Bei der Parameteridentifikation von Systemen gewöhnlicher Differentialgleichungen kann eine sehr hohe Anzahl von unbekannten Parametern dazu führen, dass zwar das Ein-/Ausgangsverhalten der Messdaten nachgebildet werden kann, die physikalische Bedeutung der Parameter aber verloren geht, wenn sie nicht unabhängig voneinander sind, und die Extrapolation über die vorliegenden Messdaten hinaus kann schlecht sein.

Im Folgenden wird ein Überblick über die in der Literatur bekannten Modelle für PEM-Brennstoffzellen und -stacks gegeben. Die Modelle werden in Hinblick auf ihre Verwendbarkeit für die Entwicklung einer Betriebsführungsstrategie bewertet.

4.2   Modelle für PEM-Brennstoffzellen

In der Literatur sind bereits eine Vielzahl von Modellen veröffentlicht, die einzelne Zellkomponenten wie beispielsweise die Membran, einzelne Zellen, ganze Stacks oder auch komplette Systeme beschreiben. Die Zielsetzungen der Modelle unterscheiden sich ebenso wie die Modellformen, der Detaillierungsgrad der Modellierung und der Rechenaufwand. Das Spektrum reicht dabei von einfachen phänomenologischen Nachbildungen von Strom-Spannungs-Kennlinien bis zur Untersuchung von Transportvorgängen auf atomarer Ebene.

Bei Modellen auf Zell- oder Stackebene ist das Ziel der Modellbildung oftmals eine statische oder dynamische Nachbildung des elektrischen Verhaltens einer Zelle oder eines Stacks. Der Strom, mit dem die Zelle oder der Stack belastet ist, wird dabei meist als Eingangsgröße betrachtet und die Zell- oder Stackspannung als Ausgangsgröße. Dies entspricht dem galvanostatischem Betrieb des Systems.

4.2.1 Übersicht physikalische PEM-Brennstoffzellenmodelle

Es gibt eine große Anzahl von physikalisch motivierten Modellen, die in der Literatur bekannt sind. Einen Überblick und Vergleich der Modellierungsansätze geben [HW04, CM05], eine detaillierte Darstellung der verschiedenen physikalischen Ansätze wird in [YKM$^+$04] vorgenommen. Die Modelle unterscheiden sich dabei bezüglich des Modellierungsansatzes (semi-empirisch oder mechanistisch), den berücksichtigten Ortsdimensionen (ohne Berücksichtigung der örtlichen Auflösung bis zu dreidimensional ortsaufgelösten Modellen), dem zeitlichen Verhalten (statisch oder dynamisch) und dem Detaillierungsgrad.

Einfache Modelle, wie etwa nach [LD03, KLSC95], ermöglichen die statische Nachbildung einer Strom-Spannungs-Kennlinie in Abhängigkeit vom Laststrom. Sie werden auch als semi-empirische Modelle bezeichnet, weil ohne eine detaillierte pysikalische Berechnung, wie etwa die Bilanzierung der Stoffmengen, Terme angegeben werden, die das Verhalten der einzelnen Verlustmechanismen in Abhängigkeit vom Strom wiedergeben.
Mechanistische Modelle hingegeben beruhen auf den physikalischen Grundgleichungen des Stofftransportes, der Reaktionskinetik und der Elektrodynamik. Ein wesentliches Unterscheidungsmerkmal ist die Komplexität der Modelle, die sich neben den berücksichtigten Ortsdimensionen durch die Genauigkeit der Modellierung manifestiert. Eine besonders hohe Komplexität tritt bei Modellen auf, die beispielsweise die Elektrode durch ein aufwendiges Agglomerat-Modell beschreiben [GHS03], die Transportprozesse in der porösen Gasdiffusionsschicht detailliert berücksichtigen [Eik99], den Gasstrom ohne weitere Vereinfachungen durch Navier-Stokes-Gleichungen beschreiben [GLK98] oder eine genaue Modellierung des zwei-phasigen Verhaltens bei Kondensation von Wasser und die Transporteigenschaften von flüssigem Wasser berücksichtigen [NN01]. Im Folgenden werden einige typische Veröffentlichungen physikalischer PEM-Modelle unterschiedlicher Komplexität erläutert.

Die Veröffentlichungen von [ABM$^+$95a, ABM$^+$95b] und [SZG91] beschreiben statische Modelle, bei denen die wesentlichen Effekte, wie z.B. der Wassertransport durch die Membran, berücksichtigt werden. Die örtliche Ausdehnung des Systems wird dabei vernachlässigt. Besonders hervorzuheben ist die Veröffentlichung von [SZG91]. Die dort dargestellten Eigenschaften des elektrischen Verhaltens und der Transporteigenschaften für das Membranmaterial Nafion werden von fast allen Publikationen, die Modelle dieses physikalischen Modellierungsgrades beschreiben, übernommen. Der Modellansatz wurde beispielsweise in [AMP$^+$96] mit einem dynamischen Modell des thermischen Verhaltens eines Stacks gekoppelt. Das in [PSP04] dargestellte Modell berücksichtigt zusätzlich die Dynamik der dort verwendeten Stack-Peripherie wie die des Kompressors und des Reformers. Eine zusätzliche Betrachtung der Dynamik des Stofftransportes wird in [XTS$^+$04, PXT05] vorgenommen.

Bei eindimensional ortsaufgelösten Modellen wird meist die Veränderung der Stoff-konzentrationen entlang des Gaskanals modelliert, bei zweidimensionalen Modellen wird zusätzlich die Richtung durch die Membran betrachtet. Der Rechenaufwand steigt jeweils erheblich mit den zusätzlich betrachteten Raumdimensionen. Typische Modelle mit Berücksichtigung der Ortsauflösung sind [BV92, NW93, YN98]. Das Modell von [BV92] ist rein statisch, in [NW93, YN98] werden die statischen Stoffkonzentrationen entlang des Kanals berechnet, das thermische Verhalten wird dynamisch berücksichtigt. Das Modell von [Wöh00, WBS$^+$98] verwendet zusätzlich ein dynamisches Modell des Stofftransports. Nochmals deutlich komplexer sind Modelle, bei denen der Phasenübergang bei der Kondensation oder Verdampfung von flüssigem Wasser berücksichtigt und der Transport des flüssigen Wassers in der Zelle dynamisch modelliert wird. Beispielhafte Veröffentlichungen sind [NN01] und [WW05].

Viele der veröffentlichten Modelle sind statisch, insbesondere wenn die Ortsauflösung mit berücksichtigt wird. Dies liegt zum Teil daran, dass zur Lösung von örtlich verteilten, dynamischen Modellen ein System partieller Differentialgleichungen gelöst werden muss und damit ein erheblicher rechentechnischer Aufwand verbunden ist. Nur durch ein geschicktes Vorgehen bei der Diskretisierung oder durch geeignete Verfahren der Ordnungsreduktion können daraus Systeme gewöhnlicher Differentialgleichungen geringer Ordnung abgeleitet werden, ansonsten muss zur Lösung solcher Systeme auf entsprechende Software zur Lösung mittels der Finite-Elemente-Methode (FEM) zurückgegriffen werden.

Außerdem ist die Zielsetzung bei der Modellierung nur in seltenen Fällen die Entwicklung einer Regelung wie etwa in [PSP04]. Oftmals geht es darum, ein tiefergehendes physikalisches Verständnis für die Reaktionsabläufe in der PEM-Brennstoffzelle zu gewinnen oder gezielt den Einfluss einzelner Parameter auf das Zellverhalten zu untersuchen. Solche Modelle dienen dann beispielsweise dazu, die geometrische Auslegung eines Stacks, wie etwa die Zellgeometrie oder die Gestaltung des Gasverteilers (Flowfield) für den Betrieb zu optimieren.

In der Literatur veröffentlichte ortsaufgelöste Modelle sind meist mit Messdaten weder verglichen noch identifiziert. Wenn eine Identifikation vorgenommen wird, wie beispielsweise in [GLK98], werden im Allgemeinen Strom-Spannungs-Messdaten der Gesamtzelle verwendet. Nur wenige Forschungsgruppen sind in der Lage, ortsaufgelöste Strom-Spannungs-Verläufe in einem Stack experimentell zu erfassen, die für die Verifikation ortsaufgelöster Modelle erforderlich sind [SS05]. In [HSC$^+$06] wird ein spezielles Verfahren vorgestellt, das auf einer Neutronen-Strahlungsquelle beruht und mit dem sogar eine dynamische ortsaufgelöste Erkennung von flüssigem Wasser erreicht werden kann. Derartige Messungen können aber nur von sehr wenigen Forschungsgruppen durchgeführt werden.

Darüberhinaus gibt es eine Vielzahl von Veröffentlichungen, die für einzelne Komponenten einer PEM-Brennstoffzelle sehr detaillierte physikalische Modelle entwickeln, wie z.B. [Neu99, Eik99]. Im Fokus dieser Arbeiten steht die Entwicklung einer physikalischen Modellvorstellung für die jeweilige Teilkomponente mit dem Ziel spezielle Effekte, die bei einer Untersuchung dieser Komponente auftreten, zu erklären.

4.2.2 Übersicht messdatenbasierter PEM-Brennstoffzellenmodelle

Neben den physikalischen Modellen sind auch einige Modelle veröffentlicht, die auf der Auswertung von Messdaten beruhen, ohne dass physikalische Überlegungen zugrunde liegen. Dabei können beispielsweise künstliche Neuronale Netze zum Einsatz kommen [JHPK04] oder Methoden der Subspace-Identification, wie etwa die Canonical Variate Analysis (CVA) [SAM$^+$01a, SAM$^+$01b]. Eine besonders geschickte Formulierung, bei der mit linearen Methoden der Subspace-Identification und einem statischen nichtlinearen Kennfeld das Verhalten eines PEM-Stacks sehr gut nachgebildet werden kann, ist in [BK07] gegeben. Dort wird auch die Genauigkeit einer Approximation des statischen Systemverhaltens durch künstliche Neuronale Netze untersucht.

4.2.3 Typische Anregungssignale

Um die Identifikation und Verifikation eines Modells durchführen zu können, müssen Messdaten am System aufgezeichnet werden. Bei Modellen, die das Großsignalverhalten beschreiben, also möglichst der vollständige Arbeitsbereich der Zelle oder des Stacks nachgebildet werden soll, werden meist Messungen ausgewertet, bei denen Stufenprofile der Eingangsgrößen aufgeschaltet wurden, wie beispielsweise Treppenprofile des Laststroms. Bei einer solchen Messung wird dann gleichzeitig auch das thermische Verhalten des Systems angeregt.

Eine spezielle Form von Anregungssignal bei der Untersuchung des elektrischen Verhaltens wird bei der Aufzeichnung von sogenannten Zyklovoltamogrammen durchgeführt. Dabei wird das dynamische Verhalten des Systems untersucht, und als Anregungssignal wird zum Beispiel bei potentiostatischem Betrieb, also bei der Vorgabe der Zellspannung, ein Spannungsverlauf mit einer konstanten Änderungsrate von beispielsweise 10 mV/s abgefahren. Dadurch werden dann auch die dynamischen Anteile des Modells angeregt. Eine solche Untersuchung für PEM-Zellen wurde in [ZYS05] durchgeführt.

Neben dem Großsignalverhalten von Strom und Spannung besteht eine weitere Möglichkeit der Charakterisierung von Brennstoffzellen in der Impedanzspektroskopie. Dazu wird in einem stationären Betriebspunkt ein Sinussignal mit veränderlicher

Frequenz auf das Eingangssignal addiert. Der komplexe Verstärkungsfaktor, der im eingeschwungenen Zustand zwischen Eingangssignal und der Schwingung am Ausgangssignal auftritt, wird als Impedanz bei der Frequenz der Schwingung am Eingangssignal bezeichnet. Die Amplitude des Anregungssignals wird dabei so gewählt, dass der Einfluss auf das Großsignalverhalten, also den aktuellen Arbeitspunkt der Zelle oder des Stacks, vernachlässigt werden kann. Wird der Wert der Impedanz bei unterschiedlichen Frequenzen für einen festen Arbeitspunkt gemessen, so erhält man ein Spektrum, das beispielsweise in einem Nyquist-Diagramm dargestellt werden kann, eine weitere Möglichkeit der Visualisierung ist die Darstellung der zugehörigen Relaxationszeiten.

Im Impedanz-Spektrum können einzelne Prozesse der Reaktion sichtbar gemacht werden. Durch elektrische Ersatzschaltbilder kann das Systemverhalten nachgebildet werden. Neben klassischen Widerständen und Kapazitäten werden dazu auch spezielle Elemente verwendet, die eine Nachbildung der Effekte, die durch die örtliche Ausdehnung der Prozesse und die Eigenschaften der porösen Materialien entstehen, ermöglichen. Ein solches Element ist das Constant-Phase-Element. Dessen Eigenschaften lassen sich im Zeitbereich durch nicht-ganzzahlige Ableitungen beschreiben, die durch die sogenannte *fraktionale Differentialrechnung* definiert sind [HV07].

In dieser Arbeit wird ein physikalisches Modell eines PEM-Brennstoffzellensystems entwickelt mit dem Ziel, es für die Entwicklung einer Betriebsführungsstrategie zu verwenden. Das dynamische elektrische und thermische Verhalten des Stacks und das dynamische thermische Verhalten des Kühlkreislaufs müssen dazu modelliert werden. Um das Modell für den Reglerentwurf und für eine Zustandsschätzung einsetzen zu können, soll ein geeignetes Systemmodell möglichst geringer Ordnung gefunden werden. Die Zahl der unbekannten Parameter, die durch eine Parameteridentifikation bestimmt werden müssen, sollte dabei möglichst klein sein. Eine ortsaufgelöste Modellierung des Systems ist dabei prinzipiell nicht erforderlich, da weder elektrische noch thermische Größen am realen Systemaufbau ortsaufgelöst gemessen werden können. Die Einflüsse, die die örtliche Verteilung des Systems auf das Gesamtverhalten hat, sollen aber durch das Modell abgebildet werden.

4.3   Physikalische Modellbildung für ein PEM-Brennstoffzellensystem

In den folgenden Abschnitten wird eine physikalische Modellierung des im Kapitel 3 beschriebenen PEM-Brennstoffzellensystems vorgenommen. Sowohl das elektrische wie auch das thermische Modell sind durch den Stofftransport in der Zelle bzw. im Stack und im Kühlkreislauf beeinflusst. Daher werden im Abschnitt 4.3.1 zunächst die Gleichungen des Stofftransportes im Stack aufgestellt. Im Abschnitt 4.3.2 wird dann das elektrische Modell des Stacks beschrieben und im Abschnitt 4.3.5 das thermische Modell.

Bei der Modellierung wird so vorgegangen, dass zunächst ein Gaskanal betrachtet wird, die Ergebnisse werden dann auf eine Zelle und schließlich den ganzen Stack skaliert. Dabei wird von einer homogenen Konzentrations- und Temperaturverteilung zwischen den einzelnen Zellen ausgegangen. Die Ergebnisse der Identifikation dieses Modellansatzes rechtfertigen diese Annahme. Ursache ist die relativ kleine Membranfläche und die kompakte Bauweise des betrachteten Stacks.
Bei den folgenden thermodynamischen Rechnungen werden die Standard-Einheiten verwendet, wie etwa Temperaturen in Kelvin, mit Ausnahme der Längeneinheiten, die hier in cm angegeben werden, um besser interpretierbare Ergebnisse zu erhalten.

4.3.1 Stofftransport

Bei der physikalischen Modellierung von Systemen, bei denen ein Stofftransport und -umsatz abläuft, wird üblicherweise die Masse als Zustandsgröße betrachtet. Es gilt das Prinzip der Massenerhaltung, sofern nicht ein Massendefekt wie bei Kernspaltung oder -fusion auftritt. Beim Aufstellen der Massenbilanz wird so vorgegangen, dass die zeitliche Änderung der Dichte über ein beliebig kleines Testvolumen ΔV integriert wird

$$\frac{dm}{dt} = \frac{d}{dt} \int_{\Delta V} \rho \, dV \, . \tag{4.1}$$

Geht die Größe des Testvolumens gegen null, so erhält man die Gleichung

$$\frac{\partial m}{\partial t} + \text{div} \left(\rho \cdot \underline{v} \right) = 0 \tag{4.2}$$

und damit eine partielle Differentialgleichung, die zur Berechnung des Stofftransports gelöst werden muss.

Für das elektrische Teilmodell, das mit dem Stofftransport gekoppelt ist, sind nicht die Massen, sondern die auftretenden Stoffkonzentrationen relevant. Daher wird hier ein dynamisches Modell für die Stoffkonzentrationen aufgestellt. Das Vorgehen ist analog zur Berechnung der Massenbilanz. Für ein Kontrollvolumen wird die einströmende und ausströmende Stoffmenge sowie der Reaktionsumsatz betrachtet. Für eine beliebige Stoffspezies gilt dann

$$\frac{dc_i \left(x, t \right)}{dt} = \frac{1}{V_k} \cdot \left(N_{i, \, in} \left(x, t \right) - R_i \left(x, t \right) - N_{i, \, out} \left(x, t \right) \right) \, . \tag{4.3}$$

Dabei ist c_i die Stoffkonzentration der Stoffspezies i im Kontrollvolumen V_k in $\frac{mol}{cm^3}$, $N_{i, \, in}$ und $N_{i, \, out}$ beschreiben die Änderung der Stoffkonzentration, die sich durch die Stoffzufuhr und -abfuhr ergeben, R_i beschreibt die Änderung der Stoffkonzentration

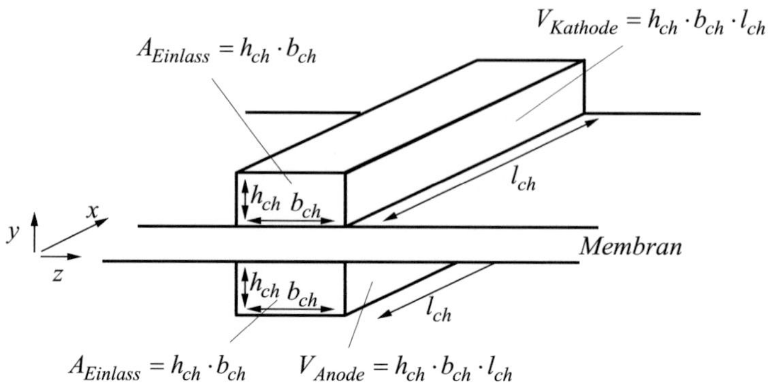

Abbildung 4.1: Geometrie eines Gaskanals

aufgrund der durch die Reaktion erzeugten oder aufgewendeten Stoffmenge. Die Angaben sind in $\frac{\text{mol}}{\text{s}}$, das Volumen V_k in cm^3.

Um die Ordnung des Gesamtmodells gering zu halten, wird sowohl auf der Anodenseite wie auch der Kathodenseite nur ein einzelnes Kontrollvolumen betrachtet, es wird dann jeweils eine Stoffbilanz für jede beteiligte Spezies berechnet. Im Rahmen der Modellidentifikation im Abschnitt 5.3 zeigt sich, dass an dieser Stelle eine genauere Ortsauflösung nicht erforderlich ist. Das liegt auch darin begründet, dass beim Aufbau eines Stacks die Gaskanäle vom Hersteller als mehrfach parallele Mäander ausgelegt werden, um eine möglichst homogene Stoffverteilung zu erreichen. Zudem ist die aktive Zellfläche A_{Zelle} des verwendeten Stacks relativ klein (30,2 cm^2) und die Strömungsgeschwindigkeiten der Gase groß (ca. 100 cm/s). Die Inhomogenität in der räumlichen Verteilung der Stoffkonzentrationen ist entsprechend gering.

Für die weiteren Rechnungen wird eine Geometrie wie in Abbildung 4.1 mit den dort eingeführten Bezeichnungen angenommen. Die x-Richtung verläuft entlang der Gaskanäle, die y-Richtung geht senkrecht durch die Membran. Die Kanäle haben die Länge l_{ch}, die Breite b_{ch} und die Höhe h_{ch}. Damit ergeben sich die Einlass- und Auslassflächen $A_{Einlass} = A_{Auslass} = h_{ch} \cdot b_{ch}$ und das jeweilige Volumen eines Kanals mit $V_{Anode} = V_{Kathode} = h_{ch} \cdot b_{ch} \cdot l_{ch}$.

Auf der Kathodenseite werden die Bilanzgleichungen für Sauerstoff, Stickstoff und Wasser aufgestellt. Die Menge der einströmenden Luft in $\frac{1}{\text{min}}$ wird mit $\dot{V}_{Luftpumpe}$ bezeichnet, sie wird mit der Stellgröße $u_{Luftpumpe}$ eingestellt. Aus der Zusammensetzung der Luft (79 % Stickstoff, 21 % Sauerstoff, 70 % relative Luftfeuchte) berechnen sich die zugeführten Mengen der einzelnen Gasspezies über die Partialdrücke. Der Partialdruck des mit der Luft zugeführten Wassers p_{H_2O} berechnet sich in Abhängigkeit von der relativen Luftfeuchte ϕ und dem Sättigungsdampfdurck von Wasser p_{sat} (siehe Anhang A) als

$$p_{H_2O} = \phi \cdot p_{\mathrm{sat}}(T) \,. \tag{4.4}$$

Damit können dann die Partialdrücke von Sauerstoff und Stickstoff berechnet werden

$$p_{O_2} = 0{,}21 \cdot \left(p_{\mathrm{Umgebung}} - p_{H_2O}\right) \,, \tag{4.5}$$

$$p_{N_2} = 0{,}79 \cdot \left(p_{\mathrm{Umgebung}} - p_{H_2O}\right) \,. \tag{4.6}$$

Für die zugeführten Mengen der Stoffspezies gilt dann

$$N_{O_2,\,\mathrm{in}} = \dot{V}_{\mathrm{Luftpumpe}} \cdot p_{O_2} \cdot \frac{1}{R \cdot T_{\mathrm{Umgebung}} \cdot 6 \cdot 10^4} \,, \tag{4.7}$$

$$N_{N_2,\mathrm{in}} = \dot{V}_{\mathrm{Luftpumpe}} \cdot p_{N_2} \cdot \frac{1}{R \cdot T_{\mathrm{Umgebung}} \cdot 6 \cdot 10^4} \,, \tag{4.8}$$

$$N_{H_2O,\,\mathrm{in}} = \dot{V}_{\mathrm{Luftpumpe}} \cdot p_{H_2O} \cdot \frac{1}{R \cdot T_{\mathrm{Umgebung}} \cdot 6 \cdot 10^4} \,. \tag{4.9}$$

Da der Volumenstrom der Luftpumpe $\dot{V}_{\mathrm{Luftpumpe}}$ vom Hersteller in $\frac{1}{\mathrm{min}}$ angegeben wird, ergibt sich für die Umrechnung in die hier verwendeten Einheiten der Faktor $\frac{1}{6 \cdot 10^4}$. Um die Mengen für eine einzelne Zelle zu erhalten, muss noch durch die Anzahl von Zellen n_{Zellen} geteilt werden.

Für die Sauerstoffkonzentration an der Kathode erhält man dann die Differential-gleichung

$$\frac{d\,c_{O_2}}{dt} = \frac{1}{V_{\mathrm{Kathode}}} \cdot \left(N_{O_2,\mathrm{in}} - R_{O_2} - N_{O_2,\mathrm{out}}\right) \tag{4.10}$$

$$= \dot{V}_{\mathrm{Luftpumpe}} \cdot p_{O_2} \cdot \frac{1}{R \cdot T_{\mathrm{Umgebung}} \cdot 6 \cdot 10^4 \cdot n_{\mathrm{Zellen}} \cdot V_{\mathrm{Kathode}}}$$

$$- \frac{I \cdot A_{\mathrm{Zelle}}}{4 \cdot F \cdot V_{\mathrm{Kathode}}} - c_{O_2} \cdot v_{\mathrm{Kathode}} \cdot A_{\mathrm{Einlass}} \cdot \frac{1}{V_{\mathrm{Kathode}}} \,. \tag{4.11}$$

Die dynamische Änderung der Konzentration von Stickstoff wird beschrieben durch

$$\frac{d\,c_{N_2}}{dt} = \dot{V}_{\mathrm{Luftpumpe}} \cdot p_{N_2} \cdot \frac{1}{R \cdot T_{\mathrm{Umgebung}} \cdot 6 \cdot 10^4 \cdot n_{\mathrm{Zellen}} \cdot V_{\mathrm{Kathode}}}$$

$$- c_{N_2} \cdot v_{\mathrm{Kathode}} \cdot A_{\mathrm{Einlass}} \cdot \frac{1}{V_{\mathrm{Kathode}}} \,. \tag{4.12}$$

In der Differentialgleichung, die die Wasserkonzentration an der Kathode beschreibt, tritt der Term $N_{H_2O,\,\mathrm{Kathode}}$ auf, der die Menge des durch die Membran an die Kathode transportierten Wassers beschreibt. Die Berechnung ergibt sich aus der

Kopplung mit dem elektrischen Modell und wird im Abschnitt 4.3.2 erläutert. Für die Wasserkonzentration an der Kathode $c_{H_2O,\,\text{Kathode}}$ erhält man dann

$$
\begin{aligned}
\frac{d\,c_{H_2O,\,\text{Kathode}}}{dt} = {} & \dot{V}_{\text{Luftpumpe}} \cdot p_{H_2O} \cdot \frac{1}{R \cdot T_{Umgebung} \cdot 6 \cdot 10^4} \cdot \frac{1}{n_{\text{Zellen}} \cdot V_{\text{Kathode}}} \\
& + \frac{I \cdot A_{\text{Zelle}}}{2 \cdot F \cdot V_{\text{Kathode}}} + N_{H_2O,\,\text{Kathode}} \cdot \frac{1}{V_{\text{Kathode}}} \\
& - c_{H_2O,\,\text{Kathode}} \cdot v_{\text{Kathode}} \cdot A_{\text{Einlass}} \cdot \frac{1}{V_{\text{Kathode}}} \, .
\end{aligned}
\tag{4.13}
$$

Die Strömungsgeschwindigkeit des Kathodengases v_{Kathode} in $\frac{\text{cm}}{\text{s}}$ berechnet sich als

$$
v_{\text{Kathode}} = \frac{\dot{V}_{\text{Luftpumpe}}}{6 \cdot 10^4 \cdot n_{\text{Zellen}} \cdot A_{\text{Einlass}}} \, .
\tag{4.14}
$$

Durch die hohen Strömungsgeschwindigkeiten der Gase stellt sich sehr schnell die Gleichgewichtskonzentration ein, bei der die zugeführte Menge mit dem Reaktionsumsatz und der ausströmenden Soffmenge übereinstimmt. Es zeigt sich, dass der Einfluss der Dynamik des Stoffumsatzes beim vorliegenden System in den Messungen nicht nachgewiesen werden kann. Zur Reduktion der Modellordnung werden daher für die Berechnung der Konzentrationen von Sauerstoff und Stickstoff die statischen Beziehungen

$$
\begin{aligned}
c_{O_2} = {} & \frac{1}{A_{\text{Einlass}} \cdot v_{\text{Kathode}}} \cdot \left(\dot{V}_{\text{Luftpumpe}} \cdot p_{O_2} \cdot \frac{1}{n_{\text{Zellen}} \cdot R \cdot T_{\text{Umgebung}} \cdot 6 \cdot 10^4} \right. \\
& \left. - \frac{I \cdot A_{\text{Zelle}}}{4 \cdot F} \right),
\end{aligned}
\tag{4.15}
$$

$$
\begin{aligned}
c_{N_2} = {} & \frac{1}{A_{\text{Einlass}} \cdot v_{\text{Kathode}}} \cdot \dot{V}_{\text{Luftpumpe}} \cdot p_{N_2} \cdot \frac{1}{n_{\text{Zellen}} \cdot R \cdot T_{\text{Umgebung}}} \\
& \cdot \frac{1}{6 \cdot 10^4}
\end{aligned}
\tag{4.16}
$$

verwendet. Sie ergeben sich aus den Gleichungen (4.11) und (4.12) dadurch, dass die zeitliche Ableitung zu null gesetzt und nach der jeweiligen Konzentration aufgelöst wird. Für den Wassertransport wird die Dynamik auch weiterhin betrachtet, da hier auch die Kopplung mit dem elektrischen Modell berücksichtigt werden muss.

Für die Anode ergeben sich ähnliche Gleichungen. Allerdings wird dort der Anodendruck durch einen unterlagerten Zweipunkt-Regler konstant auf p_{Anode} gehalten. Nach dem idealen Gasgesetz gilt dann

$$
p_{\text{Anode}} = (c_{H_2O} + c_{H_2}) \cdot R \cdot T_{\text{Stack}} \, .
\tag{4.17}
$$

Für die dynamische Gleichung der Wasserkonzentration erhält man

$$\frac{d\,c_{H_2O,\text{ Anode}}}{dt} = \frac{1}{V_{\text{Anode}}} \cdot \left(N_{H_2O,\text{ Befeuchter}} - N_{H_2O,\text{ Anode}}\right) \qquad (4.18)$$

mit dem Term $N_{H_2O,\text{ Anode}}$, der den anodenseitigen Wassertransport durch die Membran beschreibt, und dem Term $N_{H_2O,\text{ Befeuchter}}$, der den Einfluss des Befeuchters wiedergibt. Er besteht aus dem gleichen Material wie die Membran mit der Oberfläche $A_{\text{Befeuchter}}$ und wird daher auch als Membranbefeuchter bezeichnet. Er dient dazu, dass die feuchten Abgase der Kathode den einströmenden, trockenen Wasserstoff befeuchten. Die Menge des durch den Befeuchter ausgetauschten Wassers berechnet sich mit dem Diffusionskoeffizienten der Membran D_{Membran} (siehe Gleichung (4.34)) als

$$N_{H_2O,\text{ Befeuchter}} = D_{\text{Membran}} \cdot A_{\text{Befeuchter}} \cdot \frac{c_{H_2O,\text{ Kathode}} - c_{H_2O,\text{ Anode}}}{d_{\text{M}}}. \qquad (4.19)$$

Dabei beschreibt d_{M} die Dicke der verwendeten Membran.

Für die Strömungsgeschwindigkeit an der Anode in $\frac{\text{cm}}{\text{s}}$ gilt

$$v_{\text{Anode}} = \frac{\dot{V}_{\text{Anodenpumpe}}}{n_{\text{Zellen}} \cdot A_{\text{Einlass}} \cdot 6 \cdot 10^4} \qquad (4.20)$$

mit dem Volumenstrom der Anodenpumpe in $\frac{l}{\text{min}}$. Für die statisch gerechnete Konzentration des Wasserstoffs gilt

$$c_{H_2} = \frac{p_{\text{Anode}}}{R \cdot T_{\text{Stack}}} - c_{H_2O,\text{ Anode}} \cdot \qquad (4.21)$$

Damit ist die Modellierung der Stoffbilanzen abgeschlossen. Im Gesamtmodell werden die Konzentrationen von Sauerstoff, Stickstoff und Wasserstoff statisch gerechnet, die Wasserkonzentrationen an der Anoden- und Kathodenseite werden dynamisch berücksichtigt. Das Teilmodell der Stoffbilanzen ist mit dem nachfolgend beschriebenen elektrischen Modell insofern gekoppelt, als die Stoffkonzentrationen das elektrochemische Verhalten bestimmen. Umgekehrt werden die Berechnungen der Konzentrationen durch das elektrische Verhalten, durch die Stoffumsätze bei den Reaktionen und durch den Transport durch die Membran beeinflusst.

4.3.2 Elektrisches Modell

Das elektrische Modell besteht aus einem Teilmodell zur Berechnung der Leerlaufspannung der Zelle, die auch als Ruhepotential bezeichnet wird, einem Elektrodenmodell und einem Membranmodell.

Von der berechneten Leerlaufspannung werden Spannungsverluste, die in den Elektroden und der Membran entstehen, abgezogen. In der Elektrochemie werden diese Verlustspannungen auch als Überspannungen bezeichnet. Die Klemmenspannung ergibt sich aus der Leerlaufspannung gemindert um diese Überspannungen. Der Begriff Überspannung bezeichnet allgemein eine Abweichung vom Ruhepotential und kann daher auch eine Verminderung beschreiben.

Zunächst wird die elektrochemische Berechnung der theoretischen Leerlaufspannung U_{theo} vorgestellt, dann die Teilmodelle für die Elektrodenverluste $U_{\text{Elektrode}}$ und die Spannungsverluste in der Membran U_{Membran}. Aus den drei Termen berechnet sich die Zellspannung als

$$U_{\text{Zelle}} = U_{\text{theo}} - U_{\text{Elektrode}} - U_{\text{Membran}} \, . \tag{4.22}$$

Das Vorzeichen der Verlustterme $U_{\text{Elektrode}}$ und U_{Membran} ist positiv. Die einzelnen elektrochemischen Terme werden hier statisch betrachtet, das dynamische Verhalten der Zellspannung entsteht durch die Abhängigkeit von Stoffkonzentrationen und Temperaturen, die dynamisch modelliert werden, und die für die elektrochemische Reaktion geschwindigkeitsbestimmend wirken. Zudem kann die um Größenordnungen schnellere Dynamik der elektrochemischen Prozesse von der im Demonstrator verwendeten Messtechnik zeitlich nicht aufgelöst werden. Für die hier betrachtete Aufgabenstellung der Leistungsregelung ist sie auch nicht relevant.

Die Teilmodelle werden in den folgenden Abschnitten dargestellt.

Berechnung der Leerlaufspannung:

Die theoretische Leerlaufspannung der idealen Reaktion berechnet sich aus der molaren Gibbsschen freien Energie $\Delta \bar{g}_{\text{f}}$ als [LD03]

$$U_{\text{theo}}^0 = \frac{-\Delta \bar{g}_{\text{f}}}{2 \cdot F} \, . \tag{4.23}$$

Für die Modellierung der Leerlaufspannung einer realen Zelle muss zusätzlich der Einfluss von Druck und Stoffkonzentrationen berücksichtigt werden. Diese Abhängigkeiten werden von der Nernst-Gleichung wiedergegeben [HV98], bei der die Partialdrücke der einzelnen Reaktionsstoffe eingehen. Damit erhält man die Leerlaufspannung

$$U_{\text{theo}} = U_{\text{theo}}^0 + \frac{R \cdot T_{\text{Stack}}}{2 \cdot F} \cdot \ln \left(\frac{p_{H_2} \, p_{O_2}^{\frac{1}{2}}}{p_{H_2O}} \right) \tag{4.24}$$

in Abhängigkeit von der Stacktemperatur T_{Stack} und den Partialdrücken der Stoffspezies.

Die reale Leerlaufspannung einer Zelle kann deutlich unter der berechneten Leerlaufspannung liegen. Die Gründe können darin liegen, dass die Membran nicht vollständig gasdicht ist, was beispielsweise bei einer trockenen Membran der Fall ist. Dadurch sind die realen Partialdrücke kleiner sind als angenommen. Die Leerlaufspannung kann sich auch verringern, wenn eine Schädigung oder Degradation der Komponenten vorliegt.

Elektroden-Modelle:

Die Elektrodenverluste werden auch als Aktivierungsüberspannung oder Polarisationsverluste bezeichnet. Sie beschreiben den Zusammenhang zwischen dem Spannungsabfall $U_\text{Elektrode}$ und dem Stromfluss, der an der Elektrode auftritt. Bei der PEM-Brennstoffzelle wird die Aktivierungsüberspannung durch die Kathodenreaktion bestimmt, die Anodenreaktion ist dagegen vernachlässigbar [BV92]. Der physikalische Zusammenhang zwischen Stromdichte und Aktivierungsspannung wird durch die sogenannte Butler-Volmer-Gleichung beschrieben [LD03], sie lautet

$$I = I_0 \cdot \exp\left(\frac{2 \cdot \alpha \cdot F \cdot U_\text{Elektrode}}{R \cdot T_\text{Stack}} \right) . \tag{4.25}$$

Wird dieser Ausdruck logarithmiert und nach der Spannung aufgelöst, dann erhält man die Gleichung

$$U_\text{Elektrode} = \frac{R \cdot T_\text{Stack}}{2 \cdot \alpha \cdot F} \cdot \ln\left(\frac{I}{I_0} \right) , \tag{4.26}$$

die auch als Tafel-Gleichung bezeichnet wird [LD03]. Es besteht ein Zusammenhang mit der Temperatur T_Stack an der Elektrode, den physikalischen Konstanten R und F, sowie der sogenannten Austauschstromdichte I_0 und dem Durchtrittsfaktor α. Die letzten beiden Werte stellen Konstanten dar, die von den Reaktionsstoffen und der verwendeten Elektrode abhängen. Die Werte dieser Konstanten für bestimmte Elektrodenreaktionen können z.B. [HV98] entnommen werden.

Eine detailliertere Betrachtung der Kathodenreaktion wird in [ABM$^+$95a] vorgenommen. Dort erhält man als Modell der Aktivierungsüberspannung die Gleichung

$$U_\text{Elektrode} = \xi_1 + \xi_2 \cdot T_\text{Stack} + \xi_3 \cdot T_\text{Stack} \cdot \ln\left(c_{O_2} \right) + \xi_4 \cdot T_\text{Stack} \cdot \ln\left(I \right) . \tag{4.27}$$

Dabei tritt eine zusätzliche Abhängigkeit von der Sauerstoffkonzentration c_{O_2} auf. Die Parameter ξ_i haben eine physikalische Bedeutung, die [ABM$^+$95a] entnommen werden kann. Sie werden aus Durchtrittsfaktoren und Reaktionsraten berechnet. Für den konkreten Aufbau einer PEM-Brennstoffzelle sind nicht alle zu Grunde liegenden Konstanten bekannt, sodass eine Identifikation der Parameter ξ_i durchgeführt werden muss.

Membran-Modell:

Die Membran beeinflusst das elektrische Verhalten wie auch den Stofftransport in der PEM-Brennstoffzelle stark. Es gibt mittlerweile eine Vielzahl von Veröffentlichungen über physikalische Membranmodelle, wie z.B. [SZG91, Neu99, WN03, WN04a, WN04b].

Sehr häufig zitiert wird das Modell von [SZG91]. Es beschreibt das Verhalten der Membran in Abhängigkeit vom sogenannten Wassergehalt λ, der als dimensionslose Größe das Verhältnis von Wassermolekülen zu den sulfonisierten Endgruppen des Membranmaterials angibt

$$\lambda = \frac{c_{H_2O}}{c_{SO_3^-}} . \tag{4.28}$$

Der Wassergehalt kann dabei in Abhängigkeit von der Aktivität a der Wasserkonzentration beschrieben werden. Die Aktivität kann allgemein auch als „wirksame" Konzentration bezeichnet werden [HV98]; sie beschreibt, dass die einzelnen Moleküle eines Stoffes durch Wechselwirkungen untereinander weniger zu einer Reaktion beitragen, wenn eine hohe Konzentration dieses Stoffes vorliegt. Die Aktivität von Wasser berechnet sich als

$$a = \frac{c_{H_2O} \cdot p}{p_{sat}\left(T_{Stack}\right)} . \tag{4.29}$$

Sie ist dimensionslos und hängt von Druck p und vom Sättigungsdampfdruck des Wassers p_{sat} ab, der wiederum von der Temperatur abhängt. Nach [SZG91] gilt dann für den Wassergehalt der Membran die empirisch gemessene Abhängigkeit

$$\lambda = \begin{cases} 0{,}043 + 17{,}81 \cdot a - 39{,}85 \cdot a^2 + 36{,}0 \cdot a^3 & \text{für } 0 < a \leq 1 \\ 14 + 1{,}4 \cdot a & \text{für } 1 \leq a \leq 3 \end{cases} . \tag{4.30}$$

Für die ionische Leitfähigkeit der Membran σ in Abhängigkeit vom Wassergehalt λ und der Temperatur T_{Stack} wird der Ausdruck

$$\sigma\left(\lambda, T_{Stack}\right) = \left(0{,}00514 \cdot \lambda - 0{,}00326\right) \cdot \exp\left(1268 \cdot \left(\frac{1}{303} - \frac{1}{T_{Stack}}\right)\right) \tag{4.31}$$

angegeben. Der Membranwiderstand $R_{Membran}$ berechnet sich dann durch Integration über den Kehrwert der Leitfähigkeit entlang der Dicke der Membran d_M

$$R_{Membran} = \int_0^{d_M} \frac{dy}{\sigma\left(\lambda, T_{Stack}\right)} . \tag{4.32}$$

Neben den elektrischen Eigenschaften müssen zur Berechnung der Massenbilanzen auch die Transporteigenschaften der Membran betrachtet werden. Dabei werden zwei Effekte berücksichtigt, der Transport von Wassermolekülen, die mit den Protonen durch die Membran zur Kathode transportiert werden, der sogenannte Drag-Effekt N_{Drag}, und die Diffusion durch die Membran auf Grund eines Konzentrationsgefälles $N_{\text{Diffusion}}$. Für den Drag-Effekt gilt nach [SZG91]

$$N_{\text{Drag}} = 2 \cdot n_{\text{Drag}} \cdot I \quad \text{mit} \quad n_{\text{Drag}} = \frac{2,5 \cdot \lambda}{22}. \tag{4.33}$$

Der Wassertransport durch den Diffusionsstrom berechnet sich aus dem Diffusionskoeffizienten des Membranmaterials D_{Membran} in $\frac{cm^2}{s}$ mit

$$\begin{aligned} D_{\text{Membran}} &= \left(2,563 - 0,33 \cdot \lambda + 0,0264 \cdot \lambda^2 - 0,000671 \cdot \lambda^3\right) \cdot 10^{-6} \\ &\quad \cdot \exp\left(2416 \cdot \left(\frac{1}{303} - \frac{1}{T}\right)\right). \end{aligned} \tag{4.34}$$

Für den Diffusionsstrom gilt

$$N_{\text{Diffusion}} = -\frac{\rho_{\text{dry}}}{M_{\text{m}}} \cdot D_{\text{Diffusion}} \cdot \frac{d\lambda}{dy} \tag{4.35}$$

mit den Materialparametern ρ_{dry}, der Dichte der trockenen Membran, und M_{m}, dem Molekulargewicht des Membranmaterials. Wenn ein Modell ohne Ortsauflösung der Membran in y-Richtung gerechnet wird, kann der Gradient durch den Differenzenquotienten

$$\frac{d\lambda}{dy} \approx \frac{\lambda_{\text{Kathode}} - \lambda_{\text{Anode}}}{d_{\text{M}}} \tag{4.36}$$

angenähert werden. Der Gesamttransport von Wasser durch die Membran $N_{H_2O,\,\text{Membran}}$ ergibt sich dann zu

$$N_{H_2O,\,\text{Membran}} = N_{\text{Drag}} + N_{\text{Diffusion}} = \frac{5}{22} \cdot \lambda \cdot I - \frac{\rho_{\text{dry}}}{M_{\text{m}}} \cdot D_{\text{Diffusion}} \cdot \frac{d\lambda}{dy}. \tag{4.37}$$

Das Modell von [SZG91] beschreibt das Verhalten von Membranen aus Nafion, die in den siebziger Jahren entwickelt wurden. Aktuelle PEM-Brennstoffzellensysteme verwenden meist Materialien der Firma Gore. Über die Eigenschaften dieser Membranen existieren keine vergleichbaren Veröffentlichungen, vom Hersteller werden nur wenige Informationen publiziert [Cle03]. Für das elektrische Modell wird dort der Ansatz

$$R_{\text{Membran}} = A \cdot \left(\frac{c_{H_2O} \cdot p}{p_{\text{sat}}}\right)^{-b} \tag{4.38}$$

mit den Parametern

$$A = 0{,}036\,\Omega\,\mathrm{cm}^2 \quad \text{und} \quad b = 1{,}62 \tag{4.39}$$

vorgeschlagen. Über die Transporteigenschaften liegen keine Angaben vor. Als Vereinfachung von Gleichung (4.37) kann der Ansatz

$$N_{H_2O,\ \mathrm{Membran}} = n_{\mathrm{Transport}} \cdot I \tag{4.40}$$

verwendet werden.

Für beide Ansätze berechnet sich die an der Membran auftretende Überspannung, die durch den Membran-Widerstand verursacht ist, als

$$U_{\mathrm{Membran}} = R_{\mathrm{Membran}} \cdot I\,. \tag{4.41}$$

Neben den hier vorgestellten Möglichkeiten, die Membran physikalisch zu beschreiben, gibt es in der Literatur noch weitere, detailliertere Modelle. Ein solches Modell wird im folgenden Abschnitt erläutert.

4.3.3　Ortsaufgelöstes Membranmodell

Eine detaillierte Modellierung der Transportvorgänge in der Membran, die auf den experimentellen Untersuchungen von [SZG91] aufbaut, wird in [Neu99] vorgestellt. Das Modell beruht auf einer makroskopisch-phänomenologischen Beschreibung, die den Transport von Ionen und polaren Molekülen in Abhängigkeit von den elektrochemischen Potentialen wiedergibt [HV98]. Die auftretenden Formelzeichen sind in Tabelle 4.1 angegeben.

Die Formulierung der physikalischen Beziehungen führt auf

$$N_{H^+} = \left(-\frac{\sigma}{F^2} \cdot \frac{\partial \tilde{\mu}_{H^+}}{\partial \zeta} - \frac{t_{\mathrm{w}} \cdot \sigma}{F^2} \cdot \frac{\partial \tilde{\mu}_{H_2O}}{\partial \zeta} \right) \cdot \frac{1}{1 + s \cdot \lambda}\,, \tag{4.42}$$

$$N_{H_2O} = \left(-\frac{t_{\mathrm{w}} \cdot \sigma}{F^2} \cdot \frac{\partial \tilde{\mu}_{H^+}}{\partial \zeta} - \frac{D_{\mathrm{Membran}} \cdot c_{H_2O}}{R \cdot T} \cdot \frac{\partial \tilde{\mu}_{H_2O}}{\partial \zeta} \right) \cdot \frac{1}{1 + s \cdot \lambda}\,. \tag{4.43}$$

Die Gradienten der auftretenden elektrochemischen Potentiale $\frac{\partial \tilde{\mu}_i}{\partial \zeta}$ berechnen sich dabei als

$$\frac{\partial \tilde{\mu}_i}{\partial \zeta} = R \cdot T \cdot \frac{1}{x_i} \cdot \frac{\partial x_i}{\partial \zeta} + F \cdot \frac{\partial \varphi}{\partial \zeta}\,. \tag{4.44}$$

Formelzeichen	Bedeutung	Wert / Einheit
D_{Membran}	Diffusionskoeffizient	$\frac{\text{cm}^2}{\text{s}}$
F	Faraday-Konstante	$9{,}6485 \cdot 10^4 \, \frac{\text{C}}{\text{mol}}$
R	Gaskonstante	$8{,}3145 \, \frac{\text{J}}{\text{K mol}}$
s	Quellungsfaktor	$0{,}0123$
T	Temperatur der Membran	K
t_{w}	Transportzahl	$-$
X	Ionentauscherkapazität	$0{,}909 \, \frac{\text{mol}}{\text{g}}$
λ	Wassergehalt der Membran	$-$
ρ^M	Dichte der Membran	$1{,}45 \, \frac{\text{g}}{\text{cm}^3}$
σ	Leitfähigkeit der Membran	$\frac{\text{S}}{\text{cm}}$

Tabelle 4.1: Größen des Membranmodells nach [Neu99]

Die auftretenden Molenbrüche x_i der Stoffspezies lassen sich nach [Neu99] als Funktion vom Wassergehalt λ ausdrücken

$$x_{H^+} \;=\; \frac{1}{\lambda + 2}, \tag{4.45}$$

$$x_{H_2O} \;=\; \frac{\lambda}{\lambda + 2}. \tag{4.46}$$

Die Ortskoordinate y wurde hier noch durch ζ ersetzt. Beim Aufnehmen von Wasser in die Membran findet ein Aufquellen statt, in y-Koordinaten müsste die Zunahme der Membrandicke berücksichtigt werden, bei der Verwendung der Koordinate ζ wird die Quellung mit eingerechnet, sodass sich die Dicke der Membran nicht ändert. Durch Einsetzen der Zusammenhänge (4.45) und (4.46) in die Gleichung (4.42) und unter Verwendung des Faraday-Gesetzes (siehe Anhang A) mit

$$N_{H^+} = \frac{I}{2 \cdot F} \tag{4.47}$$

erhält man eine partielle Differentialgleichung des Wassergehalts λ in Abhängigkeit vom Ort ζ und der Zeit t. Sie lautet

$$
\begin{aligned}
X \cdot \rho^M \, \frac{\partial \lambda\,(\zeta,t)}{\partial t} \;=\; & -\frac{\partial}{\partial \zeta} \cdot \Bigg\{ t_{\text{w}} \cdot \frac{I}{F} \cdot \lambda\,(\zeta,t) \\
& + \frac{2}{\lambda\,(\zeta,t) + 2} \cdot \frac{1}{1 + s \cdot \lambda\,(\zeta,t)} \cdot \frac{\partial \lambda\,(\zeta,t)}{\partial \zeta} \\
& \cdot \left(t_{\text{w}}^2 \cdot \frac{R \cdot T}{F} \cdot \lambda\,(\zeta,t) \cdot \sigma - D_{\text{Membran}} \cdot X \cdot \rho^M \right) \Bigg\} .
\end{aligned}
\tag{4.48}
$$

Durch Lösung dieser partiellen Differentialgleichung kann das Profil des Wassergehalts in der Membran in Abhängigkeit von Ort und Zeit berechnet werden. Die Werte von λ an den Rändern ergeben sich aus der Berechnung der Massenbilanz. Damit handelt es sich um eine Zweipunkt-Randwertaufgabe für eine partielle Differentialgleichung. Geeignete Lösungsverfahren und die zugehörigen Simulationsergebnisse werden im Abschnitt 5.2 vorgestellt.

Ist der Verlauf des Wassergehalts λ bekannt, kann mit Gleichung (4.32) der Membranwiderstand bestimmt werden. Der Wassertransport durch die Membran wird dann mit dem Modell von [Neu99] durch

$$
\begin{aligned}
N_{H_2O}\left(\zeta, t\right) \;=\; & t_{\mathrm{w}} \cdot \frac{I}{F} \cdot \lambda\left(\zeta, t\right) + \frac{1}{1 + s \cdot \lambda\left(\zeta, t\right)} \cdot \frac{2}{2 + \lambda\left(\zeta, t\right)} \cdot \frac{\partial \lambda\left(\zeta, t\right)}{\partial \zeta} \\
& \cdot \left(t_{\mathrm{m}}^2 \cdot \frac{R \cdot T}{F^2} \cdot \lambda\left(\zeta, t\right) \cdot \sigma - D_{\mathrm{Membran}} \cdot X \cdot \rho^M \right)
\end{aligned}
\tag{4.49}
$$

berechnet. Die berechneten Werte an den Rändern der Membran werden mit $N_{H_2O,\,\mathrm{Kathode}}$ und $N_{H_2O,\,\mathrm{Anode}}$ bezeichnet, sie sind verkoppelt mit den Gleichungen (4.13) und (4.18) der Stoffbilanz von Wasser.

4.3.4 Zusammenfassung elektrisches Modell

In den vorangegangenen Abschnitten wurden verschiedene Teilmodelle für das elektrische Verhalten der PEM-Brennstoffzelle vorgestellt. Mit Ausnahme des ortsaufgelösten Membranmodells von [Neu99], das auf eine partielle Differentialgleichung führt, sind die betrachteten Teilmodelle stationär. Sie sind mit dem thermischen Teilmodell und der Stoffbilanz gekoppelt. Daraus ergibt sich dann die Dynamik des Gesamtmodells.
Es wurde zunächst die Berechnung der Spannung einer einzelnen Zelle vorgenommen. Dabei wird angenommen, dass die Gaskonzentrationen und die Temperaturen innerhalb des Stacks identisch sind. Die Spannung eines Stacks mit n_{Zellen} Zellen, die in Serie geschaltet sind, erhält man durch Multiplikation mit der Zellspannung

$$
U_{\mathrm{Stack}} = n_{\mathrm{Zellen}} \cdot U_{\mathrm{Zelle}} \,.
\tag{4.50}
$$

Im Abschnitt 5.3 wird die Identifikation des Modells mit dem realen System vorgenommen. Dabei zeigt sich, dass die besten Ergebnisse unter Verwendung des Elektrodenmodells nach [ABM+95a] aus Gleichung (4.27) und des Membranmodells nach [Cle03] aus Gleichung (4.38) erreicht werden.

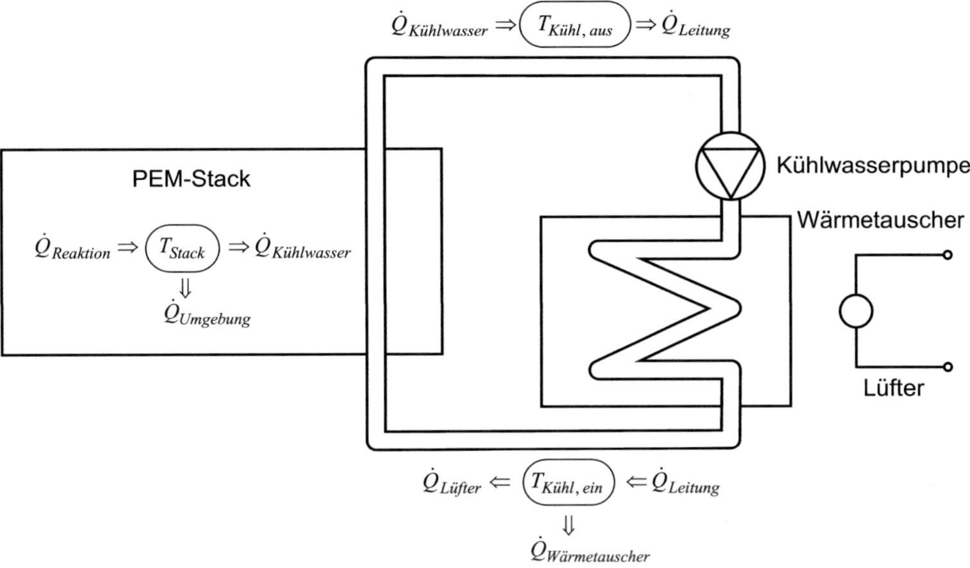

Abbildung 4.2: Wärmeströme im Brennstoffzellensystem

4.3.5 Thermisches Modell

Das thermische Verhalten des Systems wird durch ein weiteres Teilmodell des Gesamtsystems beschrieben. Es umfasst den Wärmeaustausch zwischen dem Brennstoffzellenstack, dem Kühlwasser und der Umgebung. Die Quelle des Wärmestroms ist die elektrochemische Reaktionswärme. Durch das Kühlwasser wird eine homogene Temperatur innerhalb des Stacks erreicht, der Wärmestrom kann nach außen geführt und mittels Kühlkörper und Lüfter an die Umgebung abgegeben werden.
Die Gleichungen des elektrischen Teilmodells hängen stark von der Temperatur ab, daher ist die genaue Modellierung des thermischen Verhaltens erforderlich. Dazu werden drei Temperaturen des Systems nämlich die Stacktemperatur und die Kühlwassertemperaturen am Stackeinlass und -auslass, sowie die Umgebungstemperatur gemessen. Der Aufbau sowie die auftretenden Größen und Wärmeströme werden durch die Abbildung 4.2 schematisch wiedergegeben.

Bei der Modellierung der Stacktemperatur wird der Wärmestrom der Reaktionswärme $\dot{Q}_{\text{Reaktion}}$, der Übergang an die Umgebung $\dot{Q}_{\text{Umgebung}}$ und der Wärmestrom zum Kühlwasser $\dot{Q}_{\text{Kühlwasser}}$ berücksichtigt. Der Modellansatz lautet

$$\frac{dT_{\text{Stack}}}{dt} = \frac{1}{C_{\text{Stack}}} \cdot \left(\dot{Q}_{\text{Reaktion}} - \dot{Q}_{\text{Umgebung}} - \dot{Q}_{\text{Kühlwasser}} \right). \tag{4.51}$$

Für das Kühlwasser am Stackeingang wird der Wärmestrom innerhalb des Kühlwassers $\dot{Q}_{\text{Leitung}}$ und der thermische Übergang im Wärmetauscher mit freier und erzwungener Konvektion, $\dot{Q}_{\text{Wärmetauscher}}$ und $\dot{Q}_{\text{Lüfter}}$, betrachtet. Man erhält dann die Gleichung

$$\frac{dT_{\text{Kühl, ein}}}{dt} = \frac{1}{C_{\text{Wasser}}} \cdot \left(\dot{Q}_{\text{Leitung}} - \dot{Q}_{\text{Wärmetauscher}} - \dot{Q}_{\text{Lüfter}} \right) . \tag{4.52}$$

Bei der Betrachtung der Kühlwassertemperatur am Ausgang des Stacks werden der Wärmestrom innerhalb des Kühlwassers $\dot{Q}_{\text{Leitung}}$ und der thermische Übergang vom Stack $\dot{Q}_{\text{Kühlwasser}}$ modelliert. Man erhält dann

$$\frac{dT_{\text{Kühl, aus}}}{dt} = \frac{1}{C_{\text{Wasser}}} \cdot \left(\dot{Q}_{\text{Kühlwasser}} - \dot{Q}_{\text{Leitung}} \right) . \tag{4.53}$$

Die einzelnen Vorschriften zur Berechnung der Wärmeströme werden im Folgenden beschrieben:

$\dot{Q}_{\textbf{Reaktion}}$: Reaktionswärme

$$\dot{Q}_{\text{Reaktion}} = \left(\left(\frac{\Delta S_{\text{a}}}{2 \cdot F} + \frac{\Delta S_{\text{c}}}{4 \cdot F} \right) \cdot T_{\text{Stack}} + U_{\text{Elektrode}} \right) \cdot I . \tag{4.54}$$

Die bei der Reaktion frei werdende Wärmeenergie wird durch die molaren Reaktionsentropien der Anoden- und Kathodenreaktion ΔS_{a} und ΔS_{c} und die Verluste in den Elektroden beschrieben [ZPNS05].

$\dot{Q}_{\textbf{Umgebung}}$: Thermischer Übergang zwischen Stack und Umgebung

$$\dot{Q}_{\text{Umgebung}} = k \, A_{\text{Stack}} \cdot \left(T_{\text{Stack}} - T_{\text{Umgebung}} \right) . \tag{4.55}$$

$\dot{Q}_{\textbf{Kühlwasser}}$: Thermischer Übergang zwischen Stack und Kühlwasser

$$\dot{Q}_{\text{Kühlwasser}} = k \, A_{\text{KW}} \cdot \left(T_{\text{Stack}} - \frac{T_{\text{Kühl, ein}} + T_{\text{Kühl, aus}}}{2} \right) . \tag{4.56}$$

$\dot{Q}_{\textbf{Leitung}}$: Transport innerhalb des Kühlwassers

$$\dot{Q}_{\text{Leitung}} = c_{H_2O} \cdot \dot{m}_{\text{Kühlwasser}} \cdot \left(T_{\text{Kühl, aus}} - T_{\text{Kühl, ein}} \right) . \tag{4.57}$$

Der Massenstrom des Kühlwassers $\dot{m}_{\text{Kühlwasser}}$ wird durch die Kühlwasserpumpe erzeugt. Die zugehörige Stellgröße ist $u_{\text{Kühlwasserpumpe}}$.

$\dot{Q}_{\text{Wärmetauscher}}$: Freie Konvektion am Wärmetauscher

$$\dot{Q}_{\text{Wärmetauscher}} = k\,A_{\text{Lüfter}} \cdot \left(\frac{T_{\text{Kühl, ein}} + T_{\text{Kühl, aus}}}{2} - T_{\text{Umgebung}} \right). \quad (4.58)$$

$\dot{Q}_{\text{Lüfter}}$: Erzwungene Konvektion am Wärmetauscher

$$\dot{Q}_{\text{Lüfter}} = c_{\text{Luft}} \cdot \dot{m}_{\text{Luft}} \cdot \left(\frac{T_{\text{Kühl, ein}} + T_{\text{Kühl, aus}}}{2} - T_{\text{Wärmetauscher}}\left(u_{\text{Lüfter}}\right) \right).$$
$$(4.59)$$

Die Berechnung der mittleren Temperatur des Wärmetauschers $T_{\text{Wärmetauscher}}$ in Abhängigkeit von der Eingangsgröße Lüfterspannung $u_{\text{Lüfter}}$ ist relativ aufwendig, sie wird im Anhang A.5 hergeleitet.

Insgesamt erhält man die folgenden Gleichungen für das thermische Modell

$$\frac{dT_{\text{Stack}}}{dt} = \frac{1}{C_{\text{Stack}}} \cdot \left(\left[\left(\frac{\Delta S_{\text{a}}}{2 \cdot F} + \frac{\Delta S_{\text{c}}}{4 \cdot F} \right) \cdot T_{\text{Stack}} + U_{\text{Elektrode}} \right] \cdot I \right.$$
$$- k\,A_{\text{Stack}} \cdot (T_{\text{Stack}} - T_{\text{Umgebung}})$$
$$\left. - k\,A_{\text{KW}} \cdot \left(T_{\text{Stack}} - \frac{T_{\text{Kühl, ein}} + T_{\text{Kühl, aus}}}{2} \right) \right), \quad (4.60)$$

$$\frac{dT_{\text{Kühl, ein}}}{dt} = \frac{1}{C_{H_2O}} \cdot \left(c_{H_2O}\,\dot{m}_{\text{Kühlwasser}} \cdot (T_{\text{Kühl, aus}} - T_{\text{Kühl, ein}}) \right.$$
$$- c_{\text{Luft}} \cdot \dot{m}_{\text{Luft}} \cdot \left(\frac{T_{\text{Kühl, ein}} + T_{\text{Kühl, aus}}}{2} - T_{\text{Umgebung}} \right)$$
$$- k\,A_{\text{Lüfter}} \cdot \left(\frac{T_{\text{Kühl, ein}} + T_{\text{Kühl, aus}}}{2} - T_{\text{Umgebung}} \right)$$
$$- c_{\text{Luft}} \cdot \dot{m}_{\text{Luft}} \cdot \left(\frac{T_{\text{Kühl, ein}} + T_{\text{Kühl, aus}}}{2} \right.$$
$$\left. \left. - T_{\text{Wärmetauscher}}\left(u_{\text{Lüfter}}\right) \right) \right), \quad (4.61)$$

$$\frac{dT_{\text{Kühl, aus}}}{dt} = \frac{1}{C_{H_2O}} \cdot \left(- c_{H_2O} \cdot \dot{m}_{\text{Kühlwasser}} \cdot (T_{\text{Kühl, aus}} - T_{\text{Kühl, ein}}) \right.$$
$$\left. + k\,A_{\text{KW}} \cdot \left(T_{\text{Stack}} - \frac{T_{\text{Kühl, ein}} + T_{\text{Kühl, aus}}}{2} \right) \right). \quad (4.62)$$

Auftretende Parameter wie Wärmekapazitäten C_{i} und Wärmedurchgangskoeffizienten $k\,A_{\text{i}}$ hängen vom konkreten physikalischen Aufbau des Systems ab, sie werden mittels einer Parameteridentifikation bestimmt.

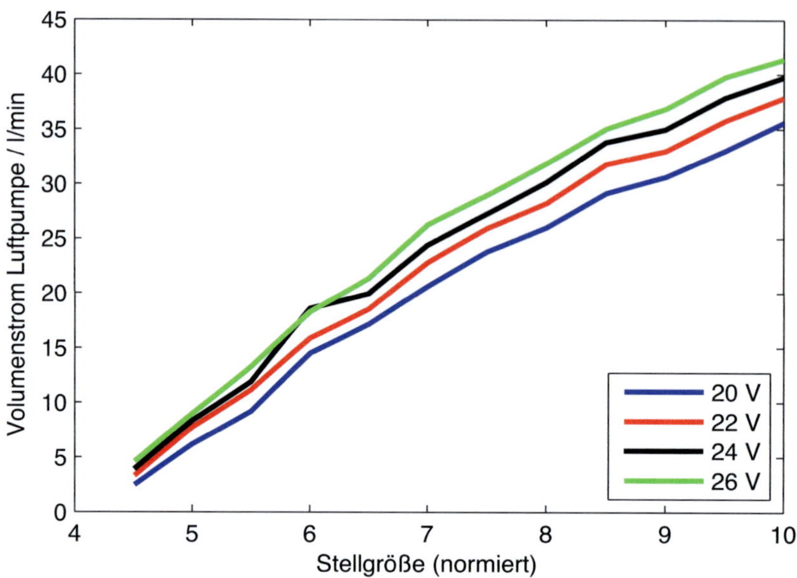

Abbildung 4.3: Volumenstrom der verwendeten Luftpumpe in Abhängigkeit von der Versorgungsspannung

4.3.6   Komponenten der Peripherie

Zusätzlich zu dem Stackmodell, das aus den Teilmodellen für den Stofftransport, dem elektrischen Modell und dem thermischen Modell besteht, müssen auch die Komponenten der Peripherie modelliert werden. Für die hier betrachtete Regelungsaufgabe muss neben dem Zusammenhang zwischen Stellgröße und Ausgangsgröße der Komponenten auch deren Energiebedarf gemessen werden.

Die Volumenströme der Pumpen und Lüfter sind entweder vom Hersteller angegeben oder wurden, wie beispielsweise bei der Luftpumpe, mittels einer Gasuhr vermessen. Das Ergebnis dieser Vermessung ist in Abbildung 4.3 angegeben, dabei besteht noch eine Abhängigkeit von der jeweiligen Spannung des Akkumulators U_{Akku}. Zudem wurde der Leistungsbedarf der Komponenten bei den unterschiedlichen Stellgrößen bestimmt, um später eine energieoptimale Betriebsführungsstrategie implementieren zu können.

4.4 Darstellung des Gesamtmodells im Zustandsraum

Das hier entwickelte Modell setzt sich aus den vorgestellten Teilmodellen zusammen. Es zeichnet sich gegenüber anderen Modellen dadurch aus, dass es in Hinblick auf die Anwendung zur Regelung mit möglichst wenigen Zustandsgrößen formuliert wurde. Hier werden die Zustandsgrößen

$$\underline{x} = \begin{bmatrix} c_{H_2O,\ \text{Kathode}} & c_{H_2O,\ \text{Anode}} & T_{\text{Stack}} & T_{\text{Kühl, ein}} & T_{\text{Kühl, aus}} \end{bmatrix}^T \tag{4.63}$$

verwendet. Als Stellgrößen liegen

$$\underline{u} = \begin{bmatrix} I & u_{\text{Luftpumpe}} & u_{\text{Wasserpumpe}} & u_{\text{Lüfter}} \end{bmatrix}^T \tag{4.64}$$

vor, die Ausgangsgrößen werden durch

$$\underline{y} = \begin{bmatrix} U_{\text{Stack}} & T_{\text{Stack}} & T_{\text{Kühl, ein}} & T_{\text{Kühl, aus}} \end{bmatrix}^T \tag{4.65}$$

beschrieben. Zusätzlich gibt es Größen, für die statische Beziehungen gelten, die hier mit

$$\underline{z} = \begin{bmatrix} c_{O_2} & c_{N_2} & c_{H_2} \end{bmatrix}^T \tag{4.66}$$

bezeichnet werden. Zusammen mit den differentiellen Größen kann nun ein sogenanntes Differential-Algebraisches System (DAE) gebildet werden [AP98], das dynamische und statische Größen zusammenfasst mit

$$\begin{aligned} \underline{\dot{x}} &= \underline{\tilde{f}}\,(\underline{x},\underline{z},\underline{u})\,, & (4.67) \\ \underline{0} &= \underline{\tilde{h}}\,(\underline{x},\underline{z},\underline{u})\,, & (4.68) \\ \underline{y} &= \underline{\tilde{g}}\,(\underline{x},\underline{z},\underline{u})\,. & (4.69) \end{aligned}$$

Das hier vorliegende System in den Gleichungen (4.67) bis (4.69) mit den algebraischen Größen $\underline{z}$ kann durch Auflösen von Gleichung (4.68) und Einsetzen in die Gleichungen (4.67) und (4.69) auf die übliche Form eines Systems gewöhnlicher, nichtlinearer Differentialgleichungen gebracht werden. Im Folgenden wird statt der ausführlichen Darstellung des Gleichungssystems die übliche Darstellung nichtlinearer Systeme im Zustandsraum

$$\begin{aligned} \underline{\dot{x}} &= \underline{f}\,(\underline{x},\underline{u})\,, & (4.70) \\ \underline{y} &= \underline{g}\,(\underline{x},\underline{u}) & (4.71) \end{aligned}$$

verwendet. Das Ergebnis der physikalischen Modellierung ist also ein nichtlineares Modell fünfter Ordnung mit vier Eingangs- und vier Ausgangsgrößen.

Die Gleichungen der hier durchgeführten Modellierung des PEM-Brennstoffzellensystems sind im Folgenden zusammengefasst. Für die Ableitungen der einzelnen Zustandsgrößen $\dot{x}_i$ erhält man aus den vorangegangenen Abschnitten

$$
\frac{d\,c_{H_2O,\,\text{Kathode}}}{dt} = \dot{V}_{\text{Luftpumpe}} \cdot p_{H_2O} \cdot \frac{1}{R \cdot T_{Umgebung} \cdot 6 \cdot 10^4} \cdot \frac{1}{n_{\text{Zellen}} \cdot V_{\text{Kathode}}}
$$

$$
+ \frac{I \cdot A_{\text{Zelle}}}{2 \cdot F \cdot V_{\text{Kathode}}} + N_{H_2O,\,\text{Kathode}} \cdot \frac{1}{V_{\text{Kathode}}}
$$

$$
- c_{H_2O,\,\text{Kathode}} \cdot v_{\text{Kathode}} \cdot A_{\text{Einlass}} \cdot \frac{1}{V_{\text{Kathode}}}, \tag{4.72}
$$

$$
\frac{d\,c_{H_2O,\,\text{Anode}}}{dt} = \frac{1}{V_{\text{Anode}}} \cdot \left(N_{H_2O,\,\text{Befeuchter}} - N_{H_2O,\,\text{Anode}} \right), \tag{4.73}
$$

$$
\frac{d\,T_{\text{Stack}}}{dt} = \frac{1}{C_{\text{Stack}}} \cdot \left(\left[\left(\frac{\Delta S_{\text{a}}}{2 \cdot F} + \frac{\Delta S_{\text{c}}}{4 \cdot F} \right) \cdot T_{\text{Stack}} \right.\right.
$$

$$
+ \xi_1 + \xi_2 \cdot T_{\text{Stack}} + \xi_3 \cdot T_{\text{Stack}} \cdot \ln\left(c_{O_2} \right) + \xi_4 \cdot T_{\text{Stack}} \cdot \ln\left(I \right) \right] \cdot I
$$

$$
- k\,A_{\text{Stack}} \cdot \left(T_{\text{Stack}} - T_{\text{Umgebung}} \right)
$$

$$
\left. - k\,A_{\text{KW}} \cdot \left(T_{\text{Stack}} - \frac{T_{\text{Kühl, ein}} + T_{\text{Kühl, aus}}}{2} \right) \right), \tag{4.74}
$$

$$
\frac{d\,T_{\text{Kühl, ein}}}{dt} = \frac{1}{C_{H_2O}} \cdot \left(c_{H_2O}\,\dot{m}_{\text{Kühlwasser}} \cdot \left(T_{\text{Kühl, aus}} - T_{\text{Kühl, ein}} \right) \right.
$$

$$
- c_{\text{Luft}} \cdot \dot{m}_{\text{Luft}} \cdot \left(\frac{T_{\text{Kühl, ein}} + T_{\text{Kühl, aus}}}{2} - T_{\text{Umgebung}} \right)
$$

$$
- k\,A_{\text{Lüfter}} \cdot \left(\frac{T_{\text{Kühl, ein}} + T_{\text{Kühl, aus}}}{2} - T_{\text{Umgebung}} \right)
$$

$$
- c_{\text{Luft}} \cdot \dot{m}_{\text{Luft}} \cdot \left(\frac{T_{\text{Kühl, ein}} + T_{\text{Kühl, aus}}}{2} \right.
$$

$$
\left.\left. - T_{\text{Wärmetauscher}} \left(u_{\text{Lüfter}} \right) \right) \right), \tag{4.75}
$$

$$
\frac{d\,T_{\text{Kühl, aus}}}{dt} = \frac{1}{C_{H_2O}} \cdot \left(- c_{H_2O} \cdot \dot{m}_{\text{Kühlwasser}} \cdot \left(T_{\text{Kühl, aus}} - T_{\text{Kühl, ein}} \right) \right.
$$

$$
\left. + k\,A_{\text{KW}} \cdot \left(T_{\text{Stack}} - \frac{T_{\text{Kühl, ein}} + T_{\text{Kühl, aus}}}{2} \right) \right). \tag{4.76}
$$

Die Komponenten y_i des Ausgangsvektors lassen sich dann in der Form

$$
\begin{aligned}
y_1 &= U_{\text{Stack}} \\
&= n_{\text{Zellen}} \cdot \big[U_{\text{theo}} - \xi_1 - \xi_2 \cdot T_{\text{Stack}} - \xi_3 \cdot T_{\text{Stack}} \cdot \ln\left(c_{O_2}\right) - \xi_4 \cdot T_{\text{Stack}} \cdot \ln\left(I\right) \\
&\qquad - A \cdot \left(\frac{\left(c_{H_2O,\ \text{Anode}} + c_{H_2O,\ \text{Kathode}}\right) \cdot p}{2 \cdot p_{\text{sat}}} \right)^{-b} \big] ,
\end{aligned}
\tag{4.77}
$$

$$
y_2 = T_{\text{Stack}} , \tag{4.78}
$$

$$
y_3 = T_{\text{Kühl, ein}} , \tag{4.79}
$$

$$
y_4 = T_{\text{Kühl, aus}} \tag{4.80}
$$

darstellen. Um die Übersichtlichkeit der Gleichungen zu erhalten, wurden hier nicht alle Ausdrücke durch die entsprechenden Gleichungen ersetzt. Alle Zusammenhänge werden vollständig durch Zustandsgrößen und Eingangsgrößen beschrieben, wenn die Ausdrücke c_{O_2}, $N_{H_2O,\ \text{Befeuchter}}$ und U_{theo} durch die Gleichungen (4.15), (4.19) und (4.24) ersetzt werden.

Kapitel 5

Simulation und Identifikation

Nachdem im Kapitel 4 das physikalische Modell des Brennstoffzellensystems entwickelt wurde, wird in diesem Kapitel auf die mathematischen Verfahren eingegangen, die zur Simulation der Modellgleichungen eingesetzt werden. Dabei wird im Abschnitt 5.1 zunächst kurz auf die Verfahren zur Simulation gewöhnlicher Differentialgleichungen und Differentialgleichungssysteme eingegangen. Dann werden im Abschnitt 5.2 Verfahren zur Simulation von partiellen Differentialgleichungen vorgestellt, die zur Lösung der Gleichungen des ortsaufgelösten Membranmodells zum Einsatz kommen.

Mittels der vorgestellten numerischen Verfahren können die Modellgleichungen simuliert werden. Dann kann zunächst die Plausibilität des Modells überprüft werden. Sind die grundsätzlichen Eigenschaften des untersuchten Systems prinzipiell richtig abgebildet, kann die Identifikation der noch unbekannten Modellparameter mithilfe von Messdaten des Systemaufbaus vorgenommen werden. Das wird im Abschnitt 5.3 durchgeführt. In den folgenden Kapiteln 6 und 7 wird dann das identifizierte Modell zum Entwurf einer Regelung und eines Zustandsschätzers verwendet.

5.1 Numerische Lösungsverfahren für gewöhnliche Differentialgleichungen

Im Abschnitt 4.4 wurde das physikalische Systemmodel mit der allgemeinen Notation

$$\dot{\underline{x}} = \underline{f}(\underline{x}, \underline{u}), \tag{5.1}$$

$$\underline{y} = \underline{g}(\underline{x}, \underline{u}) \tag{5.2}$$

als nichtlineares Differentialgleichungssystem in kontinuierlicher Zeit dargestellt. Da keine analytische Lösung des Systems gefunden werden kann, wird ein numerisches Lösungsverfahren eingesetzt. Eine Übersicht der gängigen Verfahren ist in [AP98, Zwi98] gegeben. Die Anwendung wichtiger Varianten wie des Runge-Kutta-Verfahrens und des Backward-Difference-Formulae-Verfahrens (BDF) wurden in [Sch06] speziell für das Modell des Brennstoffzellensystems untersucht.

Aus den numerischen Lösungsverfahren ergibt sich immer eine zeitdiskrete Lösung der Systemgleichungen in bestimmten Zeitpunkten t_k. Die Lage dieser Zeitpunkte ist entweder äquidistant, oder sie ergibt sich aus der Schrittweitensteuerung des Lösungsverfahrens. Wird im Folgenden eine äquidistante zeitliche Schrittweite verwendet, so wird die Schreibweise

$$t_k = k \cdot T \quad \text{und} \quad x_k = x\left(T \cdot k\right) \tag{5.3}$$

mit der festen Abtastzeit T verwendet. Als Darstellung der nichtlinearen Systemgleichungen in diskreter Zeit erhält man dann

$$\underline{x}_{k+1} = \underline{f}_T\left(\underline{x}_k, \underline{u}_k\right), \tag{5.4}$$

$$\underline{y}_k = \underline{g}_T\left(\underline{x}_k, \underline{u}_k\right). \tag{5.5}$$

Diese Darstellung wird im Weiteren für die zeitdiskreten Systemgleichungen bei äquidistanter Abtastzeit verwendet.

5.2 Numerische Lösungsverfahren für partielle Differentialgleichungen

Hier werden speziell Verfahren untersucht, mit denen das ortsaufgelöste Membranmodell aus Abschnitt 4.3.3 simuliert werden kann, das als nichtlineare partielle Differentialgleichung formuliert wurde. Im Allgemeinen können nichtlineare partielle Differentialgleichungen nur durch numerische Verfahren gelöst werden, die letztlich durch eine Diskretisierung des Problems auf ein System gewöhnlicher Differentialgleichungen führen. Bekannte Vorgehensweisen sind die Anwendung des finite Differenzenverfahrens oder des Finite-Elemente-Verfahrens [RBD03]. Das finite Differenzenverfahren ist besonders anschaulich zu erklären, das Verfahren der finiten Elemente ist besonders für komplizierte, mehrdimensionale Geometrien geeignet. Beide Verfahren führen oftmals auf Differentialgleichungssysteme hoher Ordnung.

Außerdem wird eine spezielle Klasse von Lösungsverfahren für partielle Differentialgleichungen untersucht, die sogenannten spektralen Verfahren. Das Prinzip beruht darauf, dass die exakte Lösung nicht durch eine örtliche Diskretisierung angenähert wird, sondern durch einen diskreten Funktionenraum, in dem die Lösung als eine gewichtete Summe der entsprechenden Basisfunktionen dargestellt wird.

Grundsätzlich gibt es zwei Möglichkeiten, diesen Funktionenraum zu beschreiben. Eine Möglichkeit besteht darin, eine Klasse von orthogonalen Basisfunktionen wie Tschebyscheff- oder Legendre-Polynome zu verwenden. Ein besonders einfaches Vorgehen ergibt sich, wenn man nach [Tre00] ein festes Gitter, das sogenannte Gauß-Labatto-Gitter verwendet. Die benötigten Ortsableitungen können dann durch Matrizenmultiplikation gewonnen werden, die Genauigkeit des spektralen Vorgehens bleibt erhalten. Am Beispiel des ortsaufgelösten Membranmodells wird dieses Vorgehen im Abschnitt 5.2.4 genau erläutert.

Eine andere Möglichkeit geeignete orthogonale Basisfunktionen zu erhalten, besteht in einer Transformation von Simulationsdaten, die letztlich auf eine Ordnungsreduktion führt. Dieses Verfahren wird als Proper Orthogonal Decomposition (POD) oder auch Kahunen-Loève-Transformation bezeichnet. Es wird ebenfalls im Abschnitt 5.2.4 dargestellt.

5.2.1 Grundlagen

Durch partielle Differentialgleichungen werden Systeme beschrieben, bei denen die Lösungsvariablen – die bei gewöhnlichen Differentialgleichungen als Zustandsgrößen bezeichnet werden – in Abhängigkeit von mehreren Dimensionen, beispielsweise der Zeit und einer Ortsrichtung, betrachtet werden. Solche Systeme werden in der Regelungstechnik als Systeme mit örtlich verteilten Parametern bezeichnet [Fra87, Gil73]. Teilweise werden sie auch als Systeme unendlicher Ordnung bezeichnet, da man die Ortsachse als eine Menge aus unendlich vielen Punkten auffassen kann. Eine andere Definition der Ordnung solcher Systeme wird durch die höchste auftretende Ableitung beschrieben. Für Systeme zweiter Ordnung, bei denen also zweite Ableitungen der betrachteten Größe auftreten, kann eine weitere Klassifikation für typische in der Technik auftretende Probleme vorgenommen werden. Als Beispiel wird hier die Größe $\Theta(x,t)$ in Abhängigkeit vom Ort x und der Zeit t betrachtet. Es wird die Darstellung der Form

$$A(x,y) \cdot \frac{\partial^2 \Theta(x,t)}{\partial x^2} + B(x,y) \cdot \frac{\partial^2 \Theta(x,t)}{\partial x\, \partial t} + C(x,y) \cdot \frac{\partial^2 \Theta(x,t)}{\partial t^2}$$
$$= \Psi\left(\Theta(x,t), \frac{\partial \Theta(x,t)}{\partial x}, \frac{\partial \Theta(x,t)}{\partial t}, x, t\right) \tag{5.6}$$

angenommen. Dabei kann die Funktion Ψ beliebig sein, sie ist nicht auf lineare Funktionen beschränkt. In Abhängigkeit der Faktoren A, B und C wird eine weitere Einteilung vorgenommen. Systeme mit $B^2 - 4 \cdot A \cdot C > 0$ werden als hyperbolische Systeme bezeichnet, durch sie werden beispielsweise Wellenausbreitungen beschrieben. Gilt $B^2 - 4 \cdot A \cdot C = 0$, so bezeichnet man das System als parabolisch. Zu dieser Klasse gehören Diffusionsprozesse. Für die sogenannten elliptischen Systeme gilt $B^2 - 4 \cdot A \cdot C < 0$, durch sie werden vor allem Potentialprobleme formuliert. Sind die Koeffizienten A, B oder C von x, t oder der Lösung Θ abhängig, so werden die zugehörigen Gleichungen auch als quasi-linear bezeichnet [BSGH96, Zwi98].

Eine partielle Differentialgleichung ist durch die auftretende Ortsabhängigkeit in einem Bereich Ω gültig, der durch die Hülle Γ begrenzt ist. Zur Lösung müssen die Anfangsbedingungen und die Randbedingungen vorgegeben sein.

Für die Anfangsbedingungen zum Zeitpunkt $t = 0$ muss der Startwert für den gesamten Ortsverlauf angegeben werden. Wird dieser Verlauf durch die Funktion $\Theta_0(x)$ beschrieben, so gilt

$$\Theta\left(x, t = 0\right) = \Theta_0(x) . \tag{5.7}$$

Die Randwerte auf der Hülle Γ müssen zu allen Zeitpunkten definiert sein. Sie können durch unterschiedliche Beschreibungen festgelegt werden. Werden die Funktionswerte der Hülle vorgegeben mit

$$(\Theta)_\Gamma = u_\Gamma(x, t) , \tag{5.8}$$

so wird dies als Dirichletsches Randwertproblem oder Randbedingung erster Art bezeichnet. Wird der Gradient auf der Hülle mit dem Normalenvektor $\underline{n}$ vorgegeben

$$\left(\frac{\partial \Theta}{\partial \underline{n}}\right)_\Gamma = u_\Gamma(x, t) , \tag{5.9}$$

so bezeichnet man dies als Neumannsches Randwertproblem oder Randbedingung zweiter Art. Als Cauchysches Randwertproblem oder Randbedingung dritter Art bezeichnet man die gemischten Randbedingungen

$$\left(\frac{\partial \Theta}{\partial \underline{n}} + k \cdot \Theta\right)_\Gamma = u_\Gamma(x, t) . \tag{5.10}$$

Bei dem ortsaufgelösten Membranmodell aus Gleichung (4.48) handelt es sich um ein quasi-lineares parabolisches Problem, das nach der zeitlichen Ableitung aufgelöst werden kann. Die Lösungsvariable ist die Feuchte in der Membran $\lambda(y, t)$ in Abhängigkeit von der Position y in der Membran und der Zeit t. Die Randbedingungen sind als Dirichletsches Randwertproblem definiert, die Feuchte der Membran an den Rändern ergibt sich aus den Wasserkonzentrationen an der Anodenseite $c_{H_2O,\ \text{Anode}}$ und an der Kathodenseite $c_{H_2O,\ \text{Kathode}}$. Die Anfangsbedingung ergibt sich aus dem Feuchteverlauf zu Beginn der Simulation.

In den nächsten Abschnitten wird auf verschiedene Verfahren zur Lösung des ortsaufgelösten Membranmodells eingegangen. Dabei wird die Lösungsvariable in Abhängigkeit von einer Ortsdimension und der Zeit betrachtet.

5.2.2 Finite Differenzen-Verfahren

Das finite Differenzen-Verfahren wird hier beispielhaft für ein parabolisches Problem in einer Ortsdimension in der Form

$$\frac{\partial \Theta(x,t)}{\partial t} = f\left(\frac{\partial \Theta(x,t)}{\partial x}\right) \tag{5.11}$$

dargestellt, das auf einem begrenzten Bereich Ω der Ortsachse x mit $x \in \Omega$ und $\Omega = \{x | x_\mathrm{a} \leq x \leq x_\mathrm{e}\}$ betrachtet wird. Das Prinzip der finiten Differenzen ist die Approximation der partiellen Ableitungen durch Differenzenquotienten [TW02, RBD03]. Für eine differenzierbare Funktion gilt

$$\frac{\partial \Theta(x,t)}{\partial x} = \lim_{h \to 0} \frac{\Theta(x+h,t) - \Theta(x,t)}{h}. \tag{5.12}$$

Für ein numerisches Verfahren, das auf einem Rechner implementiert wird, kann der Grenzübergang $h \to 0$ nicht umgesetzt werden, es wird mit einem festen Wert für h gerechnet. Dabei kann beispielsweise der einseitige Differenzenquotient

$$\frac{\partial \Theta(x,t)}{\partial x} \approx \frac{\Theta(x+h,t) - \Theta(x,t)}{h} \tag{5.13}$$

oder der zentrale Differenzenquotient

$$\frac{\partial \Theta(x,t)}{\partial x} \approx \frac{\Theta(x+h,t) - \Theta(x-h,t)}{2 \cdot h} \tag{5.14}$$

verwendet werden. Dabei wird eine äquidistante Diskretisierung der Ortsausdehnung mit $N+1$ Diskretisierungspunkten und einer festen Schrittweite h vorgenommen, für die

$$h = \frac{x_\mathrm{e} - x_\mathrm{a}}{N} \tag{5.15}$$

gilt. Die $N+1$ diskreten Ortspunkte x_i liegen dann in

$$x_\mathrm{i} = x_\mathrm{a} + i \cdot h \quad \text{mit} \quad i = 0, 1, \dots, N. \tag{5.16}$$

Wird auch für die zeitliche Schrittweite ein fester Wert verwendet, dann werden die Werte der numerischen Lösung der partiellen Differentialgleichung auf einem festen Gitter berechnet.

Bei dem hier untersuchten Dirichlet-Randwertproblem werden für alle Zeitpunkte die Randwerte x_0 und x_N vorgegeben und der initiale Verlauf von Θ zum Zeitpunkt $t = 0$, also $\Theta(x,0)$.

Die Berechnung aller benötigten Ortsableitungen kann beim finite Differenzen-Verfahren in einem Schritt durch eine Vektor-Matrix-Multiplikation berechnet werden.

Dazu werden die örtlich aufgelösten Funktionswerte von $\Theta\left(x_i, t\right)$ in den Gitterpunkten x_i zu einem Vektor

$$\underline{\Theta}\left(t_k\right) = \begin{bmatrix} \Theta\left(x_0, t_k\right) \\ \Theta\left(x_1, t_k\right) \\ \vdots \\ \Theta\left(x_N, t_k\right) \end{bmatrix} \tag{5.17}$$

zusammengefasst. Die benötigten Differenzenquotienten können dann durch eine Differentiationsmatrix, die sich aus den verwendeten Differenzenquotienten ergibt und die beispielsweise die Form

$$\underline{D}_{\text{FD}} = \frac{1}{2 \cdot h} \cdot \begin{bmatrix} 2 & -2 & 0 & & & \cdots & & 0 \\ 1 & 0 & -1 & 0 & & & & \\ 0 & 1 & 0 & -1 & 0 & & & \vdots \\ & 0 & 1 & 0 & -1 & 0 & & \\ \vdots & & & \ddots & \ddots & \ddots & & 0 \\ & & & & 0 & 1 & 0 & -1 \\ 0 & & & \cdots & & 0 & 2 & -2 \end{bmatrix} \tag{5.18}$$

hat, ausgedrückt werden. Dabei handelt es sich um eine dünn besetzte Matrix (auch: *sparse* oder *Bandmatrix*) mit einer beschränkten Anzahl von Einträgen pro Zeile. Für die Randpunkte wird hier der einseitige Differenzenquotient verwendet, für die übrigen Punkte der beidseitige. Für den Vektor der Ableitungen gilt nun

$$\frac{\partial \underline{\Theta}\left(t_k\right)}{\partial \underline{x}} = \begin{bmatrix} \frac{\partial \Theta\left(x_0, t_k\right)}{\partial x} \\ \frac{\partial \Theta\left(x_1, t_k\right)}{\partial x} \\ \vdots \\ \frac{\partial \Theta\left(x_N, t_k\right)}{\partial x} \end{bmatrix} \approx \underline{D}_{\text{FD}} \cdot \underline{\Theta}(t_k) . \tag{5.19}$$

Damit können die einzelnen Zeitableitungen der Θ_i nach Gleichung (5.11) berechnet werden. Wird die zeitliche Integration der einzelnen Θ_i mit einem expliziten Euler-Verfahren durchgeführt, bei dem für alle diskreten Ortspunkte die gleiche zeitliche Schrittweite verwendet wird, bezeichnet man dieses Vorgehen auch als *Method of Lines* [Zwi98].

Das Verfahren eignet sich besonders für einfache Geometrien und kann vergleichsweise einfach umgesetzt werden. Die spezielle Aufgabenstellung, das ortsaufgelöste Membranmodell mit dem finite Differenzen-Verfahren zu simulieren, wurde in [Joc03] durchgeführt.

5.2.3 Finite-Elemente-Methode

Eines der gebräuchlichsten Verfahren zur Lösung partieller Differentialgleichungen ist das sogenannte Finite-Elemente-Methode (FEM). Es eignet sich insbesondere auch für komplizierte geometrische Begrenzungen der betrachteten Gleichungen. Grundprinzip der FEM ist die Aufteilung des Gebietes Ω in disjunkte Teilgebiete, die finiten Elemente. Auf jedem Teilgebiet wird der gesuchte Funktionsverlauf durch einfache Ansatzfunktionen approximiert, meist durch lineare oder quadratische Ansätze. Die gegebene partielle Differentialgleichung kann durch die Integralsätze umformuliert werden, die entsprechenden Integrale können für die einfachen Ansatzfunktionen algebraisch berechnet werden. Letztlich entstehen dann große lineare Gleichungssysteme, die gelöst werden müssen.

Hier wird der MATLAB-Befehl `pdepe` verwendet, bei dem es sich um eine Implementierung des Finite-Elemente-Verfahrens handelt. Die gewünschte Genauigkeit der Ortsdiskretisierung kann dabei vorgegeben werden.
Dieser Algorithmus bei Verwendung einer hohen Ortsdiskretisierung mit $N = 100$ wird im Folgenden als Referenz für die Lösung des ortsaufgelösten Membranmodells zum Vergleich mit anderen Verfahren verwendet. Dabei wird beispielhaft ein Verlauf des Feuchteprofils durch die Membran für ein Zeitintervall von $150\,\mathrm{s}$ betrachtet. Die Randwerte der Mambranfeuchte λ_{Anode} und $\lambda_{\mathrm{Kathode}}$ ergeben sich aus den entsprechenden Wasserkonzentrationen $c_{H_2O,\,\mathrm{Anode}}$ und $c_{H_2O,\,\mathrm{Kathode}}$, sie werden für diese simulative Untersuchung konstant gehalten. In der Realität ändern sich die Wasserkonzentrationen und damit auch die Randwerte für die partielle Differentialgleichung dynamisch. Hier wird nur der dynamische Einfluss des aufgeprägten Laststromes betrachtet, der zum Zeitpunkt $t = 75\,\mathrm{s}$ einen Sprung macht.
Das beschriebene Szenario wird zunächst mit dem FEM-Algorithmus von MATLAB gelöst. Das Ergebnis dieser Simulation ist in Abbildung 5.1 dargestellt.

5.2.4 Spektrale Verfahren

Das Prinzip der spektralen Verfahren besteht darin, dass nicht nur benachbarte Punkte zur Berechnung einer Ortsableitung $\dfrac{\partial\,\Theta\left(x_{\mathrm{i}},t_{\mathrm{k}}\right)}{\partial x}$ verwendet werden, wie beispielsweise beim zentralen Differenzenquotienten, sondern der Funktionsverlauf über die gesamte örtliche Ausdehnung Ω. Dabei können feste orthonormale Basisfunktionen ϕ_{k} verwendet werden, wie etwa die Tschebyscheff-Polynome, um den Funktionsverlauf darzustellen. Die Tschebyscheff-Polynome sind für $x \in [-1, 1]$ definiert als

$$\phi_{\mathrm{k}}\left(x\right) = T_{\mathrm{k}}\left(x\right) = \cos\left(k \cdot \arccos\left(x\right)\right) \tag{5.20}$$

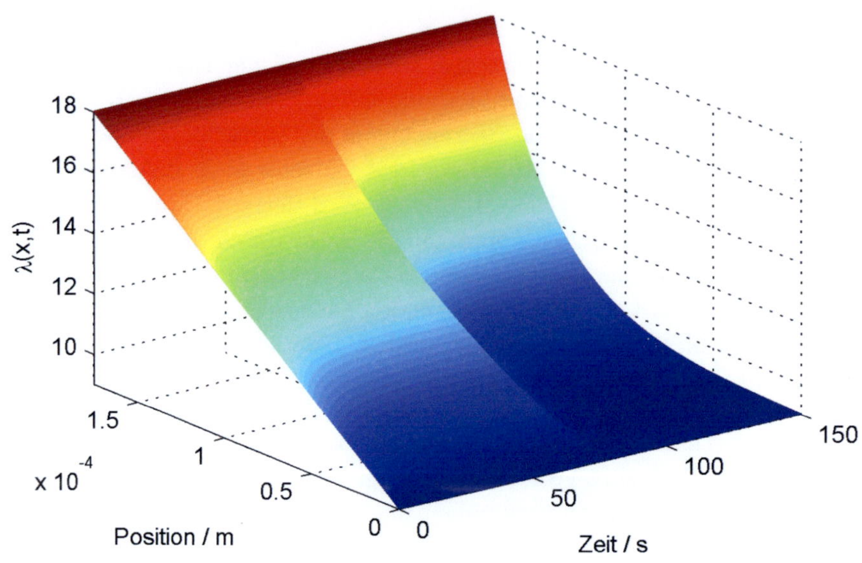

Abbildung 5.1: Lösung des ortsaufgelösten Membranmodells mit dem Lösungsverfahren aus MATLAB

bzw. durch die äquivalente iterative Definition mit

$$T_0(x) = 1, \tag{5.21}$$

$$T_1(x) = x, \tag{5.22}$$

$$T_{n+1}(x) = 2 \cdot x \cdot T_n(x) - T_{n-1}(x) \quad \text{für} \quad n \geq 1. \tag{5.23}$$

Aufgrund der Orthonormalität der Basisfunktionen gilt allgemein

$$\langle \phi_i(x), \phi_k(x) \rangle = \int_{-1}^{+1} \phi_i(x) \cdot \phi_k(x)\, dx = \delta_{ik} = \left\{ \begin{array}{ll} 1 & i = k \\ 0 & i \neq k \end{array} \right. . \tag{5.24}$$

Die Darstellung von $\Theta(x,t)$ wird nun aufgespalten in zeitabhängige Koeffizienten $a_k(t)$ und ortsabhängige Basisfunktionen $\phi_k(x)$ in der Form einer endlichen Summe

$$\Theta(x,t) \approx \sum_{k=0}^{N} a_k(t) \cdot \phi_k(x). \tag{5.25}$$

Als Beispiel wird hier eine partielle Differentialgleichung in der Form

$$\frac{\partial \Theta(x,t)}{\partial t} = f\left(\Theta(x,t), \frac{\partial \Theta(x,t)}{\partial x}, \frac{\partial^2 \Theta(x,t)}{\partial x^2}\right) \tag{5.26}$$

betrachtet. Dann wird der Ansatz aus Gleichung (5.25) für $\Theta(x,t)$ eingesetzt. Um die Koeffizienten $a_k(t)$ zu berechnen, gibt es verschiedene Ansätze [Boy01], die auf der Berechnung von Innenprodukten der Form

$$\langle u,v \rangle = \int w(x) \cdot u(x) \cdot v(x)\, dx \tag{5.27}$$

beruhen. Für $w(x)$ können unterschiedliche Testfunktionen eingesetzt werden. Werden die Basisfuntionen selbst eingesetzt, so wird dies als Galerkin-Methode bezeichnet, wird die Dirac-Funktion $\delta(x - x_i)$ für verschiedene x_i eingesetzt, so wird dies als Kollokations-Verfahren bezeichnet. Anstelle der Integrale werden dabei einzelne Punkte ausgewertet.

Da die Berechnung der Integrale hier immer mit einem numerischen Quadratur-Verfahren durchgeführt werden muss, etwa mit der Simpson-Regel [SB00], bei dem Funktionsauswertungen auf einem diskreten Gitter vorgenommen werden, wird im Weiteren nur auf die Kollokationsmethode eingegangen.

Für die $N+1$ Basisfunktionen aus Gleichung (5.25) werden $N-1$ Kollokationspunkte gewählt und zu einem Vektor

$$\underline{x} = \begin{bmatrix} x_0 & x_1 & \ldots & x_{\text{N-2}} \end{bmatrix}^T \tag{5.28}$$

zusammengefasst. Die Koeffizienten a_i können in Vektor-Schreibweise als

$$\underline{a} = \begin{bmatrix} a_0 & a_1 & a_2 & \ldots & a_N \end{bmatrix}^T = \begin{bmatrix} a_0 & a_1 & \underline{a}_{2:\text{N}} \end{bmatrix}^T \tag{5.29}$$

dargestellt werden. Wertet man die partielle Differentialgleichung (5.26) für die $N-1$ Kollokationspunkte aus, so erhält man ein lineares Gleichungssystem der Form

$$\underline{L} \cdot \frac{\partial \underline{a}_{2:\text{N}}}{\partial t} = \underline{v} \tag{5.30}$$

mit $\underline{L} \in \mathbb{R}^{N-1 \times N-1}$ und $\underline{v} \in \mathbb{R}^{N-1}$. Auflösen nach den zeitlichen Ableitungen der a_k liefert

$$\frac{\partial \underline{a}_{2:\text{N}}}{\partial t} = \underline{L}^{-1} \cdot \underline{v}. \tag{5.31}$$

Die zeitliche Integration kann dann beispielsweise mit einem Euler-Verfahren mit der zeitlichen Schrittweite T durchgeführt werden:

$$\underline{a}_{2:\text{n}}(t_{i+1}) = \underline{a}_{2:\text{N}}(t_i) + \underline{L}^{-1} \cdot \underline{v} \cdot T. \tag{5.32}$$

Zusätzlich zu den zeitlichen Ableitungen müssen auch die Randbedingungen in den Punkten x_a und x_e eingehalten werden. Hier werden Dirichletsche Randbedingungen angenommen, für sie gilt $\Theta(x_\mathrm{a}, t) = \Theta_\mathrm{a}(t)$ und $\Theta(x_\mathrm{e}, t) = \Theta_\mathrm{e}(t)$. Daraus folgt, dass die Gleichungen

$$\sum_{k=0}^{N} a_\mathrm{k}(t) \cdot \phi_\mathrm{k}(x_\mathrm{a}) \;\overset{!}{=}\; \Theta_\mathrm{a}(t), \tag{5.33}$$

$$\sum_{k=0}^{N} a_\mathrm{k}(t) \cdot \phi_\mathrm{k}(x_\mathrm{e}) \;\overset{!}{=}\; \Theta_\mathrm{e}(t) \tag{5.34}$$

eingehalten werden müssen. Die noch nicht festgelegten Koeffizienten $a_0(t_{\mathrm{k}+1})$ und $a_1(t_{\mathrm{k}+1})$ werden jetzt so gewählt, dass die Gleichungen (5.33) und (5.34) erfüllt werden. Sie können zusammengefasst werden zu

$$\underline{a}^T(t) \cdot \begin{bmatrix} \phi_0(x_\mathrm{a}) & \phi_0(x_\mathrm{e}) \\ \phi_1(x_\mathrm{a}) & \phi_1(x_\mathrm{e}) \\ \vdots & \vdots \\ \phi_\mathrm{N}(x_\mathrm{a}) & \phi_\mathrm{N}(x_\mathrm{e}) \end{bmatrix} \overset{!}{=} \begin{bmatrix} \Theta_\mathrm{a}(t) & \Theta_\mathrm{e}(t) \end{bmatrix}. \tag{5.35}$$

Jetzt kann die Aufspaltung des Vektors $\underline{a} = \begin{bmatrix} a_0 & a_1 & \underline{a}_{2:\mathrm{N}}^T \end{bmatrix}^T$ vorgenommen werden, und man erhält

$$\begin{bmatrix} a_0 & a_1 & \underline{a}_{2\mathrm{N}} \end{bmatrix} \cdot \begin{bmatrix} \phi_0(x_\mathrm{a}) & \phi_0(x_\mathrm{e}) \\ \phi_1(x_\mathrm{a}) & \phi_1(x_\mathrm{e}) \\ \vdots & \vdots \\ \phi_\mathrm{N}(x_\mathrm{a}) & \phi_\mathrm{N}(x_\mathrm{e}) \end{bmatrix}$$

$$= \begin{bmatrix} a_0 & a_1 \end{bmatrix} \cdot \begin{bmatrix} \phi_0(x_\mathrm{a}) & \phi_0(x_\mathrm{e}) \\ \phi_1(x_\mathrm{a}) & \phi_1(x_\mathrm{e}) \end{bmatrix} + \underline{a}_{2:\mathrm{N}}^T \cdot \begin{bmatrix} \phi_2(x_\mathrm{a}) & \phi_2(x_\mathrm{e}) \\ \vdots & \vdots \\ \phi_\mathrm{N}(x_\mathrm{a}) & \phi_\mathrm{N}(x_\mathrm{e}) \end{bmatrix}$$

$$\overset{!}{=} \begin{bmatrix} \Theta_\mathrm{a}(t) & \Theta_\mathrm{e}(t) \end{bmatrix}. \tag{5.36}$$

Diese Gleichung kann nun nach den noch unbekannten Koeffizienten $a_0(t_{k+1})$ und $a_1(t_{k+1})$ aufgelöst werden mit

$$
\begin{bmatrix} a_0 & a_1 \end{bmatrix} = \begin{bmatrix} \phi_0(x_a) & \phi_0(x_e) \\ \phi_1(x_a) & \phi_1(x_e) \end{bmatrix}^{-1}
$$
$$
\cdot \left\{ \begin{bmatrix} \Theta_a(t) & \Theta_e(t) \end{bmatrix} - \underline{a}_{2_N}^T \cdot \begin{bmatrix} \phi_2(x_a) & \phi_2(x_e) \\ \vdots & \vdots \\ \phi_N(x_a) & \phi_N(x_e) \end{bmatrix} \right\} . \tag{5.37}
$$

Durch das geschilderte Vorgehen kann der zeitliche Verlauf der untersuchten partiellen Differentialgleichung in der spektralen Darstellung aus Gleichung (5.25) unter Berücksichtigung der Dirichletschen Randbedingungen berechnet werden. Im Allgemeinen ist der Rechenaufwand deutlich geringer als der für die FEM, ein Nachteil des spektralen Ansatzes ist jedoch, dass er nur für einfache Geometrien angewendet werden kann. Für das hier betrachtete Membranmodell hat dieser Nachteil aber keine Bedeutung.

Ein weiteres Verfahren, das auf dem spektralen Ansatz zur Lösung partieller Differentialgleichungen beruht, ist die sogenannte Proper Orthogonal Decomposition (POD). Ziel dieses Verfahrens ist es, die Lösung in der Form wie in Gleichung (5.25) mit einer möglichst geringen Anzahl von Basisfunktionen zu approximieren [HLGB98]. Ausgangspunkt sind Daten eines aufwendigen Simulationsverfahrens wie beispielsweise der FEM. Aus diesen Simulationsdaten können mittels der Singulärwertzerlegung (Singular Value Decomposition, auch SVD) geeignete Basisfunktionen für das konkrete Problem generiert werden.
Die Simulationsdaten werden in Ortsrichtung und in der Zeit jeweils auf einem äquidistanten Gitter gerechnet und in einer Matrix $\underline{M}_{\text{Simulation}}$ der Dimension $\underline{M}_{\text{Simulation}} \in \mathbb{R}^{N \times L}$ mit einer Ortsauflösung von N Punkte und einer Zeitauflösung von L Schritten gespeichert. Die Singulärwertzerlegung der Matrix mit dem hier betrachteten Fall, dass $L > N$ gilt, liefert die Darstellung

$$
\underline{M}_{\text{Simulation}} = \underline{U} \cdot \begin{bmatrix} \underline{S} \\ \underline{0} \end{bmatrix} \cdot \underline{V}^T \tag{5.38}
$$

mit den Matrizen $\underline{U} \in \mathbb{R}^{N \times N}$, $\underline{S} \in \mathbb{R}^{N \times N}$, $\underline{0} \in \mathbb{R}^{N \times (L-N)}$ und $\underline{V} \in \mathbb{R}^{L \times L}$. Bei der Matrix $\underline{D}$ handelt es sich dabei um eine Diagonalmatrix der Form

$$
\underline{D} = \begin{bmatrix} \sigma_1 & 0 & \dots & 0 \\ 0 & \sigma_2 & 0 & \vdots \\ \vdots & & \ddots & 0 \\ 0 & \dots & 0 & \sigma_N \end{bmatrix} \quad \text{mit} \quad \sigma_1 \geq \sigma_2 \geq \dots \geq \sigma_N \geq 0 . \tag{5.39}
$$

Die σ_i beschreiben die Singulärwerte, sie sind mit den Eigenwerten λ_i der Matrix verknüpft durch den Zusammenhang $\lambda_i = \sigma_i^2$. Die Spalten der Matrix $\underline{U}$ stellen nun die Basisfunktionen $\underline{\phi}_i$ dar mit

$$\underline{U} = \left[\begin{array}{cccc} \underline{\phi}_1, & \underline{\phi}_2, & \cdots & \underline{\phi}_N \end{array} \right] . \tag{5.40}$$

Die Basisfunktionen $\underline{\phi}_i$ sind jeweils dem entsprechenden Singulärwert σ_i zugeordnet. Eine geeignete Menge von Basisfunktionen ergibt sich aus der Wahl der ersten n Funktionen $\underline{\phi}_i$. Der Wert für n kann so gewählt werden, dass der Anteil, der durch die Basisfunktionen berücksichtigt wird, einem festen Prozentsatz p entspricht mit

$$p = \frac{\sum_{k=0}^{n} \sigma_i}{\sum_{k=0}^{N} \sigma_i} . \tag{5.41}$$

Die Anwendung des Verfahrens der Proper Orthogonal Decomposition zur Simulation des ortsaufgelösten Membranmodells wurde in [Sie04] durchgeführt. Das Vorgehen ist relativ aufwendig, besondere Vorteile gegenüber anderen spektralen Verfahren konnten nicht erreicht werden.

Zur Lösung des Membranmodells wird hier eine weitere Variante spektraler Verfahren nach [Tre00] vorgestellt, die sich als besonders leistungsfähig und einfach in der Umsetzung erwiesen hat. Dabei wird kein äquidistantes Gitter verwendet wie beim finite Differenzen-Verfahren, sondern es werden die sogenannten *Tschebyscheff-Punkte* (auch *Gauß-Tschebyscheff-Lobatto-Punkte*) verwendet, für die

$$x_i = \cos\left(\frac{i \cdot \pi}{N}\right) \quad \text{mit} \quad i = 0, 1, \ldots, N \tag{5.42}$$

gilt. Die Punkte des Gitters liegen dabei an den Rändern dichter als in der Mitte des betrachteten Intervalls. Anstelle von Basisfunktionen mit den zugehörigen Koeffizienten wird mit den Funktionswerten in diesen Gitterpunkten gerechnet. Die entsprechenden Funktionswerte $\Theta(x_i, t)$ werden durch Lagrange-Polynome über den kompletten Ortsbereich, der hier auf $\Omega = [-1, 1]$ normiert ist, interpoliert. Das Vorgehen ist äquivalent zu den bisher vorgestellten spektralen Ansätzen [Boy01]. Für die einzelnen Lagrange-Polynome gilt

$$L_i(x) = \prod_{\substack{j=0 \\ j \neq i}}^{N} \frac{x - x_j}{x_i - x_j} , \tag{5.43}$$

und die Interpolationsfunktion $I_N(x)$ über alle berücksichtigten Punkte lautet

$$I_N(x) = \sum_{i=0}^{N} \Theta_i \cdot L_i(x) \; . \qquad (5.44)$$

Der Vorteil des Ansatzes besteht darin, dass direkt mit Funktionswerten gerechnet wird, der Zwischenschritt über die Berechnung der Koeffizienten a_k ist nicht erforderlich. Zur Berechnung der Ableitung in den Punkten x_i des Ortsgitters wird die Ableitung der Interpolationsfunktion gebildet. Analog zu der Differentiationsmatrix aus Gleichung (5.18) erhält man nun nach [Tre00]

$$\underline{D}_{\text{Tschebyscheff}} = \begin{bmatrix} \frac{2\,N^2+1}{6} & \cdots & 2\,\frac{(-1)^j}{1-x_j} & \cdots & \frac{1}{2}\,(-1)^N \\ \vdots & \ddots & \cdots & \frac{(-1)^{i+j}}{x_i-x_j} & \vdots \\ -\frac{1}{2}\,\frac{(-1)^i}{1-x_i} & \vdots & \frac{-x_j}{2\left(1-x_j^2\right)} & \vdots & \frac{1}{2}\,\frac{(-1)^{N+i}}{1+x_i} \\ \vdots & \frac{(-1)^{i+j}}{x_i-x_j} & \cdots & \ddots & \vdots \\ -\frac{1}{2}\,(-1)^N & \cdots & -2\,\frac{(-1)^{N+j}}{1+x_j} & \cdots & -\frac{2\,N^2+1}{6} \end{bmatrix} \; . \qquad (5.45)$$

Dabei handelt es sich um eine voll besetzte Matrix. Analog zu Gleichung (5.19) gilt

$$\frac{\partial\,\underline{\Theta}(t_k)}{\partial \underline{x}} = \begin{bmatrix} \frac{\partial\Theta(x_0,t_k)}{\partial x} \\ \frac{\partial\Theta(x_1,t_k)}{\partial x} \\ \vdots \\ \frac{\partial\Theta(x_N,t_k)}{\partial x} \end{bmatrix} \approx \underline{D}_{\text{Tschebyscheff}} \cdot \underline{\Theta}(t_k) \; . \qquad (5.46)$$

Dadurch, dass alle Punkte des Gitters bei der Berechnung der Ableitungen berücksichtigt werden, erhält man mit einer geringeren Anzahl von Gitterpunkten genauere Simulationsergebnisse als bei Verwendung des finite Differenzen-Verfahrens. Die Randwerte in den Punkte x_a und x_e werden durch die direkte Vorgabe von $\Theta(x_a,t) = \Theta_a(t)$ und $\Theta(x_e,t) = \Theta_e(t)$ berücksichtigt.

In [Boy01] sind für unterschiedliche Gitter und verschiedene Basisfunktionen wie Fourier-Reihen, Tschebyscheff-Polynome oder Legendre-Polynome die entsprechenden Differentiationsmatrizen angegeben.

Die numerische Lösung des Membranmodells mit den Tschebyscheff-Differentiationsmatrizen ist in Abbildung 5.2 abgebildet. Im Vergleich zur Abbildung 5.1 gibt es keine offensichtlichen Unterschiede. Für die Anwendung ist der Membranwiderstand entscheidend, der sich nach Gleichung (4.32) aus dem Verlauf der Membranfeuchte berechnet. Die Verwendung des Gauß-Tschebyscheff-Lobatto-Gitters kann vorteil-

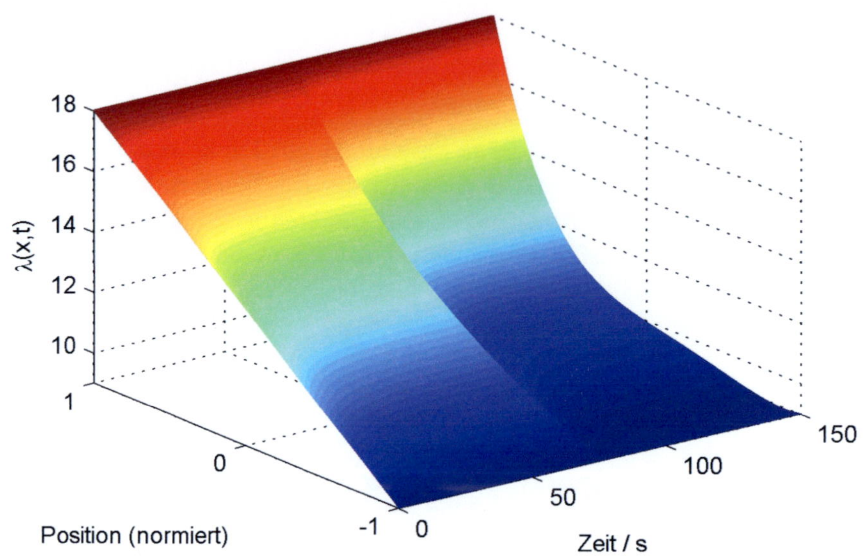

Abbildung 5.2: Lösung des ortsaufgelösten Membranmodells mit Tschebyscheff-Differentiationsmatrizen

haft genutzt werden. Das Clenshaw-Curtis-Verfahren zur numerischen Integration verwendet genau dieses Gitter [Tre00], zusätzliche Funktionsauswertungen oder Interpolationsberechnungen sind daher nicht erforderlich.

Der Vergleich des Membranwiderstands aus den Rechnungen der FEM und dem spektralen Ansatz unter Verwendung des Gauß-Tschebyscheff-Labatto-Gitters ist in Abbildung 5.3 wiedergegeben. Es treten nur geringe Abweichungen zwischen den Verfahren auf, der Rechenaufwand und Speicherbedarf des spektralen Ansatzes ist dabei wesentlich geringer.

Die Leistungsfähigkeit des spektralen Ansatzes zeigt sich im Vergleich zu der Lösung mit einem klassischen Verfahren mit einer hohen Ortsdiskretisierung, das hier als die richtige Lösung betrachtet wird. Werden verschiedene Diskretisierungen des spektralen Ansatzes verglichen, so erhält man die in Tabelle 5.1 dargestellten Ergebnisse. Man erkennt, dass schon bei wenigen Diskretisierungspunkten die Genauigkeit der aufwendigen Rechnung erreicht wird.

Die Vorteile des spektralen Ansatzes sind besonders deutlich, wenn die Ergebnisse mit einem klassischen Lösungsverfahren bei niedriger Ortsdiskretisierung verglichen werden. Dazu wird ein Vergleich des Wassertransports durch die Membran vorgenommen, der ebenfalls durch das Modell beschrieben wird (Gleichung (4.49)). In Abbildung 5.4(a) ist der Verlauf des Wassertransports an der Anoden- und Katho-

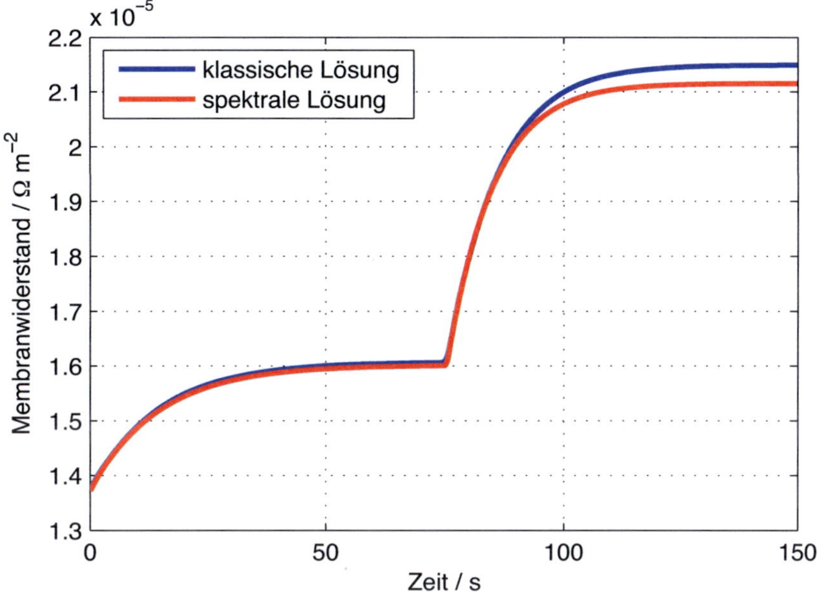

Abbildung 5.3: Zeitlicher Verlauf des Membranwiderstandes

Ordnung des spektralen Ansatzes	relativer Fehler
4	11,66 %
5	5,02 %
6	1,79 %
7	0,6 %

Tabelle 5.1: Relativer Fehler des spektralen Lösungsverfahrens

denseite für konstante Randbedingungen und einen konstanten Laststrom berechnet. Die Lösung des klassischen Verfahrens (FEM) ist gestrichelt dargestellt, die Lösung des spektralen Verfahrens als durchgezogene Linie. Über einen längeren Zeitraum muss sich ein Gleichgewicht zwischen der an der Kathode zugeführten Wassermenge und der an der Anode abgegebenen Wassermenge einstellen. Die beiden Linien in der Abbildung müssen nach dem Abklingen der dynamischen Effekte übereinander liegen. Die Bedingung, dass für den stationären Fall einströmende und ausströmende Wassermenge gleich groß sein müssen, ist allerdings in der Formulierung des Modells nicht explizit enthalten. Die Genauigkeit der numerischen Verfahren zeigt sich nun darin, wie gut diese Bedingung eingehalten wird. Die Vergrößerung in Abbildung 5.4(b) verdeutlicht die Unterschiede. Die spektrale Lösung zeigt das physikalische korrekte Verhalten, bei der Lösung mittels des klassischen Verfahrens bleibt eine Abweichung bestehen.

5.3   Identifikation

Im Rahmen der Modellbildung wird die grundsätzliche Struktur der mathematischen Beschreibung eines dynamischen Systems festgelegt. Das Vorgehen ist zunächst rein theoretisch. Je nach Ansatz des Modells als White-Box-, Black-Box oder Grey-Box-Modell wird eine detaillierte physikalische Modellierung mit physikalisch interpretierbaren Parametern vorgenommen, ein generisches Modell wie etwa eine Übertragungsfunktion oder ein künstliches Neuronales Netz mit den zugehörigen Parametern angenommen, oder eine Mischform aus den beiden Ansätzen gebildet. Um durch das Modell das dynamische Verhalten eines konkreten technischen Systems wiederzugeben, müssen die Parameter des jeweiligen Modells, die auch als Freiheitsgrade bezeichnet werden können, festgelegt werden. Die Bestimmung der Parameter wird als Identifikation bezeichnet.

Das Prinzip der Identifikation kann in Anlehnung an [Ise92a] wie folgt charakterisiert werden: Durch die Identifikation wird die experimentelle Ermittlung des zeitlichen Verhaltens eines Systems unter Verwendung gemessener Signale vorgenommen. Das Verhalten des untersuchten Prozesses soll dabei im Rahmen einer vorgegebenen Modellstruktur wiedergegeben werden. Das Ziel der Identifikation ist es, den Fehler zwischen dem wirklichen Prozess und dem mathematischen Modell zu minimieren.

Da die Aufzeichnung der Messdaten zeitdiskret erfolgt, werden auch die weiteren Betrachtungen zeitdiskret vorgenommen. Um die Identifikation durchzuführen, wird hier der sogenannte Ausgangsfehler berechnet, der die Abweichung der Messung vom Ausgangswert des Modells beschreibt:

$$\underline{e}_k = \underline{y}_k - \underline{y}_{M,k} \, . \tag{5.47}$$

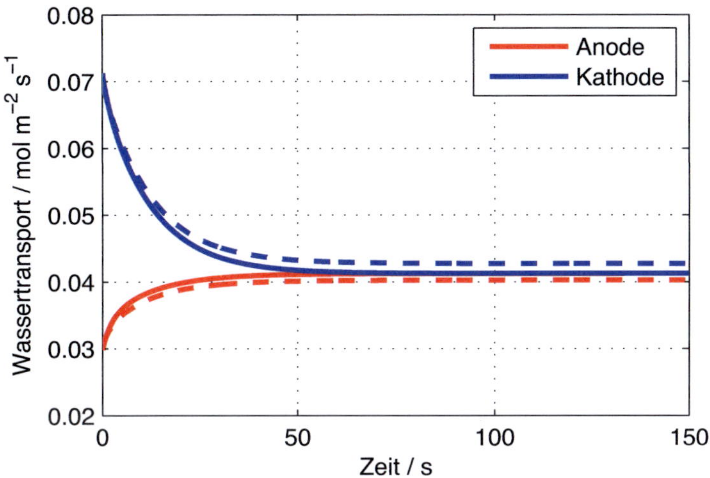

(a) Wassertransport an den Grenzflächen der Membran

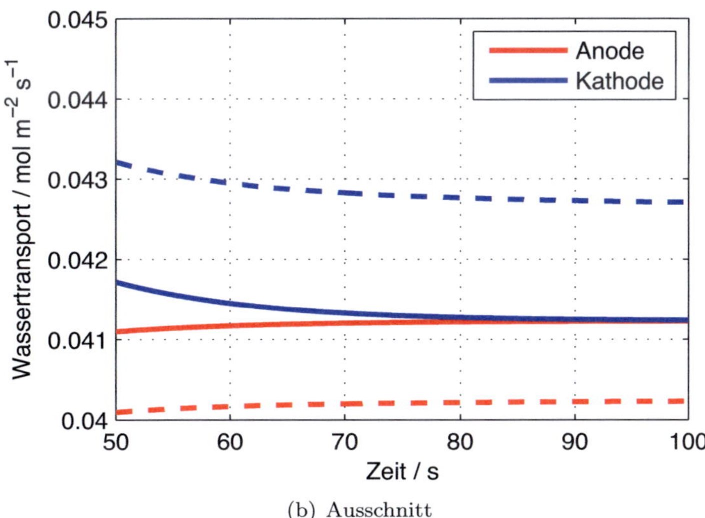

(b) Ausschnitt

Abbildung 5.4: Rechengenauigkeit der Simulationsverfahren am Beispiel des Wassertransports N_{H_2O}

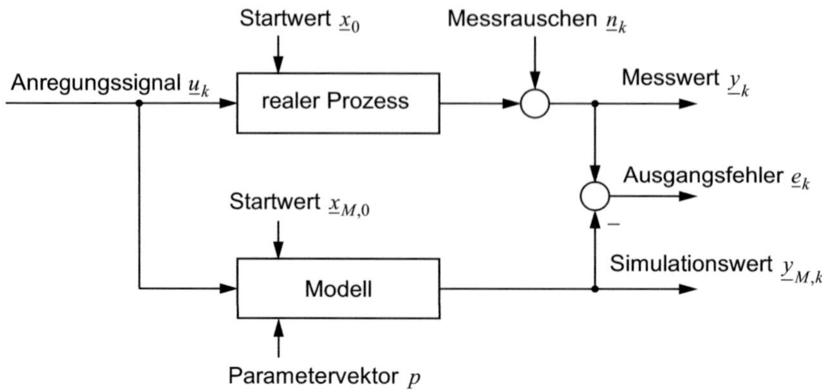

Abbildung 5.5: Strukturbild zur Identifikation

Dabei wird für den realen Prozess und das Modell das gleiche Anregungssignal $\underline{u}_k$ verwendet. Der Messvektor $\underline{y}_k$ des Prozesses hängt von dessen dynamischen Verhalten, von den Anfangswerten $\underline{x}_0$ und vom Messrauschen $\underline{n}_k$ ab. Der Ausgangsvektor des Modells $\underline{y}_{M,k}$ hängt von der gewählten Modellstruktur, von den Anfangswerten $\underline{x}_{M,0}$ und vom Paramtervektor $\underline{p}$ ab. Aus dem Vergleich von Messung und Modell wird der Ausgangsfehler $\underline{e}_k$ gebildet. Die Zusammenhänge werden in der Abbildung 5.5 verdeutlicht.

Der Parametervektor $\underline{p}$ und die unbekannten Komponenten des Anfangsvektors $\underline{x}_0$ werden durch die Identifikation festgelegt. Gehen sie linear in die Berechnung des Ausgangsfehlers ein, so können sie mit dem bekannten Least-Squares-Verfahren [Ise92a] bestimmt werden. Es beschreibt die analytische Lösung der Minimierung der Fehlerquadrate mit

$$J\left(\underline{p}\right) = \sum_{k=1}^{N} \underline{e}_k^T \cdot \underline{e}_k \, . \tag{5.48}$$

Für Modelle, bei denen die Elemente des Parametervektors oder des Anfangsvektors nichtlinear bei der Berechnung des Ausgangsfehlers eingehen, kann im Allgemeinen keine analytische Lösung zur Minimierung der Fehlerquadrate angegeben werden. Die Bestimmung der Parameter muss dann durch ein nichtlineares numerisches Optimierungsverfahren ermittelt werden.

In [Nel01] werden zwei grundsätzliche Ansätze zur Lösung dieser Aufgabe unterschieden, die *lokale Optimierung* und die *globale Optimierung*.
Mit der lokalen Optimierung werden numerische Optimierungsverfahren bezeichnet, die ausgehend von einem Startwert für den Parametervektor $\underline{p}_0$ den Wert des

Gütemaßes $J\left(\underline{p}\right)$ durch eine gezielte Veränderung der Parameter verringern. Die Strategie zum Auffinden des Optimums besteht darin, den Gradienten des Gütemaßes in Abhängigkeit von den Parametern numerisch zu bestimmen. Daraus kann eine Abstiegsrichtung ermittelt werden, mit deren Hilfe der Wert des Gütemaßes iterativ verkleinert wird. Ein Überblick über entsprechende Optimierungsverfahren wird in [Fle04, Pap96] gegeben. Die Verfahren werden in [Nel01] als lokale Optimierungsverfahren bezeichnet, da durch die nichtlineare Abhängigkeit des Gütemaßes von den Parametern generell nur das Erreichen eines lokalen Minimums möglich ist. Das Erreichen das globalen Optimums kann nicht garantiert werden. Da eine lokale Suche durchgeführt wird, hängt die Qualität der Lösung stark vom Startwert des Parametervektors $\underline{p}_0$ ab.

Bei den globalen Suchverfahren handelt es sich um heuristische Vorgehensweisen, die sich nicht auf die Suche in der Umgebung eines Startpunktes beschränken. Ein typisches Verfahren dieser Klasse sind die sogenannten genetischen Algorithmen. Dabei werden die Vorgänge der Vererbung, wie sie in der Natur auftreten, nachgebildet. Es wird eine Menge von Parametervektoren betrachtet, die auch als Population bezeichnet werden und die sich von Generation zu Generation verändert. Die Werte der einzelnen Parameter werden dabei binär kodiert, daraus werden iterativ für die nachfolgenden Generationen neue Parametervektoren gebildet, die auch als Individuen bezeichnet werden. Die Vorgänge der Vererbung in der Natur sind Vorbild für das Verfahren. So werden die neuen Individuen als Kombination zweier Parametersätze der vorangegangenen Generation gebildet, was auch als Vererbung bezeichnet wird. Zusätzlich werden die Effekte wie Rekombination und Mutation nachgebildet. Schließlich findet eine Auswahl – auch als Selektion bezeichnet – der besten Parametersätze statt, die in die nachfolgende Generation aufgenommen werden.

Durch das auf dem genetischen Algorithmus basierende Verfahren werden im Allgemeinen eine Vielzahl von Parametervektoren ausgewertet. Das Erreichen des globalen Optimums kann auch bei diesem Verfahren nicht garantiert werden, durch die Effekte der Vererbung, der Rekombination und der Mutation beschränkt sich die Suche aber nicht auf einen kleinen Bereich des Parameterraums, durch die Selektion wird ein Annähern an das globale Optimum bewirkt.

Da bei diesem Verfahren sehr viele Parametersätze ausgewertet werden müssen, also sehr häufig die Berechnung des Gütemaßes vorgenommen wird, ist der Rechenaufwand meist hoch. Zudem muss oftmals eine Einschränkung der Parameter auf bestimmte Bereiche vorgenommen werden, um den Suchaufwand zu begrenzen.

5.3.1 Identifikation des Brennstoffzellenmodells

Zur Entwicklung einer geeigneten Betriebsführungsstrategie für das untersuchte Brennstoffzellensystem müssen die noch unbekannten Parameter des Modells aus

Kapitel 4 bestimmt werden. Dabei muss sowohl das elektrische als auch das thermische Verhalten abgebildet werden.

Als Anregungssignal werden Stufenprofile des Laststroms vorgegeben, die Versorgung mit den Brenngasen wird mittels des Faraday-Gesetzes berechnet. Als Messdaten stehen die Stackspannung für das elektrische Verhalten und die Temperaturen vom Kühlwasser am Ein- und Ausgang des Stacks und die Stacktemperatur zur Verfügung. Die zu bestimmenden Parameter des Modells sind in Tabelle 5.2 angegeben. Dabei treten Parameter des Modells für den Stofftransport, des elektrischen Modells und des thermischen Modells auf.

Für die Identifikation des Systemmodells kann das elektrische Verhalten zunächst getrennt vom thermischen Verhalten betrachtet werden. Bei der Identifikation des elektrischen Verhaltens wird das dynamische Verhalten der Stackspannung nachgebildet, für die Temperaturen werden dann die vorliegenden Messwerte verwendet. Es werden dann die Parameter des elektrischen Modells festgelegt. Zusätzlich werden auch die Parameter des Stofftransports festgelegt, da sie das elektrische Verhalten des Systems beeinflussen. Für das thermische Modell werden die Gesamtumsätze der Reaktionsstoffe betrachtet, die nicht durch das Modell des Stofftransports beeinflusst werden.
Nachdem das elektrischen Verhalten identifiziert ist, können die Parameter des thermischen Modells bestimmt werden. Durch die Stufenprofile des Laststroms, die auf das System aufgeschaltet werden, wird auch das thermische Verhalten des Systems angeregt. Bei der entsprechenden Identifikation werden die Parameter des thermischen Modells bestimmt.

Insgesamt müssen relativ viele Parameter bestimmt werden: die genaue Geometrie der Gaskanäle ist nicht bekannt, das elektrische Verhalten wie auch das thermische Verhalten hängen vom konkreten Aufbau ab und die entsprechenden Parameter müssen daher aus Messdaten ermittelt werden. Allerdings sind für alle Parameter Abschätzungen möglich, in welcher Größenordnung sie liegen, oder es sind aus der Literatur entsprechende Werte bekannt.

Damit liegen für eine lokale Suche günstige Startwerte vor. Das Problem vereinfacht sich weiterhin dadurch, dass wie beschrieben das elektrische und das thermische Verhalten getrennt betrachtet werden können. Deshalb werden im Folgenden die Ergebnisse der Identifikation mittels der lokalen Suche vorgestellt. Dazu wurden das Systemmodell und ein Runge-Kutta-Verfahren zur Lösung der Differentialgleichungen in C++ implementiert, als Optimierungsverfahren wurde der MATLAB-Algorithmus `fminsearch` verwendet.
In [Bau06] wurde darüberhinaus auch die Identifikation des Brennstoffzellenmodells mittels der globalen Optimierung durch einen genetischen Algorithmus untersucht. Da aber gute Startwerte für den Parametervektor bekannt sind, hat sich gezeigt,

Teilmodell		Beschreibung
Stofftransport	A_{Einlass}	Querschnittsfläche eines Gaskanals
	l_{ch}	Länge eines Gaskanals
	$A_{\text{Befeuchter}}$	Oberfläche Membranbefeuchter
	$n_{\text{Transport}}$	Wassertransport durch die Membran
elektrisches	ξ_1	Parameter des Elektrodenmodells
Modell	ξ_2	Parameter des Elektrodenmodells
	ξ_3	Parameter des Elektrodenmodells
	ξ_4	Parameter des Elektrodenmodells
	A	Parameter des Membranmodells
	b	Parameter des Membranmodells
thermisches	C_{Stack}	Wärmekapazität des Stacks
Modell	C_{Wasser}	Wärmekapazität des Kühlwassers
	$k\,A_{\text{Stack}}$	Wärmedurchgangskoeffizient Stack
	$k\,A_{\text{KW}}$	Wärmedurchgangskoeffizient Kühlwasser
	$k\,A_{\text{Lüfter}}$	Wärmedurchgangskoeffizient Lüfter

Tabelle 5.2: Durch Identifikation zu bestimmende Parameter

dass die globale Optimierung in diesem Fall keinen Vorteil bringt. Selbst wenn die Werte der Parameter auf sinnvolle Bereiche beschränkt werden, dauert die globale Suche deutlich länger als die lokale Suche (etwa 40-fache Rechenzeit [Bau06]), sie liefert aber keine wesentlich besseren Ergebnisse.

Im Folgenden werden die Identifikationsergebnisse für das elektrische und das thermische Modell beschrieben, die konkreten Parameterwerte des vorliegenden Systemaufbaus sind im Anhang B angegeben.

Elektrisches Modell:

Im ersten Schritt der Identifikation des PEM-Brennstoffzellenmodells wird das elektrische Verhalten nachgebildet. Zur Bestimmung der Parameter des elektrischen Modells wird das Gütemaß

$$J_{\text{elektrisch}}\left(\underline{p}\right) = \sum_{k=0}^{N} \left(U_{\text{Messung,k}} - U_{\text{Modell,k}}\left(\underline{p}\right)\right)^2 \tag{5.49}$$

minimiert. Für die Temperaturen werden die vorliegenden Messwerte verwendet, um beim ersten Schritt der Identifikation die Anzahl der unbekannten Parameter möglichst gering zu halten. Bei den zur Identifikation verwendeten Messdaten handelt es sich um ein stufenförmiges Profil des Laststromes von 0 A bis zu 5,5 A. Die vom Stack abgegebene elektrische Leistung liegt bei dieser Messung im Maximum bei 140 W. Die Stellgrößen wie Strom, Volumenstrom der Kühlwasserpumpe und des Lüfters wurden dabei von Hand aufgeschaltet.

In Abbildung 5.6 ist der Vergleich von Messung und identifiziertem elektrischen Modell wiedergegeben. Das reale Systemverhalten wird durch das Modell gut wiedergegeben. Kleinere Abweichungen ergeben sich zum Teil aus Ungenaugkeiten in den Stellgrößen. Die Volumenströme von Luftpumpe, Kühlwasserpumpe und Lüfter sind nicht geregelt sondern nur gesteuert, der genaue vorliegende Volumenstrom wird messtechnisch nicht erfasst. Abweichungen von den abgelegten Abhängigkeiten der Volumenströme von den Stellgrößen können daher nicht erkannt werden. Außerdem ist der Einfluss des Purgens, also des kurzzeitigen Öffnens des Auslassventils an der Anodenseite, nicht modelliert. Dabei tritt ein kurzzeitige Erhöhung der Wasserstoffkonzentration und eine Erhöhung der Strömungsgeschwindigkeit des Gases auf. Die Effekte werden im Ausschnitt in Abbildung 5.7 deutlich. In Bereichen, in denen ein Purgen durchgeführt wurde, gibt es Abweichungen zwischen dem Systemverhalten und dem Modell. Dies ist bei etwa 24, 25 und 26 Minuten der Fall. In den übrigen Bereichen liegt eine gute Übereinstimmung vor. Da beim Betrieb des Systems das Purge-Ventil nur selten betätigt wird, können diese Abweichungen toleriert werden. Insgesamt liegen die Fehler im Bereich von unter 10 mV Abweichung pro Zelle, der

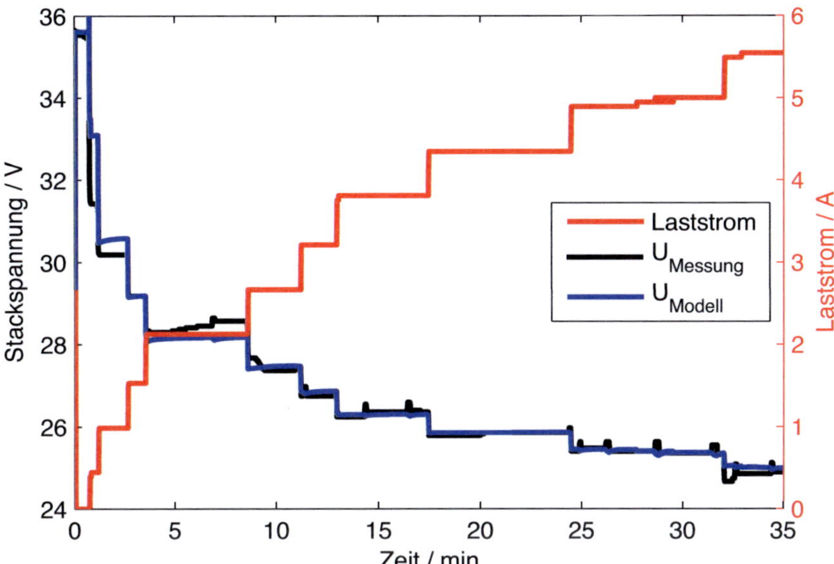

Abbildung 5.6: Vergleich des elektrischen Verhaltens von Messung und identifiziertem Modell

relative Fehler liegt unter 2 %. Bei der Abbildung 5.7 ist zu beachten, dass nur ein
Ausschnitt aus der gesamten Messung betrachtet wird. Auftretende Fehler müssen
auf die jeweilige Stackspannung bezogen werden, durch die gewählte Skalierung der
Darstellung werden sie besonders deutlich hervorgehoben.

Thermisches Modell:

Nachdem des elektrische Systemverhalten identifiziert ist, können im nächsten Schritt
auch die Parameter des thermischen Modells bestimmt werden. Dabei wird dieselbe
Messung verwendet. Für die Differenzen zwischen gemessenen Temperaturen und
den mit dem Modell berechneten Temperaturen wird der Vektor $\Delta \underline{T}_{\mathrm{k}}$ definiert mit

$$\Delta \underline{T}_{\mathrm{k}}\left(\underline{p}\right) = \begin{bmatrix} T_{\text{Stack, Messung,k}} - T_{\text{Stack, Modell,k}}\left(\underline{p}\right) \\ T_{\text{Kühl, ein, Messung,k}} - T_{\text{Kühl, ein, Modell,k}}\left(\underline{p}\right) \\ T_{\text{Kühl, aus, Messung,k}} - T_{\text{Kühl, aus, Modell,k}}\left(\underline{p}\right) \end{bmatrix} . \tag{5.50}$$

Damit kann das Gütemaß, das im zweiten Schritt der Identifikation minimiert wird,
in der Form

$$J_{\text{thermisch}}\left(\underline{p}\right) = \sum_{\mathrm{k}=0}^{\mathrm{N}} \Delta \underline{T}_{\mathrm{k}}^{T}\left(\underline{p}\right) \cdot \underline{Q} \cdot \Delta \underline{T}_{\mathrm{k}}\left(\underline{p}\right) \tag{5.51}$$

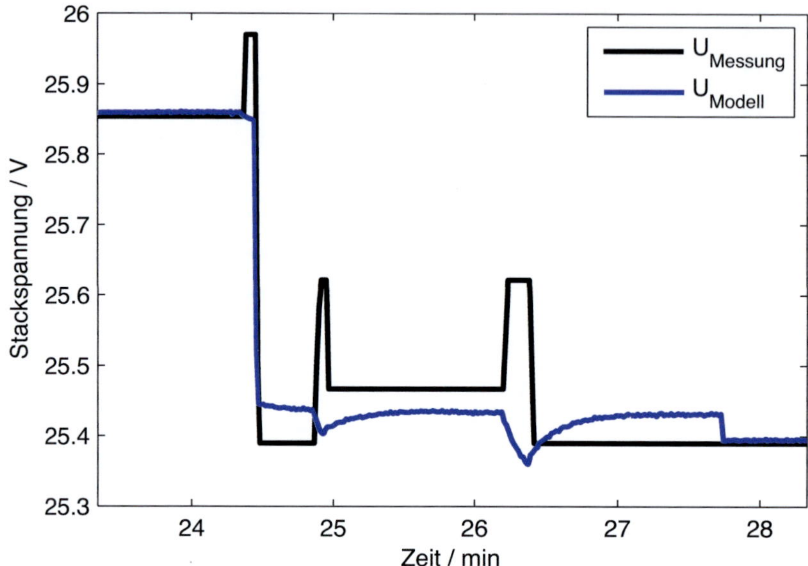

Abbildung 5.7: Vergleich des elektrischen Verhaltens von Messung und identifiziertem Modell (Ausschnitt)

angegeben werden. Als Gewichtungsmatrix $\underline{Q}$ wird hier die Einheitsmatrix gewählt,
alle Temperaturdifferenzen werden gleich stark gewichtet. Das Resultat der Identifikation in Abbildung 5.8 zeigt in weiten Bereichen eine sehr gute Übereinstimmung
von Messung und Modell, im Bereich von 5 bis 10 min treten allerdings starke Abweichungen auf. Auch hier ergeben sich diese aus Ungenauigkeiten in den Stellgrößen.
Problematisch ist das Verhalten der Kühlwasserpumpe, sie läuft erst bei hohen Stellgrößen sicher an. Ist die Pumpe aber angelaufen, so lassen sich auch kleine Volumenströme einstellen. Das ungünstige Anlaufverhalten führt zu den Abweichungen bei
der Identifikation, der Verlauf der normierten Stellgröße für die Kühlwasserpumpe
kann Abbildung 5.9 entnommen werden. Im Bereich bis etwa 10 min ist die Pumpe
noch nicht angelaufen. Erst ab der normierten Stellgröße mit dem Wert 7, die dann
kurzzeitig aufgeschaltet wird, findet ein Anlaufen der Pumpe statt und die vorgegebenen Volumenströme des Kühlwassers werden wirklich umgesetzt. Im Zeitraum
bis 10 min berücksichtigt das Modell die eingestellten Kühlwasserströme, die in der
Realität aber nicht umgesetzt werden. Daher liegt in diesem Bereich die Temperatur
des Modells unter der gemessenen Stacktemperatur.

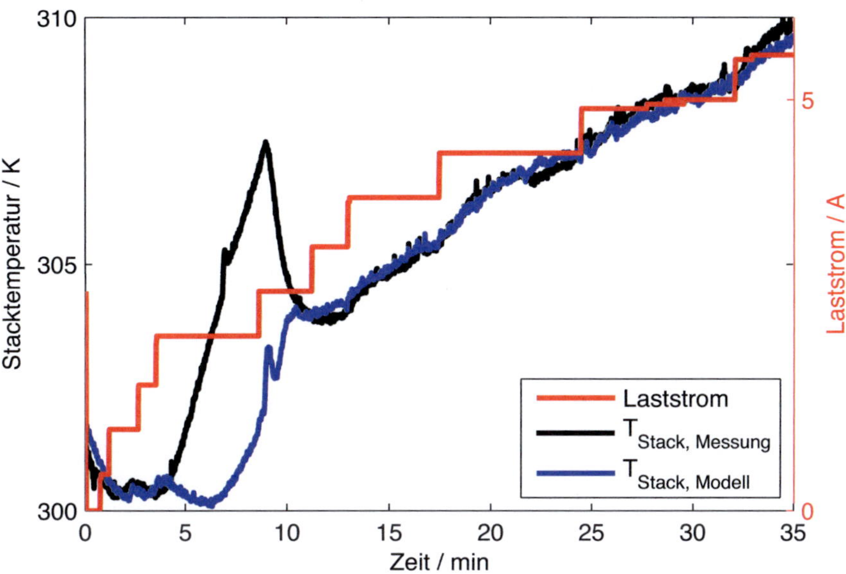

Abbildung 5.8: Vergleich des thermischen Verhaltens von Messung und identifiziertem Modell

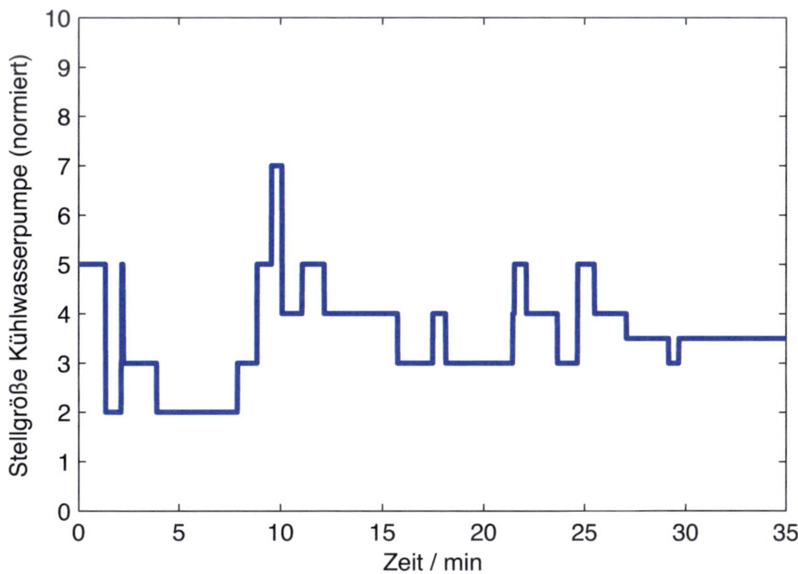

Abbildung 5.9: Zeitlicher Verlauf der normierten Stellgröße für die Kühlwasserpumpe

5.3.2 Fazit

Nach der physikalischen Modellierung des PEM-Brennstoffzellensystems wurde hier
die Identifikation des Modells durchgeführt. Es zeigt sich, dass das Modell sehr gut
geeignet ist, das reale Systemverhalten wiederzugeben. Einschränkungen in der Genauigkeit ergeben sich vorwiegend aus Ungenauigkeiten der Stellgrößen. Für ein
kleines portables System kann aber die Messung aller auftretenden Volumenströme
nicht umgesetzt werden, Abweichungen der realen Werte von den aufgeschalteten
Stellgrößen können daher nicht ausgeglichen werden. Besonders deutlich zeigen sich
die Probleme am Verhalten der Kühlwasserpumpe, die erst bei einer hohen Stellgröße sicher anläuft.
Generell wird deutlich, dass der hier berücksichtigte Detaillierungsgrad der Modellierung ausreichend ist. Ziel ist die Umsetzung einer modellprädiktiven Leistungsregelung des Systems, die benötigten Größen werden mit dem Modell in ausreichender
Genauigkeit wiedergegeben. Eine Erweiterung des Modells, beispielsweise um eine
ortsaufgelöste Betrachtung der Gaskanäle, ist somit nicht erforderlich.

Kapitel 6

Modellprädiktive Regelung

Durch die physikalische Modellbildung und die anschließende Identifikation der unbekannten Parameter wird das dynamische Verhalten des untersuchten Brennstoffzellensystems durch das gewonnene Modell nachgebildet. Für den Betrieb des Demonstrator-Systems soll dem Stack nun mittels einer Betriebsführungsstrategie ein gewünschtes Verhalten aufgeprägt werden.

Das gewünschte Verhalten besteht darin, dass die abgegebene Leistung des Stacks dem zeitlich variablen Bedarf des Roboters und der Peripheriekomponenten entsprechen soll. Um eine möglichst lange Laufzeit des Systems zu erreichen, sollen die Leistungsverbräuche der Peripherie möglichst klein gehalten werden. Allerdings muss beispielsweise eine ausreichende Versorgung mit den Reaktionsgasen sichergestellt sein. Für den Betrieb des Stacks soll ein geeigneter Arbeitspunkt gewählt werden, um Schädigungen des Systems zu verhindern.

Das dynamische Verhalten des Brennstoffzellensystems wird durch das physikalische Modell wiedergegeben, die abgegebene elektrische Leistung berechnet sich aus dem Produkt von Stackspannung und Laststrom. Als Messgrößen liegen die Temperaturen von Stack und Kühlwasser am Ein- und Auslass vor. Die Eingangsgrößen, die durch die Regelung vorgegeben werden, sind der Laststrom, die Gaszufuhr und der Volumenstrom des Lüfters.

Im Folgenden wird eine Betriebsführungsstrategie für das Demonstrator-System entwickelt. Zunächst wird ein Überblick über Regelungsverfahren für Brennstoffzellensysteme in der Literatur gegeben. Anschließend werden verschiedene Ansätze für die konkrete Aufgabenstellung untersucht. Dabei zeigt sich, dass ein adaptives Vorgehen oder eine modellprädiktive Regelung mittels dynamischer Optimierung besonders geeignet sind. Der Optimierungsansatz wird – als das leistungsfähigere Verfahren – genauer erläutert.

Für die untersuchten Verfahren ist die Kenntnis aller Zustandsgrößen des Modells erforderlich. Die Reglerstruktur mit einem Verfahren der nichtlinearen Zustandsschätzung wird hier bereits angegeben. Das dabei verwendete Verfahren zur Zustandsschätzung wird im Kapitel 7 beschrieben.

6.1 Regelungsverfahren für PEM-Brennstoffzellensysteme

In der Literatur sind verschiedene Ansätze zur Modellierung von PEM-Brennstoffzellen veröffentlicht, es gibt aber nur wenige Publikationen zu den Themen Regelung oder Betriebsführung. Über die bekannten Ansätze wird hier ein Überblick gegeben.

In [SGD$^+$04] wird die Regelung der Luftzufuhr eines Miniatur-PEM-Systems mittels Fuzzy-Logik vorgenommen. Dabei wird das Expertenwissen über den Betrieb des Systems in Form von linguistischen Regeln berücksichtigt. Als Messwerte liegen die Impedanz des Stacks bei 1 kHz vor, die zur Charakterisierung der Membranfeuchte verwendet werden kann, und die Einzelspannungen der Zellen des Stacks, die bei auftretender Flutung der Zellen durch kondensiertes Wasser einen Spannungseinbruch aufweisen. Durch die Luftzufuhr wird die Versorgung mit dem Reaktionsgas sichergestellt, zudem wird der Wasserhaushalt durch einen erhöhten oder erniedrigten Austrag von Wasser mit dem Luftstrom beeinflusst. Aus den Informationen über die Stackimpedanz und die Zellspannungen kann abgeleitet werden, wie die Luftzufuhr sinnvollerweise gewählt werden sollte. Das entsprechende Expertenwissen wird dann in Fuzzy-Regeln abgebildet, ein dynamisches Prozessmodell ist zum Aufstellen der Regeln nicht erforderlich.

Für das Energiemanagement eines Systems aus Brennstoffzelle, Akkumulator und DC/AC-Wandler zum Betrieb eines externen Verbrauchers wird in [JLK05] eine auf Fuzzy-Logik basierende Strategie zur Vorgabe der Energieströme zwischen den einzelnen Komponenten vorgeschlagen. Der Ladezustand des Akkumulators ist dabei eine wichtige Größe, die entsprechend berücksichtigt werden muss, um die zulässigen Lade- und Entladeströme einzuhalten.

Ein dynamisches Modell für PEM-Systeme im Automobilbereich, die mit relativ hohen Drücken betrieben werden, wurde von [PSP04, MOS05] veröffentlicht und für einen Reglerentwurf verwendet. Die Drücke in den einzelnen Volumen werden dabei dynamisch betrachtet, die Stacktemperatur wird nur statisch berücksichtigt. Das nichtlineare Zustandsraummodell wird in [PSP04] um einen festen Arbeitspunkt linearisiert, der Reglerentwurf wird mit linearen, quadratisch optimalen Verfahren (LQR) vorgenommen und für die nicht messbaren Zustandsgrößen wird ein linearer Luenberger-Beobachter entworfen.
Aufbauend auf dem Modell von [PSP04] wurde in [AGPV04] ein nichtlinearer Beobachter für den Partialdruck von Wasserstoff entworfen. In [RR04] wurde für das

Modell ein nichtlineares Verfahren zum Reglerentwurf für die Luftzufuhr eingesetzt, die Ein-/Ausgangslinearisierung. Ein zeitoptimales nichtlineares Verfahren zum Aufheizen eines Stacks beim Kaltstart wurde von [MSG07] entwickelt.

Ein dynamischen Stackmodell wurde auch von [GL04] entwickelt. Dort wird die Möglichkeit einer nichtlinearen modellprädiktiven Regelung des Systems angedeutet, allerdings wird nicht auf mathematische Lösungsverfahren der Optimierungsaufgabe oder die Bestimmung nicht messbarer Zustandsgrößen eingegangen.

6.2 Untersuchte Verfahren

Im Rahmen dieser Arbeit wurden verschiedene Regelungsverfahren zur Lösung der Betriebsführungsaufgabe untersucht. Hier wird ein kurzer Überblick über die betrachteten Ansätze gegeben. Es hat sich gezeigt, dass bedingt durch die nichtlineare, verkoppelte Struktur des Brennstoffzellenmodells einige der bekannten Verfahren nicht praktikabel sind.

Das zugrunde liegende generelle Problem ist dabei die Komplexität des verwendeten Systemmodells, die erforderlich ist, um das reale Systemverhalten wiederzugeben. Es besteht dann eine besondere Herausforderung in der Umsetzung eines modellbasierten Verfahrens zum Entwurf einer Betriebsführungsstrategie. Speziell bei Verfahren, die auf einer algebraischen Umformung der Modellgleichungen beruhen, kann ein komplexes Modell dazu führen, dass der Aufwand auch mit Programmpaketen wie MAPLE, die algebraische Umformungen automatisiert durchführen, nicht mehr handhabbar ist.

In [Sch82] werden generelle Überlegungen zur Komplexität dynamischer Systeme und den Herausforderungen für die Regelungstechnik dargestellt. Die Komplexität setzt sich danach aus dem Grad der Berechenbarkeit und dem Grad der Varietät des Systems zusammen. Der Grad der Berechenbarkeit beschreibt, in wieweit das dynamische Verhalten durch eine Modellbeschreibung wiedergegeben werden kann. Einfache mechanische Systeme besitzen einen hohen Grad an Berechenbarkeit, während beispielsweise das Verhalten einer Menge von Fahrzeugen auf einer Schnellstraße nur eine geringe Berechenbarkeit aufweist. Systeme die nicht deterministisch sind, haben keine Berechenbarkeit. Als Grad der Varietät eines Systems wird die Anzahl von dessen Subsystemen und der Umfang der Interaktion der einzelnen Elemente untereinander bezeichnet. In [Sch82] werden Systeme mit einer geringen Varietät und einer geringen Berechenbarkeit als kollektive Systeme bezeichnet (etwa Verkehr auf einer Schnellstraße), Systeme mit einer geringen Varietät und eine hohen Berechenbarkeit als komplizierte Systeme (etwa mechanische Maschinen). Systeme mit einer hohen Varietät werden als komplexe Systeme bezeichnet. Sie umfassen dabei sozio-politische Systeme, Datennetze, Energieversorgungssysteme oder chemische Prozesse. Da keine scharfe Abgrenzung zwischen den Einteilungen angegeben werden kann, könnte das Brennstoffzellensystem aufgrund der guten Berechenbarkeit im Bereich der komplizierten oder der komplexen Systeme eingeordnet werden. Eine Konsequenz der Komplexität des Systems besteht darin, dass bestimmte Verfahren zum Entwurf einer Regelung für das konkrete technische System nicht praktikabel sind. In den folgenden Abschnitten werden verschiedene Verfahren vorgestellt und in Hinsicht auf die Realisierung einer Regelung für das Brennstoffzellensystem bewertet.

6.2.1 Linearer Reglerentwurf

Durch die komplizierte nichtlineare Struktur des Modells ist es selbst mit Verwendung eines Computer-Algebrasystems wie MAPLE nicht möglich, stationäre Ruhelagen des Systems zu finden. Damit kann keine lineare Systemdarstellung der Form

$$\underline{\dot{x}} \;=\; \underline{A} \cdot \underline{x} + \underline{B} \cdot \underline{u}, \tag{6.1}$$

$$\underline{y} \;=\; \underline{C} \cdot \underline{x} + \underline{D} \cdot \underline{u} \tag{6.2}$$

um einzelne Arbeitspunkte gebildet werden. Es kann zwar eine Taylor-Entwicklung der nichtlinearen Zustandsgleichung vorgenommen werden, allerdings bleibt dann immer ein zustandsabhängiger affiner Anteil $\underline{a}\,(\underline{x})$ bestehen, sodass man die nichtlineare Zustandsgleichung

$$\underline{\dot{x}} = \underline{A} \cdot \underline{x} + \underline{B} \cdot \underline{u} + \underline{a}\,(\underline{x}) \tag{6.3}$$

erhält. Die klassischen linearen Entwurfsverfahren, wie etwa die Polvorgabe [Föl94b], lassen sich daher nicht anwenden. Allerdings ist es möglich, einfache Reglerstrukturen, wie beispielsweise einen PI-Regler, so zu parametrieren, dass eine einfache Leistungsregelung realisiert werden kann, deren Struktur in Abbildung 6.1 dargestellt ist. Die Gaszufuhr kann dabei mit dem Faraday-Gesetz aus dem Laststrom berechnet werden, für das Kühlsystem können entsprechend weitere Regler entworfen werden, allerdings ohne dass eine methodische Vorgehensweise zur Bestimmung der Reglerparameter angewendet wird.

Der Entwurf einer solchen Regelung kann mit vergleichsweise wenig Kenntnis des Systemverhaltens vorgenommen werden. Um allerdings auf die Verkopplungen des elektrischen und des thermischen Modells und den Wasserhaushalt des Stacks richtig zu reagieren, ist es erforderlich, Expertenwissen über den sicheren Betrieb des Systems in einer übergeordneten Koordinationseinheit zu berücksichtigen. Die erforderlichen Anpassungen, um mit diesem Vorgehen für ein konkretes Brennstoffzellensystem eine geeignete Betriebsführungsstrategie zu entwickeln, sind mit einem entsprechenden experimentellen Aufwand verbunden, um eine große Anzahl mögli-

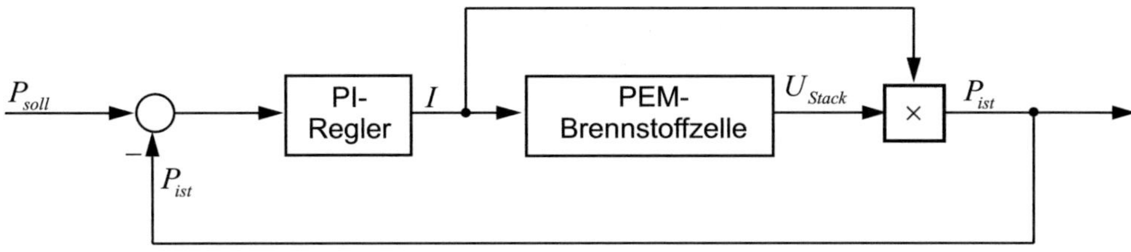

Abbildung 6.1: PI-Regler zur Leistungsregelung

cher Szenarien zu testen. Das Vorgehen ist dann ähnlich dem im nächsten Abschnitt beschriebenen Entwurf wissensbasierter Verfahren.

Trotz eines aufwendigen, nichtlinearen Modells können lineare Reglerentwurfsverfahren angewendet werden, wenn um einen Arbeitspunkt ein lineares Modell aus Messdaten oder Simulationsdaten identifiziert wird. In [PSP04] wurde diese Möglichkeit für ein PEM-Brennstoffzellenmodell unter Verwendung der SIMULINK Control Systems Toolbox genutzt. Ausgehend von einem detaillierten, physikalischen Simulationsmodell kann damit automatisch eine lineare Systemdarstellung erzeugt werden. Allerdings wird dabei eine feste Stacktemperatur angenommen, die thermischen Effekte, die auch das elektrische Verhalten stark beeinflussen, bleiben dadurch unberücksichtigt. Für die Regelung eines konkreten Systems könnten dann allerdings auch direkt aus Messdaten lineare Modelle identifiziert werden, der Schritt über die physikalische Modellierung ist dann nicht zwingend erforderlich.

6.2.2 Wissensbasierte Verfahren

Durch wissenbasierte Verfahren ist es möglich, Expertenwissen abzubilden und durch eine Wissensverarbeitung für regelungstechnische Aufgabenstellungen zu nutzen. Für den Betrieb eines Brennstoffzellensystems können beispielsweise Regeln aufgestellt werden, wie die Eingangsgrößen zu wählen sind, um einen sicheren Betrieb des Systems zu erreichen. Die Regeln können dabei unscharf als sogenannte Fuzzy-Regeln formuliert werden, für die Auswertung wird dann eine entsprechende Fuzzy-Inferenz durchgeführt.

Bei der Formulierung der Regelbasis für den Betrieb eines PEM-Brennstoffzellensystems können damit auch qualitative Aussagen berücksichtigt werden, die in einem klassischen modellbasierten Reglerentwurf nicht mit eingebracht werden können. Ein Beispiel aus der Literatur ist die in [SGD$^+$04] vorgestellte Strategie, bei der die Stackimpedanz bei 1 kHz bei der Betriebsführung berücksichtigt wird. Das Verhalten der Stackimpedanz wird dabei nicht durch ein Modell abgebildet, sondern es werden die qualitative Regeln eines menschlichen Experten umgesetzt.

Ein weiteres Anwendungsgebiet wissensbasierter Verfahren im Bereich Brennstoffzellen ist die in [Sch03] entwickelte Vorgehensweise zur modellgestützten Werkstoffentwicklung. Dabei wird der dynamische Vorgang der Aktivierung von Hochtemperatur-Brennstoffzellen des Typs SOFC modelliert. Die ablaufenden Veränderungen durch den Abbau einer isolierenden Fremdphase aus Lanthanzirkonat (LZO) zwischen Kathode und Elektrolyt sowie Veränderungen der Mikrostruktur können durch die spezielle Klasse der dynamischen Fuzzy-Systeme beschrieben werden, aus dem qualitativen Verlauf können dann Erkenntnisse für die weitere Werkstoffentwicklung gewonnen werden.

Wissensbasierte Ansätze haben den Vorteil, dass sie zunächst ohne ein Systemmodell angewendet werden können, indem das Wissen eines menschlichen Experten genutzt wird. Ein grundsätzliches Problem besteht darin, dass die verfügbare Wissensbasis alle in der Praxis auftretenden Szenarien umfassen muss. Bei dem üblichen Vorgehen des manuellen Wissenserwerbs kann dies nicht sichergestellt werden. Bei Verfahren des automatischen Wissenserwerbs, wie beispielsweise dem Training von künstlichen Neuronalen Netzen, müssen die vorliegenden Messdaten alle auftretenden Situationen beinhalten. Auch dies kann im Allgemeinen nicht sichergestellt werden. Daher besteht zum Bilden einer Wissensbasis – einer menschlichen oder einer automatisch durch Lernen generierten – ein hoher experimenteller Aufwand. Eine Extrapolationsfähigkeit der wissensbasierten Ansätze über die bekannten Szenarien hinaus ist nicht gesichert.

Wissensbasierte Ansätze werden hier nicht weiter verfolgt. Ein wesentlicher Aspekt des Projektes aus dem diese Arbeit hervorgegangen ist, ist die physikalische Modellierung des Brennstoffzellensystems. Das entwickelte Modell beschreibt das dynamische Verhalten und die Kopplung der verschiedenen Effekte. Daher soll es die Grundlage des Reglerentwurfs bilden.

6.2.3 Methode der zustandsabhängigen Riccati-Gleichung

Bei dem Verfahren der *zustandsabhängigen Riccati-Gleichung* (auch *State-Dependent-Riccati-Equation*) handelt es sich um eine Erweiterung der bekannten quadratischen optimalen Regelung linearer Systeme (LQR) [Föl94b, Lun02]. Durch diese Methode wird für lineare Systeme mit einer Darstellung wie in den Gleichungen (6.1) und (6.2) eine optimale Regelung berechnet, die das quadratische Gütemaß

$$J = \frac{1}{2} \int\limits_{t_0}^{\infty} \left(\underline{x}(t)^T \cdot \underline{Q} \cdot \underline{x}(t) + \underline{u}(t)^T \cdot \underline{S} \cdot \underline{u}(t) \right) dt \,, \qquad (6.4)$$

das sich aus dem gewichteten Verlauf von Zustands- und Stellgrößen ergibt, minimiert. Die Gewichtungsmatrizen $\underline{Q}$ und $\underline{S}$ sind dabei positiv definit und symmetrisch zu wählen. Das optimale Regelgesetz für lineare Systeme ergibt sich aus der Lösung der Riccati-Gleichung

$$\underline{A}^T \cdot \underline{P} + \underline{P} \cdot \underline{A} - \underline{P} \cdot \underline{B} \cdot \underline{R}^{-1} \cdot \underline{B}^T \cdot \underline{P} + \underline{Q} = \underline{0} \tag{6.5}$$

für die Matrix $\underline{P}$. Das optimale Regelgesetz lautet dann

$$\underline{u} = -\underline{S}^T \cdot \underline{B}^T \cdot \underline{P} \cdot \underline{x}. \tag{6.6}$$

Das Verfahren der zustandsabhängigen Riccati-Gleichung ist eine Erweiterung des Vorgehens vom Linearen auf nichtlineare Systeme, wenn sie formal auf eine steuerungsaffine Form mit

$$\underline{\dot{x}} = \underline{A}(\underline{x}, t) \cdot \underline{x} + \underline{B}(\underline{x}, t) \cdot \underline{u} \quad \text{und} \quad \underline{B}(\underline{x}, t) \neq \underline{0} \, \forall \underline{x} \in \mathbb{R}^n \tag{6.7}$$

gebracht werden können [Sac01]. Die in der Riccati-Gleichung (6.5) auftretenden Größen sind dann zustandsabhängig. Zusätzlich können auch die Gewichtungsmatrizen vom Zustand und der Zeit abhängen mit $\underline{Q}(\underline{x}, t)$ und $\underline{S}(\underline{x}, t)$. Der Ansatz der zustandsabhängigen Riccati-Gleichung besteht letztlich darin, für jeden Zustandspunkt die Gleichung (6.5) zu lösen. In MATLAB können dazu die Befehle `care` für zeitkontinierliche und `dare` für zeitdiskrete Systemdarstellungen verwendet werden. Das Regelgesetz lautet dann analog zu Gleichung (6.6)

$$\underline{u} = -\underline{S}^T(\underline{x}, t) \cdot \underline{B}^T(\underline{x}, t) \cdot \underline{P}(\underline{x}, t) \cdot \underline{x}. \tag{6.8}$$

Durch Integratorerweiterungen an den Systemeingängen und Anwendung des Verfahrens der quadratischen Quasilinearisierung nach [Sac01] kann für das vorliegende Brennstoffzellenmodell die formal lineare Schreibweise aus Gleichung (6.7) erreicht und die Methode der zustandsabhängigen Riccati-Gleichung umgesetzt werden [Gem05].
Für die konkrete Anwendung ist das Verfahren nur bedingt tauglich, da immer in den Zustand $\underline{x} = \underline{0}$ geregelt wird. Durch eine geeignete Zustandstransformation kann das System zwar in beliebige Zustände überführt werden, für die Anwendung ist allerdings nicht der Zustand sondern die abgegebene elektrische Leistung des Systems, die als Ausgangsgröße dargestellt werden kann, die Regelgröße. Für eine Regelung der abgegebenen Leistung müsste vorab untersucht werden, welcher Zustandsvektor einer bestimmten Leistung entspricht. Durch die vorgenommenen Integratorerweiterungen der Eingangsgrößen ist dabei auch der Strom eine Zustandsgröße. Die Regelung auf eine vorgegebene Ausgangsleistung würde dann überführt in die Regelung in einen bestimmten Zustand des Systems. Das Vorgehen ist wenig transparent,

da nicht offensichtlich ist, welcher Zustand zu einer bestimmten Leistung führt und Mehrdeutigkeiten auftreten. Die generelle Möglichkeit, dieses Verfahren zur Regelung des PEM-Brennstoffzellensystems zu nutzen, wurde in [Gem05] nachgewiesen.

6.2.4   Ein-/Ausgangslinearisierung

Bei der Ein-/Ausgangslinearisierung handelt es sich um eines der wichtigsten Entwurfsverfahren für nichtlineare Regelungen. Unter bestimmten Voraussetzungen kann ein nichtlineares System durch eine lokale Zustandstransformation auf eine lineare Form gebracht werden [Isi95]. Für diese sogenannte Byrnes-Isidori-Normalform kann dann ein linearer Reglerentwurf mit den bekannten Methoden durchgeführt werden.

Für ein einfaches dynamisches Brennstoffzellenmodell wurde in [RR04] ein solcher Reglerentwurf durchgeführt, um die Gasversorgung auf der Kathodenseite sicherzustellen. Die Leistungsregelung wurde mit diesem Ansatz nicht vorgenommen, denn es wird schon die grundsätzliche Voraussetzung des Verfahrens, dass die Anzahl der Stellgrößen p gleich der Anzahl der Ausgangsgrößen q sein muss, nicht erfüllt. Bei der Leistungsregelung liegen vier Stellgrößen aber nur eine Ausgangsgröße vor. Prinzipiell könnten vorliegende Messgrößen als zusätzliche Ausgangsgrößen definiert werden. Die Schwierigkeit besteht dann darin, sinnvolle Wunschübertragungsfunktionen beim Reglerentwurf vorzugeben. Zudem führt die Berechnung der benötigten Lie-Ableitungen auf aufwendige Ausdrücke, die schwierig zu handhaben sind. Allgemeine Aussagen zur Differenzordnung des Systems lassen sich damit nicht mehr durchführen.

6.2.5   Flachheitsbasierte Regelung

Ein weiteres Entwurfsverfahren für nichtlineare Systeme ist die sogenannte flachheitsbasierte Regelung. Auch hier ist das Ziel, das System durch eine geeignete Transformation auf eine Darstellung zu bringen, für die dann ein Regelgesetz berechnet werden kann [Rot97, RRZ97]. Dafür ist es erforderlich, einen sogenannten flachen Ausgang $\underline{y}$ des Systems nachzuweisen.
Für ein System $\underline{\dot{x}} = \underline{f}\left(\underline{x}, \underline{u}\right)$ mit $\underline{x}(0) = \underline{x}_0 \in \mathbb{R}^n$ und $\underline{u} \in \mathbb{R}^p$ liegt ein flacher Ausgang $\underline{y}$ vor, wenn eine Darstellung des Ausgangs in Abhängigkeit vom Zustand und einer endlichen Zahl von Ableitungen der Komponenten des Steuervektors $\underline{u}$

$$\underline{y} = \underline{\phi} = \left(\underline{x}, u_1, \ldots, \overset{(\alpha_1)}{u_1}, \ldots, u_{\mathrm{p}}, \ldots \overset{(\alpha_p)}{u_{\mathrm{p}}} \right) \tag{6.9}$$

gebildet werden kann und die folgenden Bedingungen gelten:
Für die Komponenten dieses Ausgangs y_i muss gelten, dass alle Zustände und alle

Eingänge des Systems als Funktion der y_i und einer endlichen Zahl von Ableitungen $\overset{(k_i)}{y_i}$ mit $k \geq 1$ dargestellt werden können in der Form

$$\underline{x} = \underline{\psi}_1 \left(y_1, \ldots, \overset{(\beta_1)}{y_1}, \ldots, y_q, \ldots, \overset{(\beta_q)}{y_q} \right), \tag{6.10}$$

$$\underline{u} = \underline{\psi}_2 \left(y_1, \ldots, \overset{(\beta_1+1)}{y_1}, \ldots, y_q, \ldots, \overset{(\beta_q+1)}{y_q} \right). \tag{6.11}$$

Die Schwierigkeit des Verfahrens besteht darin, den Nachweis der Flachheit für einen Ausgang $\underline{y}$ zu führen und die Transformationen $\underline{\psi}_1$ und $\underline{\psi}_2$ zu bestimmen. Sind die Transformationen bekannt, kann mittels Gleichung (6.11) bei einem vorgegebenen Sollverlauf von $\underline{y}$ und hinreichender Differenzierbarkeit der Solltrajektorie der Verlauf der Stellgrößen direkt berechnet werden. Dieses Vorgehen wird als flachheitsbasierte Steuerung bezeichnet. In der Praxis wird meist eine flachheitsbasierte Folgeregelung umgesetzt. Abweichungen der realen Trajektorie von der Solltrajektorie werden als Folgefehler bezeichnet, deren Dynamik durch eine Eigenwertvorgabe vorgegeben werden kann. Das Vorgehen ist in [Rot97] beschrieben.

In [Gem05] wurde untersucht, ob der Ansatz der flachheitsbasierten Steuerung oder Regelung zur Leistungsregelung des PEM-Brennstoffzellensystems eingesetzt werden kann. Zur Überprüfung der Flachheit eines Ausgangs gibt es keine geschlossene Vorgehensweise, die Umformungen mit dem Ziel die Transformation $\underline{\psi}_2$ zu erhalten, wurden mit MAPLE vorgenommen. Die Bestimmung der benötigten Ableitungen führt für das vorliegende Modell auf sehr große Terme. Aufgrund der Komplexität des Modells konnte letztlich die erforderliche Transformation nicht bestimmt werden, der Nachweis eines flachen Ausgangs konnte nicht erbracht werden. Dies ist die generelle Schwierigkeit beim Einsatz flachheitsbasierter Verfahren. Der Beweis der Flachheit eines Systems gelingt insbesondere für verkoppelte nichtlineare Modelle, wie dem vorliegenden Brennstoffzellenmodell, nur in seltenen Fällen.

6.2.6 Adaptive Verfahren

Das Prinzip der adaptiven Regelungssysteme beruht darauf, nichtlineare oder zeitvariante Systeme in unterschiedlichen Arbeitspunkten oder Zeitpunkten durch lineare Systeme zu approximieren und für das jeweilige System geeignete Reglerparameter zu ermitteln. Die bekanntesten Ansätze in der Literatur sind Gain-Scheduling, Self-Tuning und Model Reference Adaptive Control [ÅW95, Unb95].

Beim *Gain-Scheduling* wird in Abhängigkeit eines charakteristischen Parameters η des Prozesses, der auch als Scheduling-Variable bezeichnet wird, eine Anpassung des Regelgesetzes vorgenommen. Die Nichtlinearität des Systems hängt dabei von η ab.

Mit der Kenntnis dieser Scheduling-Variablen kann eine lineare Approximation des Systems der Form

$$\dot{\underline{x}} \;=\; \underline{A}\left(\underline{\eta}\right) \cdot \underline{x} + \underline{B}\left(\underline{\eta}\right) \cdot \underline{u}, \tag{6.12}$$

$$\underline{y} \;=\; \underline{C}\left(\underline{\eta}\right) \cdot \underline{x} + \underline{D}\left(\underline{\eta}\right) \cdot \underline{u} \tag{6.13}$$

gebildet werden. Die Regelung wird dann als eine Zustandsrückführung in Abhängigkeit von $\underline{\eta}$ angegeben mit

$$\underline{u} = -\underline{R}\left(\underline{\eta}\right) \cdot \underline{x}. \tag{6.14}$$

Allerdings kann nur für einfache Systeme eine analytische Lösung für das Regelgesetz in Abhängigkeit von $\underline{\eta}$ gefunden werden. Für kompliziertere Fälle kann beispielsweise die numerische Lösung des Riccati-Verfahrens durchgeführt werden.

Beim *Self-Tuning* wird parallel zum geregelten Betrieb des Systems eine Parameteridentifikation durchgeführt, meist wird dabei eine rekursive Variante verwendet. Für das jeweils identifizierte Systemmodell wird dann üblicherweise ein linearer Reglerentwurf durchgeführt. Das Verfahren kann beispielsweise eingesetzt werden, wenn sich die identifizierten Parameter im Verhältnis zur Systemdynamik nur langsam verändern.

Für die Anwendung des *Model Reference Adaptive Control* wird ein Wunschverhalten für das System vorgegeben. Bei einer auftretenden Abweichung des realen Systemverhaltens von diesem Wunschverhalten werden die Reglerparameter durch ein Adaptionsgesetz gezielt verändert, um das gewünschte Verhalten zu erreichen. Dies geschieht beispielsweise durch die gezielte Veränderung der Reglerparameter mit einem Verfahren des Gradientenabstiegs, um die Abweichung zum Wunschverhalten zu minimieren.

Alle drei Ansätze basieren auf der Approximation des betrachteten Systems durch ein lineares Modell, für das die bekannten Verfahren des linearen Reglerentwurfs eingesetzt werden können. Für das betrachtete Brennstoffzellensystem tritt wie bereits erläutert bei der Linearisierung ein zustandsabhängiger, affiner Anteil wie in Gleichung (6.3) auf, die linearen Verfahren zur Reglersynthese können dann nicht eingesetzt werden. Daher wird hier für das Brennstoffzellensystem eine spezielle Variante adaptiver Regelungsverfahren angewendet, der sogenannte *geschwindigkeitsbasierte Ansatz* (velocity-based approach) nach [LL98a, LL98b]. Die Grundidee ist die Approximation der nichtlinearen Strecke durch lineare Systemgleichungen im Sinne des Gain-Scheduling. Es wird speziell das Problem gelöst, dass bei komplizierten Systemen im Allgemeinen ein zustandsabhängiger affiner Anteil bestehen bleibt und daher übliche Verfahren zur linearen Reglersynthese nicht angewendet werden können. In [LL98b] werden solche Systeme als *non-equilibrium plant* bezeichnet.

Der Ansatz des geschwindigkeitsbasierten Vorgehens besteht darin, dass zunächst aus den nichtlinearen Systemgleichungen

$$\dot{\underline{x}} \;=\; \underline{f}\,(\underline{x},\underline{u})\,, \tag{6.15}$$

$$\underline{y} \;=\; \underline{g}\,(\underline{x},\underline{u}) \tag{6.16}$$

eine Taylor-Entwicklung ersten Grades um einen Punkt $\left[\underline{x}_\eta,\underline{u}_\eta\right]$ vorgenommen wird. Es werden dazu die Größen

$$\underline{x} = \underline{x}_\eta + \Delta\underline{x}\,, \qquad \Delta\underline{x} = \underline{x} - \underline{x}_\eta\,, \tag{6.17}$$

$$\underline{u} = \underline{u}_\eta + \Delta\underline{u}\,, \qquad \Delta\underline{u} = \underline{u} - \underline{u}_\eta\,, \tag{6.18}$$

$$\underline{y} = \underline{y}_\eta + \Delta\underline{y}\,, \qquad \Delta\underline{y} = \underline{y} - \underline{y}_\eta\,, \tag{6.19}$$

eingeführt. Die Differentiation von Gleichung (6.17) liefert den Zusammenhang $\dot{\underline{x}} = \Delta\dot{\underline{x}}$. Mit den Beziehungen ergibt sich die Taylor-Entwicklung für $\Delta\dot{\underline{x}}$ und $\Delta\underline{y}$ als

$$\Delta\dot{\underline{x}} \;=\; \underline{f}\,(\underline{x}_\eta,\underline{u}_\eta) + \frac{\partial\underline{f}\,(\underline{x}_\eta\,\underline{u}_\eta)}{\partial\underline{x}}\cdot\Delta\underline{x} + \frac{\partial\underline{f}\,(\underline{x}_\eta,\underline{u}_\eta)}{\partial\underline{u}}\cdot\Delta\underline{u}\,, \tag{6.20}$$

$$\Delta\underline{y} \;=\; \frac{\partial\underline{g}\,(\underline{x}_\eta,\underline{u}_\eta)}{\partial\underline{x}}\cdot\Delta\underline{x} + \frac{\partial\underline{g}\,(\underline{x}_\eta,\underline{u}_\eta)}{\partial\underline{u}}\cdot\Delta\underline{u}\,. \tag{6.21}$$

Um das System in den ursprünglichen Koordinaten darzustellen, werden die rechten Seiten der Gleichungen (6.17) bis (6.19) eingesetzt. Man erhält dann die Darstellung

$$\dot{\underline{x}} \;=\; \underline{f}\,(\underline{x}_\eta,\underline{u}_\eta) - \frac{\partial\underline{f}\,(\underline{x}_\eta,\underline{u}_\eta)}{\partial\underline{x}}\cdot\underline{x}_\eta - \frac{\partial\underline{f}\,(\underline{x}_\eta,\underline{u}_\eta)}{\partial\underline{u}}\cdot\underline{u}_\eta + \frac{\partial\underline{f}\,(\underline{x}_\eta,\underline{u}_\eta)}{\partial\underline{x}}\cdot\underline{x}$$
$$+\frac{\partial\underline{f}\,(\underline{x}_\eta,\underline{u}_\eta)}{\partial\underline{u}}\cdot\underline{u}\,, \tag{6.22}$$

$$\underline{y} \;=\; \underline{g}\,(\underline{x}_\eta,\underline{u}_\eta) - \frac{\partial\underline{g}\,(\underline{x}_\eta,\underline{u}_\eta)}{\partial\underline{x}}\cdot\underline{x}_\eta - \frac{\partial\underline{g}\,(\underline{x}_\eta,\underline{u}_\eta)}{\partial\underline{u}}\cdot\underline{u}_\eta + \frac{\partial\underline{g}\,(\underline{x}_\eta,\underline{u}_\eta)}{\partial\underline{x}}\cdot\underline{x}$$
$$+\frac{\partial\underline{g}\,(\underline{x}_\eta,\underline{u}_\eta)}{\partial\underline{u}}\cdot\underline{u} \tag{6.23}$$

für das nichtlineare System. Die zeitliche Ableitung der Gleichungen (6.22) und (6.23) kann nun in der Form

$$\dot{\underline{x}} \;=\; \underline{w}\,, \tag{6.24}$$

$$\dot{\underline{w}} \;=\; \frac{\partial\underline{f}\,(\underline{x}_\eta,\underline{u}_\eta)}{\partial\underline{x}}\cdot\underline{w} + \frac{\partial\underline{f}\,(\underline{x}_\eta,\underline{u}_\eta)}{\partial\underline{u}}\cdot\dot{\underline{u}}\,, \tag{6.25}$$

$$\dot{\underline{y}} \;=\; \frac{\partial\underline{g}\,(\underline{x}_\eta,\underline{u}_\eta)}{\partial\underline{x}}\cdot\underline{w} + \frac{\partial\underline{g}\,(\underline{x}_\eta,\underline{u}_\eta)}{\partial\underline{u}}\cdot\dot{\underline{u}} \tag{6.26}$$

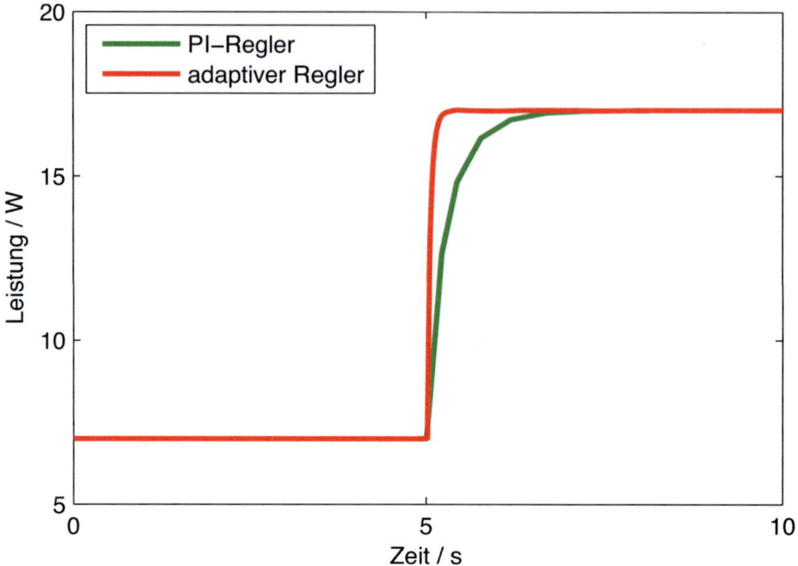

Abbildung 6.2: Vergleich PI-Regler und adaptiver Regler

angegeben werden. Werden diese Gleichungen für einen festen Wert für $\left[\underline{x}_\eta, \underline{u}_\eta\right]$ ausgewertet, so kann das System nun in einer linearen Darstellung als

$$\dot{\underline{x}} = \underline{w}, \tag{6.27}$$

$$\dot{\underline{w}} = \underline{A}\left(\eta\right) \cdot \underline{w} + \underline{B}\left(\eta\right) \cdot \dot{\underline{u}}, \tag{6.28}$$

$$\dot{\underline{y}} = \underline{C}\left(\eta\right) \cdot \underline{w} + \underline{D}\left(\eta\right) \cdot \dot{\underline{u}} \tag{6.29}$$

beschrieben werden, die als geschwindigkeitsbasierte Linearisierung bezeichnet wird. Für diese Darstellung können nun die bekannten linearen Entwurfsverfahren eingesetzt werden. Allerdings wird der Regler für die geschwindigkeitsbasierte Darstellung des Systems entworfen, also für die Größen $\dot{\underline{w}}$ und $\dot{\underline{u}}$. In der Praxis ist eine Differentiation der Messgrößen ungünstig. Dieser Schritt entfällt aber, wenn ein linearer Regler mit I-Anteil entworfen wird. Die Differentiation und die Integration heben sich dann formal auf, der berechnete Regler kann ohne weitere Blöcke wie Integratoren oder Differentiationsglieder mit der realen Strecke verknüpft werden [LL98a, LL98b].

Der geschwindigkeitsbasierte Ansatz ist eine Möglichkeit, auch für komplizierte Systeme, bei denen andere auf algebraischen Umformungen beruhende Verfahren wie die Ein-/Ausgangslinearisierung oder die flachheitsbasierte Regelung nicht oder nur mit sehr großem Aufwand angewendet werden können, einen methodischen Regelungsentwurf durchzuführen.

Für das betrachtete Brennstoffzellensystem wurde dieser Ansatz in [Kah07] umgesetzt. Die benötigte Linearisierung des Systemmodells wurde in Abhängigkeit von $\underline{\eta} = \begin{bmatrix} I & T_{\text{Stack}} \end{bmatrix}^T$ mit Hilfe von MAPLE bestimmt, für die übrigen Größen wird ein fester Arbeitspunkt betrachtet. Bei der Umsetzung des Verfahrens wurde so vorgegangen, dass für jeden Abtastschritt die entsprechende Linearisierung bestimmt und der zugehörige Regler durch die Lösung der Riccati-Gleichung berechnet wurde. Als numerisches Verfahren zur Lösung der Riccati-Gleichung wurde das sogenannte Schur-Verfahren [Lun02] verwendet. Ein simulativer Vergleich dieses Ansatzes mit einem einfachen PI-Regler ist in Abbildung 6.2 dargestellt. Durch die Wahl der Parameter des PI-Reglers und der Gewichtungsmatrizen der Riccati-Gleichung kann die Geschwindigkeit der Regler beeinflusst werden. Der Vorteil des adaptiven Vorgehens besteht darin, dass ein methodisch korrekter Entwurf des Reglers durchgeführt wird und die Entwurfsparameter in Form der Gewichtungsmatrizen interpretiert werden können. Die Parameter des PI-Reglers sind hier heuristisch gewählt, die Struktur ist in Abbildung 6.1 gegeben.

6.2.7 Dynamische Optimierung

Häufig kann das Ziel einer Regelung in Form einer Optimierungsaufgabe definiert werden. Der zeitliche Verlauf der Stellgröße muss dann so gewählt werden, dass ein entsprechendes Gütemaß minimiert wird. Bei linearen Systemen kann diese Aufgabe für quadratische Gütemaße in Abhängigkeit von den Zustandsgrößen und den Stellgrößen algebraisch gelöst werden, dies geschieht durch die Lösung der Riccati-Gleichung. Wie in den Abschnitten 6.2.1 und 6.2.3 beschrieben, kann für das vorliegende System keine geeignete lineare Darstellung gefunden werden und die Erweiterung des Ansatzes in Form des Verfahrens der zustandsabhängigen Riccati-Gleichung ist für die vorliegende Aufgabenstellung ungeeignet.

Allgemein können durch Verfahren der dynamischen Optimierung Probleme gelöst werden, bei denen ein Gütemaß der Form

$$J\left(\underline{u}(t)\right) = h\left(\underline{x}\left(t_{\text{e}}\right), t_{\text{e}}\right) + \int_{t_0}^{t_{\text{e}}} l\left(\underline{x}(t), \underline{u}(t), t\right) \, dt \qquad (6.30)$$

durch die Bestimmung von $\underline{u}(t)$ minimiert werden sollen, wobei die Systemgleichungen $\underline{\dot{x}} = \underline{f}\left(\underline{x}, \underline{u}, t\right)$ eingehalten werden müssen. Der Anteil $h\left(\underline{x}\left(t_{\text{e}}\right), t_{\text{e}}\right)$ wird auch als Mayerscher Anteil bezeichnet, durch ihn wird der Systemzustand zum Ende des Optimierungsintervalls bewertet. Der integrale Anteil $\int_{t_0}^{t_{\text{e}}} l\left(\underline{x}(t), \underline{u}(t), t\right) \, dt$ wird als Lagrangesches Gütemaß bezeichnet, es bewertet den Verlauf von Stellgrößen und Eingangsgrößen im zeitlichen Verlauf über das Optimierungsintervall. Werden beide Anteile des Gütemaßes betrachtet wie in Gleichung (6.30), so wird dies auch als Bolzasches Gütemaß bezeichnet. Dabei sind weder Gütemaß noch Systemgleichungen auf eine bestimmte Klasse von Funktionen, etwa lineare Gleichungen, beschränkt.

Zur Lösung von Aufgaben der dynamischen Optimierung, also der Minimierung des Gütemaßes unter Einhaltung der Systemdifferentialgleichungen, die in diesem Zusammenhang auch als Nebenbedingungen für das Optimierungsproblem bezeichnet werden können, gibt es zwei grundsätzliche Vorgehensweisen, die direkten und die indirekten Verfahren [BBB⁺01].

Für eine numerische Lösung ist die Grundlage beider Verfahren die Parametrierung der Steuertrajektorie durch eine endliche Zahl von Parametern, beispielsweise in Form von Stufen oder Splines. Die Systemgleichungen werden durch ein Lösungsverfahren für gewöhnliche Differentialgleichungen diskretisiert. Bei direkten Verfahren werden Auswertungen des Gütemaßes vorgenommen, durch ein Suchverfahren wird die Parametrierung der Steuertrajektorie ermittelt, die den minimalen Wert des Gütemaßes liefert. Für die indirekten Verfahren werden zur Suche des Minimums zusätzliche Bedingungen bei der Formulierung des Optimierungsproblems berücksichtigt, etwa dass Ableitungen im Optimum den Wert null annehmen müssen. Für Probleme der dynamischen Optimierung bei Systemen hoher Ordnung gelten direkte Methode als effizienter [Bet01, BBB⁺01]. Der Nachteil der indirekten Methoden besteht darin, dass zusätzliche Bedingungen ausgewertet werden müssen. Insbesondere wenn keine geeignete Starttrajektorie für das iterative Vorgehen der indirekten Methode bekannt ist, können numerische Probleme bei diesem Verfahren auftreten, die direkten Verfahren sind in solchen Fällen leistungsfähiger.

Ist der zukünftige Verlauf der Sollwerte bekannt, kann die dynamische Optimierung eingesetzt werden, um eine sogenannte *modellprädiktive Regelung* zu implementieren. Die Grundidee besteht darin, dass über einen Prädiktionshorizont das Verhalten des Systems mit Hilfe des Systemmodells in die Zukunft vorausgerechnet wird. Der Verlauf der Steuertrajektorie wird dann so bestimmt, dass das Gütemaß für die prädizierten Zustandsgrößen und die zugehörigen Sollwerte minimiert wird. Dabei wird das Prinzip des gleitenden Horizonts umgesetzt. Nach jeder Optimierungsrechnung wird der Horizont entsprechend verschoben und die Berechnung beginnt erneut. Dadurch kann auf Änderungen der Solltrajektorien und Abweichungen des realen Systemverhaltens von der Prädiktion reagiert werden. Grundsätzlich handelt es sich bei diesem Ansatz um eines der leistungsfähigsten Regelungsverfahren, da bei der Bestimmung der Stellgrößen bereits zukünftige Sollwerte berücksichtigt werden. Allerdings ist der Aufwand der Implementierung für ein reales System hoch, da die dynamische Optimierung fortlaufend online während des Betriebs gelöst werden muss.

Eine solche modellprädiktive Regelung wird im Folgenden für das PEM-Brennstoffzellensystem entwickelt. Die nichtlinearen Systemgleichungen, die sich aus der physikalischen Modellierung ergeben, werden zur Prädiktion des Systemverhaltens genutzt. Die Aufgabenstellung der optimalen Betriebsführung kann dann in Form eines Gütemaßes beschrieben werden. Es soll die abgegebene Leistung mit dem Leistungsbedarf des Roboters, der durch die intelligente Wegplanung (siehe Abschnitt 3.2) prädiziert werden kann, in Übereinstimmung gebracht werden. Zudem sollen die elektrischen Verluste in den peripheren Komponenten des Brennstoffzellenstacks minimiert werden, um eine möglichst lange Laufzeit des Systems zu erreichen. Das entsprechende Gütemaß kann durch

$$J = \int_{t_0}^{t_e} \left(q_1 \cdot (P_{\text{soll}}(t) - P_{\text{BSZ}}(t))^2 + q_2 \cdot u_{\text{Luftpumpe}}^2(t) + q_3 \cdot u_{\text{Lüfter}}^2(t) \right) dt \quad (6.31)$$

beschrieben werden. Dabei wird durch die q_i die Genauigkeit der Leistungsanpassung und die Minimierung der Verluste in den Hauptverbrauchern Luftpumpe und Lüfter gegeneinander gewichtet.

In den nächsten Abschnitten wird die Lösung der hier vorliegenden Aufgabe der dynamischen Optimierung mit einem indirekten numerischen Vorgehen erläutert. Da das Modell eine relativ geringe Systemordnung aufweist und als Ausgangspunkt für die Optimierung gute Steuertrajektorien angegeben werden können, weisen die direkten Verfahren keinen spezifischen Vorteil aus. Zusammen mit dem prädizierten Leistungsbedarf des Robotersystems kann dann eine modellprädiktive Regelung realisiert und am Demonstrator-System eingesetzt werden.

6.2.8 Fazit

Um das Ziel der optimalen Betriebsführung des PEM-Brennstoffzellensystems zu erreichen, wurden verschiedene Verfahren zum Entwurf eines Reglers untersucht. Dabei hat sich herausgestellt, dass durch die Komplexität des Systems, die sich in der Nichtlinearität und der Verkopplung der einzelnen Zustandsgrößen manifestiert, viele klassische Verfahren nicht eingesetzt werden können. Zum einen scheitern einfache lineare Ansätze, da für das betrachtete System keine stationären Arbeitspunkte angegeben werden können. Ein methodischer Entwurf eines linearen Reglers ist damit nicht möglich. Die Komplexität des Systems führt ebenso dazu, dass übliche nichtlineare Verfahren des Reglerentwurfs wie die Ein-/Ausgangslinearisierung oder der Entwurf einer flachheitsbasierten Regelung nicht umgesetzt werden können. Die dazu erforderlichen algebraischen Umformungen der Systemgleichungen sind selbst mit einem computergestützten Werkzeug wie MAPLE nicht praktikabel.

Eine Möglichkeit, eine Betriebsführungsstrategie für das Brennstoffzellensystem zu entwickeln, besteht in der speziellen adaptiven Variante des geschwindigkeitsbasierten Ansatzes. In Abhängigkeit des aktuellen Arbeitspunktes kann eine Taylor-Entwicklung des Modells gebildet werden, durch die entsprechende Differentiation der Systemgleichungen wird eine lineare Form erreicht, und bei der Umsetzung eines

Reglers mit I-Anteil ist eine Differentiation der Messdaten nicht erforderlich. So kann die Aufgabe der Leistungsregelung durch einen linearen Reglerentwurf, der in jedem Zeitschritt durch die numerische Lösung der Riccati-Gleichung durchgeführt wird, umgesetzt werden.

Eine andere Möglichkeit ist die Umsetzung einer dynamischen Optimierung, die im laufenden Betrieb online gelöst wird. Der Aufwand dieses Ansatzes liegt deutlich über dem adaptiven Ansatz, auf die Einzelheiten wird in den nächsten Abschnitten genau eingegangen. Doch der Optimierungsansatz weist spezielle Vorteile gegenüber dem adaptiven Ansatz auf: Zum einen ist es ein grundsätzlicher Vorteil, wenn mit dem exakten physikalischen Modell gerechnet wird anstelle einer Linearisierung oder Taylor-Entwicklung ersten Grades. Darüber hinaus kann durch die Formulierung des Gütemaßes die Minimierung der elektrischen Verluste in den Peripheriekomponenten mit berücksichtigt werden. Ein weiterer Vorteil des Optimierungsansatzes besteht darin, dass Ungleichungsnebenbedingungen bei der Berechnung der Steuertrajektorie berücksichtigt werden können. Dies können beispielsweise die Beschränkungen der Stellgrößen sein oder Begrenzungen, die sich als eine Funktion der Zustandsgrößen darstellen lassen. Auf diesen speziellen Vorteil, der durch die konkrete Aufgabenstellung erforderlich ist, wird im Abschnitt 6.6 eingegangen.

Zunächst wird nun die Struktur des Regelungskonzeptes vorgestellt. Neben der eigentlichen Regelung ist zusätzlich ein Verfahren der Zustandsschätzung erforderlich. Außerdem werden für den Betrieb des Systems weitere unterlagerte Regler benötigt. Dann wird detailliert auf das Hamilton-Verfahren eingegangen, das ein Ansatz zur Lösung der dynamischen Optimierung ist. Zunächst wird das klassische Hamilton-Verfahren vorgestellt, dann wird auf spezielle numerische Varianten zur Lösung der Betriebsführungsaufgabe für das Brennstoffzellensystem eingegangen. Neben simulativen Untersuchungen werden auch Ergebnisse des Online-Betriebs des realen Systems vorgestellt.

6.3 Gesamtstruktur des Regelungskonzeptes

Im Folgenden wird ein Verfahren zur dynamischen Optimierung entwickelt. Für eine solche Optimierung müssen die Werte aller Zustandsgrößen zu Beginn des Optimierungsintervalls bekannt sein. Da nicht alle Größen messbar sind, wird ein Verfahren zur Zustandsschätzung benötigt. Im Kapitel 7 wird dazu das Verfahren des Sigma-Punkt Kalman-Filters vorgestellt.

Die Struktur des geregelten Systems setzt sich dann zusammen aus dem Sigma-Punkt Kalman-Filter zur Schätzung der Zustandsgrößen, dem Optimal-Regler, bei dem durch dynamische Optimierung eine modellprädiktive Regelung umgesetzt wird, und dem Brennstoffzellensystem, auf das die berechneten Stellgrößen aufgeschaltet

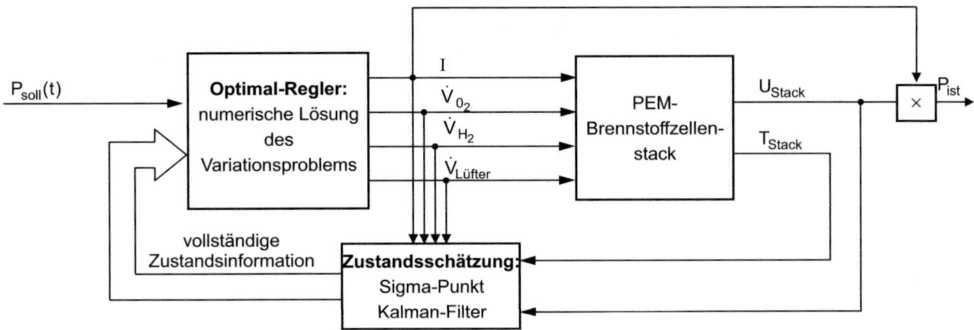

Abbildung 6.3: Gewählte Reglerstruktur

werden und aus dessen Messwerten die Zustände des Systems rekonstruiert werden. Die Verknüpfungen der einzelnen Elemente können Abbildung 6.3 entnommen werden.

Zusätzlich zu dem hier vorgestellten Regelungskonzept werden für den Betrieb des Systems unterlagerte Regelungs- und Steuerungsfunktionen benötigt.

Die Versorgung der Anode mit Wasserstoff wird mit einem Zweipunkt-Regler in Abhängigkeit vom Druck an der Anode vorgenommen. Bei dem Anodenventil handelt es sich um ein diskret schaltendes Ventil, das geöffnet wird, wenn der Anodendruck unterhalb eines Grenzwertes liegt, und geschlossen wird, wenn ein oberer Grenzwert erreicht wird. Bei geöffnetem Ventil wird der Wasserstoff aus der Druckgasflasche zugeführt. Durch die Anodenpumpe wird für eine gleichmäßige Durchmischung innerhalb des Anodenvolumens gesorgt und so eine homogene Verteilung der Stoffkonzentrationen erreicht. Durch die Größe des Anodenvolumens und das häufige Schalten des Ventils, das bei hohen Lastströmen mehrmals pro Sekunde betätigt wird, wirken sich die einzelnen Schaltvorgänge nicht auf das elektrische Verhalten des Stacks aus. Bei der Modellierung müssen daher keine hybriden Umschalteffekte berücksichtigt werden, sondern es kann ein konstanter Anodendruck angenommen werden.

Für den sicheren Betrieb des Stacks gibt es einen festen Arbeitsbereich, der eingehalten werden muss [Sta05]. Dieser Bereich ist durch die Stacktemperatur, den Anodendruck, die Stackspannung und die Einzelzellspannungen charakterisiert. Um Schädigungen des Stacks zu verhindern, wird die elektrische Last abgeschaltet, wenn eine der relevanten Größen den zulässigen Arbeitsbereich verlässt.

6.4 Dynamische Optimierung mit dem Ansatz der Variationsrechnung nach Hamilton

Eine Möglichkeit, die Aufgabe der dynamischen Optimierung durch ein indirektes Verfahren zu lösen, ist die Variationsrechnung nach Hamilton. Eine dazu äquivalente Formulierung ist der Ansatz nach Euler-Lagrange. Für das Hamilton-Verfahren sind in der Literatur unterschiedliche Bezeichnungen und Vorzeichenkonventionen gebräuchlich [Kir04, Pap96, Föl94a, Tol71], die hier verwendeten Schreibweisen werden im Folgenden eingeführt. Teilweise sind die Argumente der Funktionen nicht angegeben, um die Lesbarkeit der Gleichungen zu erhöhen.

Das Gütemaß, das in Abhängigkeit des Stellgrößenverlaufs $\underline{u}(t)$ minimiert werden soll, hat die Form

$$J\left(\underline{u}(t)\right) = h\left(\underline{x}\left(t_{\mathrm{e}}\right), t_{\mathrm{e}}\right) + \int_{t_0}^{t_{\mathrm{e}}} l\left(\underline{x}(t), \underline{u}(t), t\right) dt\,. \tag{6.32}$$

Die Systemgleichungen werden als zeitinvariant betrachtet und wie üblich mit

$$\underline{\dot{x}} = \underline{f}\left(x, u\right), \tag{6.33}$$

$$\underline{y} = \underline{g}\left(x, u\right) \tag{6.34}$$

bezeichnet. Der Startwert ist $\underline{x}\left(t_0\right) = \underline{x}_0$. Für den Zustand zum Ende des Optimierungsintervalls $\underline{x}\left(t_{\mathrm{e}}\right)$ werden hier keine Vorgaben gemacht, prinzipiell ist dies aber möglich. Für die gesuchte optimale Steuertrajektorie $\underline{u}^*(t)$ gilt, dass sie das Gütemaß minimiert mit

$$J^*\left(\underline{u}^*(t)\right) = \min_{\underline{u}} J\left(\underline{u}(t)\right)\,. \tag{6.35}$$

Die Lösung der dynamischen Optimierung besteht darin, diese Steuertrajektorie $\underline{u}^*(t)$ zu bestimmen. Dies geschieht mithilfe der Variationsrechnung nach Hamilton. Sie liefert ein Gleichungssystem, durch dessen Lösung die optimale Steuertrajektorie bestimmt wird. Dazu wird zunächst die sogenannte Hamilton-Funktion H definiert, für die

$$H = l\left(\underline{x}, \underline{u}, t\right) + \underline{\psi}^T \cdot \underline{f}\left(\underline{x}, \underline{u}\right) \tag{6.36}$$

gilt. Die optimale Steuertrajektorie muss das Gleichungssystem

$$\underline{\dot{x}} = \frac{\partial H}{\partial \underline{\psi}} = \underline{f} \qquad\qquad \text{(Zustandsdifferentialgleichung)}\,, \tag{6.37}$$

$$\underline{\dot{\psi}} = -\frac{\partial H}{\partial \underline{x}} = -\frac{\partial l}{\partial \underline{x}} - \left(\frac{\partial \underline{f}}{\partial \underline{x}}\right)^T \cdot \underline{\psi} \qquad \text{(adjungierte Differentialgleichung)}\,,$$

$$\tag{6.38}$$

$$\frac{\partial H}{\partial \underline{u}} = \frac{\partial l}{\partial \underline{u}} + \left(\frac{\partial \underline{f}}{\partial \underline{u}}\right)^T \cdot \underline{\psi} = 0 \qquad \text{(Steuerungsgleichung) ,} \qquad (6.39)$$

mit den Randbedingungen

$$\underline{x}(t_0) = \underline{x}_0 \qquad\qquad \text{(Anfangswert) ,} \qquad (6.40)$$

$$\underline{\psi}(t_{\mathrm{e}}) = \left(\frac{\partial h}{\partial \underline{x}}\right)\bigg|_{t_{\mathrm{e}}} \qquad \text{(Transversalitätsbedingung)} \qquad (6.41)$$

erfüllen. Der Vektor $\underline{\psi}$ wird auch als Kozustandsvektor oder Lagrangescher Multiplikator bezeichnet. Er hat die gleiche Dimension wie der Zustandsvektor. Damit ergibt sich aus den Gleichungen (6.37) und (6.38) ein Differentialgleichungssystem mit der doppelten Systemordnung. Die Steuertrajektorie $\underline{u}^*$ muss so bestimmt werden, dass neben dem Differentialgleichungssystem in jedem Punkt die Steuerungsgleichung (6.39) sowie die Randwerte aus Gleichung (6.40) und (6.41) eingehalten werden. Für einfache Systeme ist die Bestimmung der gesuchten Steuertrajektorie $\underline{u}^*$ analytisch möglich, für kompliziertere Systeme muss ein numerisches Lösungsverfahren eingesetzt werden.
Die Gleichungen (6.37) bis (6.41) werden auch als Bestimmungsgleichungen für die optimale Lösung bezeichnet. Sie beschreiben ein Zweipunkt-Randwertproblem mit geteilten Randwerten. Für die Variablen $\underline{x}$ sind die Werte zu Beginn des Optimierungsintervalls in t_0 festgelegt und für die $\underline{\psi}$ zu dessen Ende in t_{e}. Zusätzlich muss die Steuerungsgleichung als Nebenbedingung eingehalten werden.

Die Herleitung des Gleichungssystems (6.37) bis (6.41) wird in [Föl94a] mithilfe einer einparametrigen Vergleichskurvenschar vorgenommen. Das Problem wird damit auf die Lösung eines gewöhnlichen Extremalwertproblems zurückgeführt. Im Anhang C ist eine alternative Herleitung nach [Kir04] angegeben.

Treten bei der untersuchten Problemstellung weitere Nebenbedingungen auf, so kann die gesuchte optimale Steuertrajektorie $\underline{u}^*(t)$ nach dem sogenannten *Minimum-Prinzip von Pontryagin*[1] bestimmt werden. Eine Beschränkung der Stellgrößen $\underline{u}$ kann dazu führen, dass die Steuerungsgleichung nicht erfüllt werden kann. Das gesuchte Minimum des Gütemaßes liegt nach Pontryagin für ein Minimum der Hamilton-Funktion vor. Für die optimale Steuertrajektorie $\underline{u}^*(t)$ gilt dann

$$H^*\left(t, \underline{x}^*(t), \underline{u}^*(t), \underline{\psi}^*(t)\right) = \min_{\underline{u}(t)} H\left(t, \underline{x}(t), \underline{u}(t), \underline{\psi}(t)\right) . \qquad (6.42)$$

---

[1] In der ursprünglichen Form wurde es von Pontryagin als Maximum-Prinzip definiert, durch die hier verwendete Vorzeichenkonvention und die Lösung des Minimierungsproblems gilt hier entsprechend das Minimum-Prinzip.

6.5 Numerische Lösungsverfahren

Für Fälle, in denen das Gleichungssystem (6.37) bis (6.41) nicht algebraisch gelöst werden kann, können numerische Verfahren zur Lösung eingesetzt werden. Das Problem besteht darin, dass die Differentialgleichungen (6.37) und (6.38), die Steuerungsgleichung (6.39) und die Randwerte (6.40) und (6.41) gleichzeitig eingehalten werden müssen. Bei numerischen Ansätzen wird zunächst nur ein Teil der Gleichungen exakt erfüllt, durch ein iteratives Vorgehen soll dann die Einhaltung aller Gleichungen erreicht werden. Dabei wird je nach Verfahren entweder die Einhaltung der Steuerungsgleichung, die Einhaltung der Randbedingungen oder die Einhaltung der Differentialgleichungen zunächst vernachlässigt und dann schrittweise verbessert [Kir04].

Das hier verwendete Verfahren beruht auf der iterativen Verbesserung der Steuerungsgleichung. Die nichtlinearen Differentialgleichungen (6.37) und (6.38) werden mit einem Verfahren zur Lösung gewöhnlicher Differentialgleichungen diskretisiert, beispielsweise einem Runge-Kutta-Verfahren. Bei einer festen zeitlichen Schrittweite T kann dann eine zeitdiskrete Darstellung wie in den Gleichungen (5.4) und (5.5) angegeben werden. Das iterative Verfahren nach [Kir04] geht von einer initialen Steuertrajektorie $\underline{u}_k^{(0)}$ aus, die gezielt verändert wird, um die Steuerungsgleichung zu erfüllen. In den einzelnen Iterationen, die mit dem Index ν nummeriert werden, wird das Erfüllen aller Bestimmungsgleichungen für die optimale Lösung schrittweise verbessert. Das spiegelt sich hier darin wieder, dass die Steuerungsgleichung (6.39) von den $\underline{x}_k^{(\nu)}$, $\underline{u}_k^{(\nu)}$ und $\underline{\psi}_k^{(\nu)}$ mit wachsendem Index ν besser erfüllt wird. Der Index k beschreibt den aktuell betrachteten Schritt der zeitlichen Integration.

Das iterative Vorgehen zur Bestimmung der optimalen Steuertrajektorie $\underline{u}_k^*$ wird hier für ein festes Optimierungsintervall $[t_0, t_e]$ vorgestellt. Beim Ansatz der modellprädiktiven Regelung wird dieses Intervall nach dem Prinzip des gleitenden Horizonts nach jeder durchgeführten Optimierung verschoben und die Rechnung beginnt erneut.

Die Optimierung eines Intervalls vollzieht sich in den folgenden Schritten:

1. Bestimmung der initialen Steuerungstrajektorie $\underline{u}_k^{(0)}$ für das endliche Optimierungsintervall $[t_0, t_e]$, Index $\nu = 0$.

2. Vorwärtsintegration der Zustands- und Ausgangsgrößen durch den zeitdiskreten Ausdruck

$$\underline{x}_{k+1}^{(\nu)} \;=\; \underline{f}_T\left(\underline{x}_k^{(\nu)}, \underline{u}_k^{(\nu)}\right), \tag{6.43}$$

$$\underline{y}_k^{(\nu)} \;=\; \underline{g}_T\left(\underline{x}_k^{(\nu)}, \underline{u}_k^{(\nu)}\right) \tag{6.44}$$

über das endliche Optimierungsintervall mit dem Anfangswert $\underline{x}_0$.

3. Berechnung des Gütemaßes $J^{(\nu)}\left(\underline{u}_\mathrm{k}^{(\nu)}\right)$.

4. Rückwärtsintegration des Kozustands $\underline{\psi}_\mathrm{k}^{(\nu)}$ von t_e nach t_0 unter Berücksichtigung des Randwertes $\underline{\psi}(t_\mathrm{e})$ nach Gleichung (6.41).

5. Auswertung der Steuerungsgleichung mit $\dfrac{\partial H_\mathrm{k}^{(\nu)}\left(\underline{x}_\mathrm{k}^{(\nu)},\underline{\psi}_\mathrm{k}^{(\nu)},\underline{u}_\mathrm{k}^{(\nu)},k\right)}{\partial \underline{u}}$ im Optimierungsintervall.

6. Abbruch wenn die Änderung des Gütemaßes $\mid J^{(\nu)} - J^{(\nu-1)}\mid < \varepsilon$ oder eine maximale Anzahl von Iterationen ν_max erreicht wurde, anderenfalls Bestimmung einer neuen Steuertrajektorie $\underline{u}^{(\nu+1)}$ mit dem Ziel die Steuerungsgleichung einzuhalten. Durch numerische Auswertungen der Gleichung mit Testpunkten für $\underline{u}_\mathrm{k}^{(\nu,i)}$ kann eine Abstiegsrichtung $\underline{s}_\mathrm{k}^{(\nu)}$ und eine Schrittweite $\alpha_\mathrm{k}^{(\nu)}$ für die Minimierung mittels eines Gradienten-Verfahrens ermittelt werden. Anschließend wird der Index erhöht, $\nu = \nu + 1$, und der Algorithmus wird im Schritt 2 fortgesetzt.

Für die Umsetzung einer Betriebsführungsstrategie mittels der modellprädiktiven Regelung muss die Optimierungsaufgabe online gelöst werden. Daher ist es erforderlich, den Rechenaufwand für die Umsetzung am realen System möglichst gering zu halten. Der Aufwand ergibt sich zum einen aus der Länge des Optimierungsintervalls, der Anzahl der Zustandsgrößen des Systemmodells, der Anzahl der zu optimierenden Parameter und den Eigenschaften des Gradienten-Verfahrens, das zur Berechnung der optimalen Steuertrajektorie eingesetzt wird.
Die Länge des Optimierungsintervalls ist hier so festgelegt, dass in dem Zeitintervall beliebige Lastwechsel durchgeführt werden können. Die Anzahl der Zustandsgrößen des Modells ergibt sich aus der durchgeführten Modellierung. Dabei wurde im Kapitel 4 bereits die Zielsetzung der Online-Optimierung berücksichtigt und die Zahl der Zustandsgrößen bei der Modellierung möglichst gering gehalten. Die Zahl der zu optimierenden Parameter ergibt sich aus der Parametrierung der Steuertrajektorie, die Eigenschaften des Gradienten-Verfahrens werden in den Abschnitten 6.5.1 und 6.5.2 beschrieben.

Wegen der zeitdiskreten Systembeschreibung könnte der Steuervektor für jeden einzelnen Abtastschritt t_k durch einen Parameter $\underline{u}_\mathrm{k}$ beschrieben werden. Dadurch ergäbe sich ein hoher Rechenaufwand ohne einen Vorteil für den realen Betrieb des Systems. Durch die numerische Steifigkeit des Modells ist für die Integration der Systemgleichungen eine kleine Schrittweite von $T = 50\,\mathrm{ms}$ erforderlich. Die Stellglieder wie Pumpen oder Lüfter reagieren deutlich träger. Ein sinnvolles Vorgehen besteht darin, zur Parametrierung der Steuertrajektorie ein kleinere Anzahl von Punkten – etwa in der Größenordnung von zehn – gleichmäßig über dem Optimierungsintervall zu verteilen. Diese Punkte stellen dann die Parameter der Optimierung dar. Zwischenwerte, die für die numerische Integration benötigt werden, können durch eine Spline-Interpolation berechnet werden.

Im Rahmen dieser Arbeit wurde eine neue Möglichkeit entwickelt, die Steuertrajektorien zu parametrieren. Sie beruht auf der Klasse der Wavelet-Funktionen und ermöglicht es, nur in Bereichen in denen eine genauere Parametrierung erforderlich ist, diese auch vorzunehmen und so den Rechenaufwand an die Erfordernisse der aktuellen Berechnung zu adaptieren. Das Prinzip wird im Abschnitt 6.9 vorgestellt.

Für die iterative, numerische Lösung der Hamilton-Gleichungen ist die Vorgabe einer initialen Steuertrajektorie erforderlich. Bei der vorliegenden Aufgabenstellung der Betriebsführung des PEM-Brennstoffzellensystems können im Allgemeinen gute Starttrajektorien vorgegeben werden. Eine der wesentlichen Stellgrößen ist der Laststrom, die Gaszufuhr kann bei bekanntem Strom mittels des Faraday-Gesetzes berechnet werden. Aus Messungen zur Identifikation des Systems ist bekannt, welcher Strom zu einer bestimmten elektrischen Leistung führt. Die Werte sind abhängig vom dynamischen Zustand des Systems, der durch die Wasserkonzentrationen und die Temperatur beschrieben wird. Aus der Kenntnis des stationären Systemverhaltens können bereits ausreichend genaue initiale Steuertrajektorien generiert werden, sodass die dynamische Optimierung nach wenigen Iterationsschritten abgeschlossen werden kann.

Generell handelt es sich bei der Lösung der dynamischen Optimierung immer um ein optimales Steuergesetz und nicht um eine Regelung, bei der ein geschlossener Wirkungskreis mit einer Rückführung der Regelgröße vorliegt. Der Einfluss von Störungen und Abweichungen des realen Systemverhaltens vom Modell kann bei einer Steuerung prinzipiell nicht ausgeglichen werden. Durch das Prinzip des gleitenden Horizonts bei der modellprädiktiven Regelung und der hier durchgeführten Zustandsschätzung, um zu Beginn des Optimierungsintervalls über die vollständige Zustandsinformation zu verfügen, wird der Wirkkreis geschlossen, und es liegt doch eine Regelung und keine Steuerung vor. Es wird nur der erste Teil der optimalen Steuertrajektorie aufgeschaltet, Abweichungen und Störungen können dann bei der nächsten Berechnung ausgeglichen werden.

6.5.1 Bestimmung der Abstiegsrichtung

Durch den vorgestellten iterativen Lösungsansatz wird das ursprünglich dynamische Optimierungsproblem in eine Aufgabe der statischen Optimierung überführt. Letztlich müssen für die Iterationsgleichung der Stellgröße mit

$$\underline{u}_k^{(\nu+1)} = \underline{u}_k^{(\nu)} + \alpha_k^{(\nu)} \cdot \underline{s}_k^{(\nu)} \tag{6.45}$$

eine geeignete Schrittweite $\alpha^{(\nu)}$ und eine geeignete Abstiegsrichtung $\underline{s}^{(\nu)}$ ermittelt werden. Dabei gibt es unterschiedliche Ansätze für Gradienten-Verfahren, die hier vorgestellt werden. Optimierungsverfahren, die keine Information über den Gradienten verwenden, wie etwa das Verfahren nach Nelder und Mead [Fle04], benötigen im Allgemeinen viele Funktionsauswertungen. Sie werden nicht weiter betrachtet.

Gradienten-Verfahren:

Eine Möglichkeit das Minimum einer Funktion zu bestimmen, besteht darin, einen Schritt in Richtung des negativen Gradienten, also des steilsten Abstiegs, zu machen. Als Suchrichtung $\underline{s}_{\mathrm{k}}^{(\nu)}$ wird dann der negative Gradient $-\underline{g}^T$

$$\underline{s}_{\mathrm{k}}^{(\nu)} = -\mathrm{grad}\left(J\left(\underline{u}_{\mathrm{k}}^{(\nu)}\right)\right) = -\left(\underline{g}_{\mathrm{k}}^{(\nu)}\right)^T \tag{6.46}$$

verwendet. Die Berechnung des Gradienten wird numerisch mittels eines Differenzenquotienten durchgeführt, eine algebraische Berechnung ist nicht möglich. Die Berechnung muss für jeden Parameter der Beschreibung der Steuertrajektorie durchgeführt werden. Der Rechenaufwand zur Bestimmung des Gradienten ist gering. Bei Verfahren, die als Abstiegsrichtung den Gradienten verwenden, ist allerdings auch die Konvergenzgeschwindigkeit, mit der das Minimum erreicht wird, gering. Der Rechenaufwand für das gesamte Vorgehen kann dann entsprechend hoch sein.

Newton-Verfahren:

Die Verwendung des Gradienten als Abstiegsrichtung kann auch durch eine lineare Approximation des Gütemaßes begründet werden, was einer Taylor-Entwicklung ersten Grades entspricht. Durch den Gradienten wird dann die Richtung des steilsten Abstiegs angegeben. Das Newton-Verfahren verwendet eine quadratische Approximation, also eine Taylor-Entwicklung zweiten Grades des Gütemaßes $J\left(\underline{u}_{\mathrm{k}}^{(\nu)}\right)$ um den Wert $\underline{u}_{\mathrm{k}}^{(\nu)}$ der Form

$$J\left(\underline{u}_{\mathrm{k}}\right) \approx J\left(\underline{u}_{\mathrm{k}}^{(\nu)}\right) + \left(\underline{g}_{\mathrm{k}}^{(\nu)}\right)^T \cdot \left(\underline{u}_{\mathrm{k}} - \underline{u}_{\mathrm{k}}^{(\nu)}\right) + \frac{1}{2} \cdot \left(\underline{u}_{\mathrm{k}} - \underline{u}_{\mathrm{k}}^{(\nu)}\right)^T \cdot \nabla^2 J\left(\underline{u}_{\mathrm{k}}^{(\nu)}\right) \cdot \left(\underline{u}_{\mathrm{k}} - \underline{u}_{\mathrm{k}}^{(\nu)}\right) .$$
$$\tag{6.47}$$

Die auftretende zweite Ableitung $\underline{G}_{\mathrm{k}}^{(\nu)} = \nabla^2 J\left(\underline{u}_{\mathrm{k}}^{(\nu)}\right)$ wird auch als Hesse-Matrix bezeichnet, sie wird durch die zweiten partiellen Ableitungen von $J\left(\underline{u}_{\mathrm{k}}^{(\nu)}\right)$ beschrieben. Für die quadratische Approximation aus Gleichung (6.47) kann das Minimum analytisch bestimmt werden mit

$$\underline{u}_{\mathrm{k}}^{(\nu)\,*} = -\left(\underline{G}^{(\nu)}\right)^{-1} \cdot \left(\underline{g}_{\mathrm{k}}^{(\nu)}\right)^{T} . \tag{6.48}$$

Damit können Abstiegsrichtung und Schrittweite

$$\underline{s}_{\mathrm{k}}^{(\nu)} = -\left(\underline{G}^{(\nu)}\right)^{-1} \cdot \left(\underline{g}_{\mathrm{k}}^{(\nu)}\right)^{T} \quad \text{und} \quad \alpha_{\mathrm{k}}^{(\nu)} = 1 \tag{6.49}$$

gewählt werden. Im Allgemeinen liefert das Newton-Verfahren sehr gute Ergebnisse. Ein Hindernis für den praktischen Einsatz ist allerdings der Rechenaufwand zur Bestimmung der Hesse-Matrix, die zweiten Ableitungen müssen numerisch durch die Berechnung der entsprechenden Differenzenquotienten bestimmt werden. Nur in wenigen Fällen liegt eine dünnbesetzte Matrix vor, dann kann der Rechenaufwand verkleinert werden. Eine Alternative zum Newton-Verfahren sind die sogenannten Quasi-Newton-Verfahren.

Quasi-Newton-Verfahren:

Ziel der Quasi-Newton-Verfahren ist die Approximation der inversen Hesse-Matrix $\underline{G}^{-1}$ durch eine symmetrische, positiv definite Matrix $\underline{H}$ [Ste00, Fle04]. Im ersten Schritt wird dabei $\underline{H}^{(0)} = \underline{I}$ als Einheitsmatrix gewählt, mit den folgenden Auswertungen des Gütemaßes werden additive Korrekturen der Form $\underline{H}^{(\nu+1)} = \underline{H}^{(\nu)} + \Delta\underline{H}^{(\nu)}$ vorgenommen. Damit kann eine Approximation der inversen Hesse-Matrix erreicht werden, ohne den mit der numerischen Berechnung der Matrix $\underline{G}^{-1}$ verbundenen Rechenaufwand.

Aus der Taylor-Entwicklung (6.47) ergibt sich als lineare Approximation des Gradienten $\underline{g}^{(\nu+1)}$ der Ausdruck

$$\underline{g}^{(\nu+1)} = \underline{g}^{(\nu)} + \underline{G}^{(\nu)} \cdot \left(\underline{u}_{\mathrm{k}}^{(\nu+1)} - \underline{u}_{\mathrm{k}}^{(\nu)}\right) . \tag{6.50}$$

Als Abkürzungen werden die beiden Differenzen $\underline{\delta}^{(\nu)} = \underline{u}_{\mathrm{k}}^{(\nu+1)} - \underline{u}_{\mathrm{k}}^{(\nu)}$ und $\underline{\gamma}^{(\nu)} = \underline{g}^{(\nu+1)} - \underline{g}^{(\nu)}$ eingeführt, und die Gleichung (6.50) kann als

$$\underline{\gamma}^{(\nu)} = \underline{G}^{(\nu)} \cdot \underline{\delta}^{(\nu)} \tag{6.51}$$

dargestellt werden. Bei der Durchführung eines Quasi-Newton-Verfahrens soll in der Iteration ν die Matrix $\left(\underline{G}^{(\nu)}\right)^{-1}$ durch $\underline{H}$ approximiert werden. Dazu wird die Matrix $\underline{H}^{(\nu+1)}$ so gewählt, dass die Gleichung

$$\underline{H}^{(\nu+1)} \cdot \underline{\gamma}^{(\nu)} = \underline{\delta}^{(\nu)} \tag{6.52}$$

erfüllt ist. Die Gleichung (6.52) wird auch als Quasi-Newton-Bedingung bezeichnet und ist für die unterschiedlichen Varianten der Quasi-Newton-Verfahren erfüllt.

Ein möglicher Ansatz, die symmetrische, positiv definite Matrix $\underline{H}^{(\nu+1)}$ mithilfe einer additiven Korrektur zu bestimmen, lautet

$$\underline{H}^{(\nu+1)} = \underline{H}^{(\nu)} + a \cdot \underline{v} \cdot \underline{v}^T \; . \tag{6.53}$$

Einsetzen in die Gleichung (6.52) liefert den Ausdruck

$$\underline{H}^{(\nu)} \cdot \underline{\gamma}^{(\nu)} + a \cdot \underline{v} \cdot \underline{v}^T \cdot \underline{\gamma}^{(\nu)} = \underline{\delta}^{(\nu)} \; . \tag{6.54}$$

Mit der Wahl von $\underline{v} = \underline{\delta}^{(\nu)} - \underline{H}^{(\nu)} \cdot \underline{\gamma}^{(\nu)}$ und $a \cdot \underline{v}^T \cdot \underline{\gamma}^{(\nu)} = 1$ erhält man die Update-Formel

$$\underline{H}^{(\nu+1)} = \underline{H}^{(\nu)} + \frac{\left(\underline{\delta}^{(\nu)} - \underline{H}^{(\nu)} \cdot \underline{\gamma}^{(\nu)}\right) \cdot \left(\underline{\delta}^{(\nu)} - \underline{H}^{(\nu)} \cdot \underline{\gamma}^{(\nu)}\right)^T}{\left(\underline{\gamma}^{(\nu)} - \underline{H}^{(\nu)} \cdot \underline{\gamma}^{(\nu)}\right)^T \cdot \underline{\gamma}^{(\nu)}} \; . \tag{6.55}$$

Die Nachteile bei der Anwendung dieser Formel bestehen darin, dass die positive Definitheit der Matrix $\underline{H}$ nicht gesichert ist und der Nenner sehr kleine Werte annehmen kann, was zu numerischen Problemen führt [Fle04]. Für additive Korrekturterme mit dem Ansatz

$$\underline{H}^{(\nu+1)} = \underline{H}^{(\nu)} + a \cdot \underline{v} \cdot \underline{v}^T + b \cdot \underline{w} \cdot \underline{w}^T \tag{6.56}$$

kann bei einer geeigneten Wahl der Größen a, b, $\underline{v}$ und $\underline{w}$ die positive Definitheit gesichert werden. Ein bekannter Ansatz aus der Literatur ist die sogenannte DFP-Formel von Davidon, Fletcher und Powell mit

$$\underline{H}^{(\nu+1)}_{\mathrm{DFP}} = \underline{H}^{(\nu)} + \frac{\underline{\delta}^{(\nu)} \cdot \left(\underline{\delta}^{(\nu)}\right)^T}{\left(\underline{\delta}^{(\nu)}\right)^T \cdot \underline{\gamma}^{(\nu)}} - \frac{\underline{H}^{(\nu)} \cdot \underline{\gamma} \cdot \left(\underline{\gamma}^{(\nu)}\right)^T \cdot \underline{H}^{(\nu)}}{\left(\underline{\gamma}^{(\nu)}\right)^T \cdot \underline{H}^{(\nu)} \cdot \underline{\gamma}^{(\nu)}} \; . \tag{6.57}$$

In der Praxis hat die BFGS-Formel von Broyden, Fletcher, Goldfarb und Shanno eine besonders große Bedeutung. Sie lautet

$$
\begin{aligned}
\underline{H}_{\text{BFGS}}^{(\nu+1)} \;=\; & \underline{H}^{(\nu)} + \left(1 + \frac{\left(\underline{\gamma}^{(\nu)}\right)^T \cdot \underline{H}^{(\nu)} \cdot \underline{\gamma}}{\left(\underline{\delta}^{(\nu)}\right)^T \cdot \underline{\gamma}^{(\nu)}} \right) \cdot \frac{\underline{\delta}^{(\nu)} \cdot \left(\underline{\delta}^{(\nu)}\right)^T}{\left(\underline{\delta}^{(\nu)}\right)^T \cdot \underline{\gamma}^{(\nu)}} \\[2ex]
& - \frac{\underline{\delta}^{(\nu)} \cdot \left(\underline{\gamma}^{(\nu)}\right)^T \cdot \underline{H}^{(\nu)} + \underline{H}^{(\nu)} \cdot \underline{\gamma}^{(\nu)} \cdot \left(\underline{\delta}^{(\nu)}\right)^T}{\left(\underline{\delta}^{(\nu)}\right)^T \cdot \underline{\gamma}^{(\nu)}}
\end{aligned}
\tag{6.58}
$$

und hat sich in zahlreichen numerischen Tests [Ste00, Fle04] als die beste Variante herausgestellt. Daher wird sie im Folgenden bei der Verwendung von Quasi-Newton-Verfahren eingesetzt.

6.5.2 Berechnung der Schrittweite

Nach der Bestimmung der Suchrichtung $\underline{s}_{\text{k}}^{(\nu)}$ muss noch die Schrittweite festgelegt werden, mit der die Stärke der Veränderung in Suchrichtung beschrieben wird. Für die optimale Schrittweite gilt

$$
\alpha_{\text{k}}^{(\nu)\,*} = \arg\min_{\alpha} J\left(\underline{u}_{\text{k}}^{(\nu)} + \alpha \cdot \underline{s}_{\text{k}}^{(\nu)} \right) .
\tag{6.59}
$$

Die verwendete Schrittweite kann auf unterschiedliche Weise festgelegt werden, beispielsweise durch einen festen Wert oder durch eine eindimensionalen Suche im mehrdimensionalen Raum, bei der die Suchrichtung mit einem Verfahren aus Abschnitt 6.5.1 bestimmt wurde.Die Verfahren zur Bestimmung der Schrittweite werden in den folgenden Abschnitten vorgestellt.

Feste Schrittweite:

Die einfachste Methode besteht in der Wahl einer festen Schrittweite

$$
\alpha_{\text{k}}^{(\nu)} = \alpha_0 .
\tag{6.60}
$$

Allerdings muss die Schrittweite dann relativ klein gewählt werden, um Oszillationen um das Minimum in der Abfolge der Iterationen zu vermeiden. Dann steigt aber auch die Anzahl der benötigten Iterationsschritte entsprechend.

Bessere Ergebnisse lassen sich mit einer angepassten Schrittweite erreichen. In [Kir04]
wird für die Wahl der Schrittweite der Ausdruck

$$\alpha_{\mathrm{k}}^{(\nu)} = \frac{\frac{q}{100} \cdot J\left(\underline{u}_{\mathrm{k}}^{(\nu)}\right)}{\|\frac{\partial H^{(\nu)}}{\partial \underline{u}}\|^2} \tag{6.61}$$

mit einem festen Prozentwert für q vorgeschlagen. Für große Werte des Gütemaßes J
ergeben sich damit auch größere Schrittweiten. Allerdings treten nahe der optimalen
Lösung $\underline{u}^*$ Probleme auf, da dann $\|\frac{\partial H^{(\nu)}}{\partial \underline{u}}\|^2 \to 0$ gilt.
Beide Ansätze, die feste Schrittweite und die Gleichung (6.61), sind nur begrenzt
praktikabel. Die jeweilige Bestimmung der Schrittweite ist zwar sehr einfach, der
Wert kann aber stark von der optimalen Schrittweite abweichen und damit zu einer
hohen Rechenzeit für die gesamte Optimierung führen.

Goldener Schnitt:

Bei dem Verfahren des Goldenen Schnittes handelt es sich um eine iterative Inter-
vallschachtelung zur Minimumsuche, ähnlich der Intervallhalbierung zur Nullstellen-
suche. Der jeweils bekannte minimale Wert des Gütemaßes $J(b)$ wird dabei durch
zwei weitere Punkte eingegrenzt:

$$J(a) > J(b) \quad \text{und} \quad J(c) > J(b) \quad \text{mit} \quad a < b < c. \tag{6.62}$$

Die Abstände der Punkte a, b und c werden dabei in einem festen Verhältnis gewählt,
nämlich

$$\frac{b-a}{c-a} = w \quad \text{und} \quad \frac{c-b}{c-a} = 1-w. \tag{6.63}$$

Das Intervall $[a, b]$ soll nun durch einen zusätzlichen Punkt x und die Auswertung
des zugehörigen Gütemaßes $J(x)$ verkleinert werden. Als neue Größe wird dann die
Länge z eingeführt mit

$$z = \frac{x-b}{c-a}. \tag{6.64}$$

Die Größen sind in Abbildung 6.4 dargestellt. Durch ein neues Tripel von Punkten
wird dann ein neues Intervall um das aktuelle Minimum beschrieben. Der Ablauf der
iterativen Verkleinerung der Intervalle ist besonders effizient, wenn beide der möglichen Intervalle gleich groß sind. Die beiden möglichen Tripel zur Eingrenzung des
Minimums lauten $\{a, b, x\}$ oder $\{b, x, c\}$. Für die zugehörigen Längen der Intervalle
soll

$$w + z = 1 - w \tag{6.65}$$

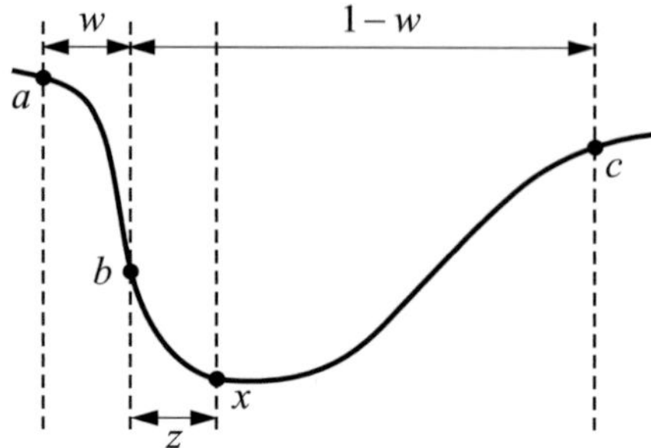

Abbildung 6.4: Größen beim Goldenen Schnitt

gelten. Wenn die Verhältnisse der aufeinander folgenden Teilungen identisch sein sollen, so muss

$$\frac{z}{1-w} = \frac{w}{1} \tag{6.66}$$

gelten, und man erhält für das Teilungsverhältnis

$$w = 0{,}382\,. \tag{6.67}$$

Damit wurde das Verhältnis des goldenen Schnittes mit

$$\frac{w}{1-w} = \frac{0{,}382}{0{,}618} \tag{6.68}$$

bestimmt. Durch die Wahl dieses Längenverhältnisses wird sichergestellt, dass bei der fortlaufenden Verkleinerung des Intervalls, durch die das Minimum eingegrenzt wird, eine möglichst effiziente Aufteilung vorgenommen wird. Durch das Vorgehen kann das Minimum einer Funktion ohne die Berechnung von Ableitungen bestimmt werden. Das Verfahren wird nach einer maximalen Anzahl von Iterationen abgebrochen.

Liniensuche:

Die Linien-Suche nach [Fle04] besteht aus zwei Schritten, einer Bracketing-Phase, in der ein Bereich mit zulässigen Punkten bestimmt wird, und eine Sectioning-Phase, in der innerhalb des Bereiches das Minimum gesucht wird. Ziel des Verfahrens ist es, durch eine möglichst geringe Anzahl von Auswertungen des Gütemaßes eine geeignete Schrittweite $\alpha_{\mathrm{k}}^{(\nu)}$ zu ermitteln. Als abkürzende Schreibweise wird

$$J(\alpha) = J\left(\underline{u}_{\mathrm{k}}^{(\nu)} + \alpha_{\mathrm{k}}^{(\nu)} \cdot \underline{s}_{\mathrm{k}}^{(\nu)}\right) \tag{6.69}$$

verwendet.

In der Bracketing-Phase wird ein Bereich $[a_0, b_0]$ zulässiger Punkte α bestimmt. Für die Werte von α müssen dazu die folgenden Bedingungen

$$J(\alpha) \;\leq\; J(0) + \alpha \cdot \rho \cdot \left.\frac{d\,J(\alpha)}{d\alpha}\right|_{\alpha=0}, \tag{6.70}$$

$$\frac{d\,J(\alpha)}{d\alpha} \;\geq\; \sigma \cdot \left.\frac{d\,J(\alpha)}{d\alpha}\right|_{\alpha=0} \tag{6.71}$$

eingehalten werden mit $\rho \in \left(0, \frac{1}{2}\right)$ und $\sigma \in (\rho, 1)$. Als eine geeignete Wahl der Parameter wird in [Fle04] $\rho = 0{,}1$ und $\sigma = 0{,}9$ vorgeschlagen.

Die Bedingung aus Gleichung (6.70) führt dazu, dass die zulässigen Punkte unter einer Geraden durch $J(0)$ mit der Steigung $\alpha \cdot \rho \cdot \left.\frac{d\,J(\alpha)}{d\alpha}\right|_{\alpha=0}$ liegen müssen. Sie führt zu einer Begrenzung von b_0, also der oberen Grenze des Intervalls zulässiger Punkte. Die Bedingung aus Gleichung (6.71) beschreibt eine Bedingung an die Steigung im Punkt α, und durch sie wird eine Bedingung an den Wert a_0 gestellt.

In der Bracketing-Phase werden verschiedene Punkte α_i ausgewertet. Die α_i werden dabei iterativ vergrößert, bis ein Intervall zulässiger Punkte $[a_0, b_0]$, das den Bedingungen aus den Gleichungen (6.70) und (6.71) genügt, gefunden wurde.

Nachdem beim Bracketing ein Intervall zulässiger Punkte bestimmt wurde, wird dieses Intervall im sogenannten Sectioning-Schritt iterativ verkleinert. Dazu werden Punkte im inneren des jeweiligen Intervalls $[a_i, b_i]$ ausgewertet und im nächsten Iterationsschritt als untere bzw. obere Grenze des Intervalls verwendet. Nach einer maximalen Anzahl von Iterationen, bei denen das Intervall zulässiger Punkte verkleinert wurde, wird eine kubische Interpolationen der Gütefunktion $J(\alpha)$ innerhalb des zulässigen Bereichs berechnet. Das zugehörige Minimum liefert dann die gesuchte Schrittweite $\alpha_{\mathrm{k}}^{(\nu)\,*}$.

6.5.3 Fazit

Die unterschiedlichen Verfahren zur Bestimmung von Abstiegsrichtung und Schrittweite wurden in [Här06] anhand der Rosenbrock-Funktion für eine statische Funktion und am Beispiel der Leistungsregelung für die dynamische Optimierung untersucht. Dabei ergibt sich bei der Verwendung des Quasi-Newton-Verfahrens zur Bestimmung der Suchrichtung eine deutliche Verkürzung der Rechenzeit im Vergleich zu den anderen Verfahren. Bei den Verfahren zur Bestimmung der Schrittweite treten zwischen dem Liniensuche-Algorithmus und dem Goldenen Schnitt keine wesentlichen Unterschiede auf, wegen der einfacheren Implementierung wird hier dem Goldenen Schnitt-Algorithmus der Vorzug gegeben.

Das geschilderte numerische Verfahren eignet sich zur Lösung der dynamischen Optimierung auch komplizierter Systeme, da keine algebraischen Umformungen des Modells vorgenommen werden müssen, zu bestimmende Ableitungen werden numerisch ermittelt. Durch eine Implementierung in C++ kann eine entsprechende Rechenzeit erreicht werden, die eine Umsetzung der modellprädiktiven Regelung für den Betrieb des Demonstrator-System erlaubt.

6.6   Berücksichtigung von Begrenzungen

Für die konkrete Aufgabenstellung ist es erforderlich, Ungleichungsnebenbedingungen bei der Optimierung zu berücksichtigen. Zum einen bestehen diese Nebenbedingungen darin, dass die Stellgrößen der Systemkomponenten Pumpen und Lüfter positiv und durch ein maximal zulässiges Stellsignal von $10\,\text{V}$ begrenzt sind, also muss

$$0 \leq \quad u_{\text{Luftpumpe}} \quad \leq 10\,\text{V}\,, \tag{6.72}$$

$$0 \leq \quad u_{\text{Wasserpumpe}} \quad \leq 10\,\text{V}\,, \tag{6.73}$$

$$0 \leq \quad u_{\text{Lüfter}} \quad \leq 10\,\text{V} \tag{6.74}$$

gelten. Damit wird die Stellgröße auf einen Bereich $\underline{u} \in \mathcal{U}$ begrenzt, der bei der Minimierung des Gütemaßes mit

$$J^*\left(\underline{u}_{\text{k}}^*\right) = \min_{\underline{u}_{\text{k}} \in \mathcal{U}} J\left(\underline{u}_{\text{k}}\right) \tag{6.75}$$

berücksichtigt werden muss. Durch den Aufbau des DC/DC-Wandlers bedingt tritt außerdem eine Nebenbedingung für die Stackspannung auf. Sie muss immer über der aktuellen Akku-Spannung liegen, also

$$U_{\text{Stack}} > U_{\text{Akku}}\,, \tag{6.76}$$

da ansonsten der Energiefluss nicht vom Stack zu Akku und Verbraucher verläuft, sondern vom Akkumulator zum Stack. Der Stack würde in den Bereich der Elektrolyse getrieben und so dauerhaft geschädigt.
Die m auftretenden Ungleichungsnebenbedingungen werden zu einem Vektor $\underline{h}_{\text{k}}$ mit der zeitdiskreten Darstellung

$$\underline{h}_{\text{k}}\left(k, \underline{x}_{\text{k}}, \underline{u}_{\text{k}}\right) = \begin{bmatrix} h_{1,\text{k}}\left(k, \underline{x}_{\text{k}}, \underline{u}_{\text{k}}\right) \\ h_{2,\text{k}}\left(\underline{x}_{\text{k}}, \underline{u}_{\text{k}}\right) \\ \vdots \\ h_{m,\text{k}}\left(k, \underline{x}_{\text{k}}, \underline{u}_{\text{k}}\right) \end{bmatrix} \leq \underline{0} \tag{6.77}$$

zusammengefasst. Dieser Vektor wird mit einem zusätzlichen Lagrangeschen Multiplikator $\underline{\mu}_k$ in der erweiterten Hamiltonfunktion $\tilde{H}_k$ berücksichtigt, für die

$$\tilde{H}_k\left(k, \underline{x}_k, \underline{u}_k, \underline{\psi}_k, \underline{\mu}_k\right) = H\left(k, \underline{x}_k, \underline{u}_k, \underline{\psi}_k\right) + \underline{\mu}_k^T \cdot \underline{h}_k\left(k, \underline{x}_k, \underline{u}_k\right) \qquad (6.78)$$

$$= l\left(k, \underline{x}_k, \underline{u}_k\right) + \underline{\psi}^T \cdot \underline{f}_k\left(\underline{x}_k, \underline{u}_k\right)$$
$$+ \underline{\mu}_k^T \cdot \underline{h}_k\left(k, \underline{x}_k, \underline{u}_k\right) \qquad (6.79)$$

gilt. Die einzelnen Elemente von $\underline{\mu}_k$ werden auch als Karush-Kuhn-Tucker-Multiplikatoren (KKT-Multiplikatoren) bezeichnet. Wenn für eine der Gleichungen der Nebenbedingungen $h_{i,k}\left(k, \underline{x}_k, \underline{u}_k\right) > 0$ gilt, dann wird diese Ungleichungsnebenbedingung auch als aktiv bezeichnet, anderenfalls ist die Ungleichungsnebenbedingung inaktiv. Für die KKT-Multiplikatoren $\underline{\mu}_k$ gilt dann

$$\mu_{i,k} \begin{cases} = 0 & \text{für} \quad h_{i,k}\left(k, \underline{x}_k, \underline{u}_k\right) < 0, \\ \geq 0 & \text{für} \quad h_{i,k}\left(k, \underline{x}_k, \underline{u}_k\right) \geq 0. \end{cases} \qquad (6.80)$$

Für die erweiterte Hamiltonfunktion $\tilde{H}_k$ gelten nach dem Minimum-Prinzip von Pontryagin die folgenden notwendigen Bedingungen für den optimalen Steuerungsvektor $\underline{u}_k^*$:

$$\underline{\dot{x}}_k = \frac{\partial \tilde{H}}{\partial \underline{\psi}} = \underline{f}_T, \qquad (6.81)$$

$$\underline{\dot{\psi}}_k = -\frac{\partial \tilde{H}}{\partial \underline{x}} = -\frac{\partial l}{\partial \underline{x}} - \left(\frac{\partial \underline{f}_T}{\partial \underline{x}}\right)^T \cdot \underline{\psi} - \left(\frac{\partial \underline{h}}{\partial \underline{x}}\right)^T \cdot \underline{\mu}, \qquad (6.82)$$

$$\frac{\partial \tilde{H}}{\partial \underline{u}} = \frac{\partial l}{\partial \underline{u}} + \left(\frac{\partial \underline{f}_T}{\partial \underline{u}}\right)^T \cdot \underline{\psi} + \left(\frac{\partial \underline{h}}{\partial \underline{u}}\right)^T \cdot \underline{\mu} = \underline{0}. \qquad (6.83)$$

Die KKT-Multiplikatoren werden dabei durch

$$\underline{\mu} = \frac{\partial \underline{h}}{\partial \underline{u}} \cdot \left[\left(\frac{\partial \underline{h}}{\partial \underline{u}}\right)^T \cdot \frac{\partial \underline{h}}{\partial \underline{u}}\right]^{-1} \cdot \left[-\frac{\partial l}{\partial \underline{u}} - \left(\frac{\partial \underline{f}_T}{\partial \underline{u}}\right)^T \cdot \underline{\psi}\right] \qquad (6.84)$$

berechnet. Mit dem optimalen Stellgrößenverlauf wird die erweiterte Hamiltonfunktion minimiert, sodass

$$\tilde{H}_k^*\left(k, \underline{x}^*{}_k, \underline{u}^*{}_k, \underline{\psi}^*{}_k, \underline{\mu}_k\right) = \min_{\underline{u}_k \in \mathcal{U}} \left\{\tilde{H}_k\left(k, \underline{x}_k, \underline{u}_k, \underline{\psi}_k, \underline{\mu}_k\right)\right\} \qquad (6.85)$$

gilt.

Die numerische Lösung der Bestimmungslgleichungen für die optimale Steuertrajektorie verläuft mit der erweiterten Hamilton-Funktion $\tilde{H}_k$ im Prinzip genau wie im

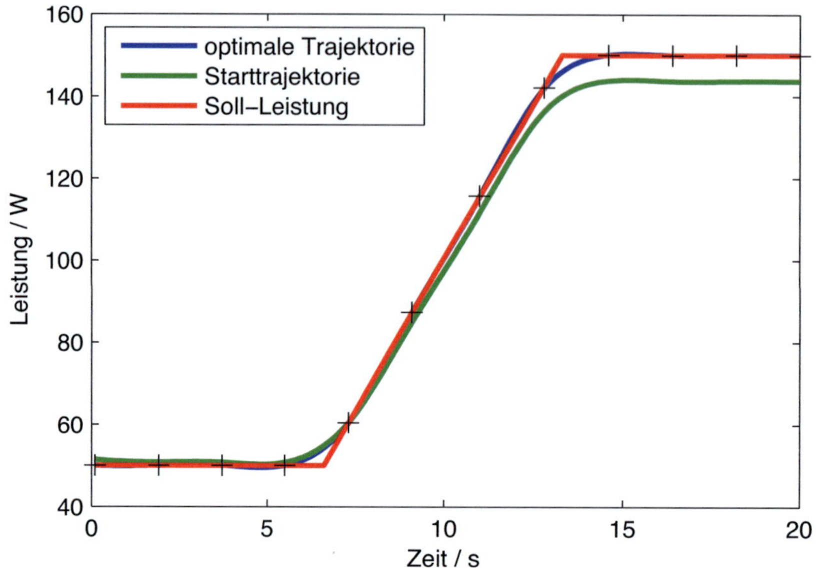

Abbildung 6.5: Vergleich von Soll- und Ist-Leistung ohne Begrenzung

Fall ohne Ungleichungsnebenbedingungen, nur muss jeweils mittels Gleichung (6.80) überprüft werden, welche Ungleichungsnebenbedingungen aktiv sind. Sie werden dann entsprechend bei der Berechnung berücksichtigt.

6.7   Simulationsergebnisse

Das entwickelte Optimierungsverfahren wird zunächst in der Simulation getestet. Dazu sollen beispielhaft Leistungstransienten von 50 auf 150 W ausgeregelt werden, zunächst ohne und dann auch mit einer Begrenzung der Stackspannung. Die Punkte an denen die Parameter der Steuertrajektorien optimiert werden, sind durch Kreuze hervorgehoben, der Verlauf der Steuertrajektorien ist als Spline-Interpolation dargestellt. Hier sind zwölf über das Optimierungsintervall gleichmäßig verteilte Interpolationspunkte vorgegeben. Für das Optimierungsintervall ist eine Länge von 20 s gewählt.

In den Abbildungen 6.5 und 6.6 werden Leistung, Stackspannung und Laststrom für eine simulierte Leistungstransiente abgebildet. Der Verlauf, der sich aus der initialen Steuertrajektorie ergibt ist in grün dargestellt, der Verlauf der Soll-Leistung in rot. In blau ist der Verlauf der elektrischen Leistung für die optimale Steuertrajektorie $\underline{u}^*$ angegeben. Zu allen Zeitpunkten, in denen ein Interpolationspunkt

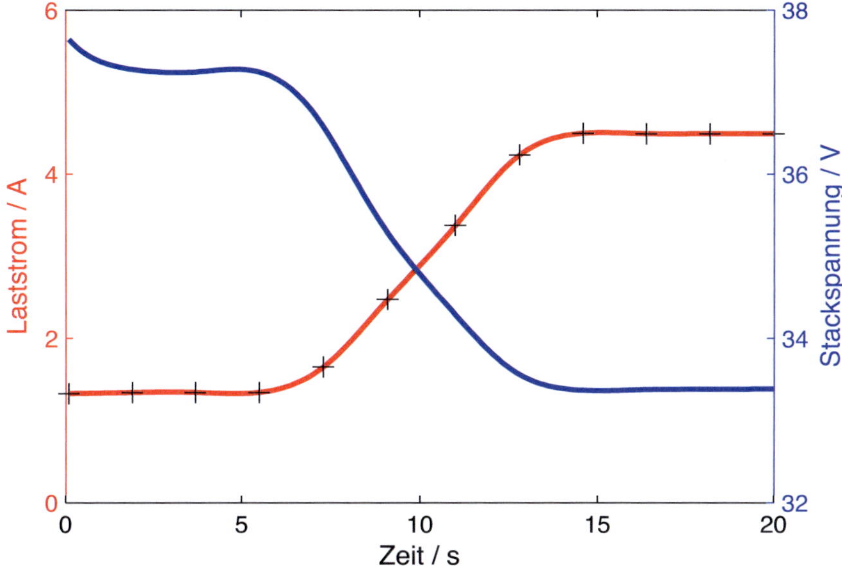

Abbildung 6.6: Verlauf von Stackspannung und Laststrom ohne Begrenzung

liegt und die in der Abbildung durch ein Kreuz hervorgehoben sind, liegt die abgegebene Leistung genau auf den Sollwerten, in den Zwischenbereichen, die sich aus der Spline-Interpolation ergeben, treten minimale Abweichungen auf. In diesem Fall lag keine Begrenzung der Stackspannung durch die Akku-Spannung vor, die KKT-Multiplikatoren sind über das Optimierungsintervall identisch null.

In den Abbildungen 6.7 bis 6.9 ist der Fall, in dem eine Begrenzung der Stackspannung wirksam wird, wiedergegeben. Man erkennt in Abbildung 6.7, dass die hier betrachtete Ungleichungsnebenbedingung der Begrenzung der Stackspannung aktiv ist, der zugehörige KKT-Multiplikator nimmt Werte ungleich null an. Die Auswirkungen dieser Nebenbedingung zeigen sich am Verlauf der abgegebenen Leistung, der Sollwert von 150 W kann nicht erreicht werden, der benötigte Laststrom würde ein zu starkes Absinken der Stackspannung bewirken und damit die Nebenbedingung verletzen. Dadurch, dass dies bei der Optimierung berücksichtigt wird, steigt, wie in Abbildung 6.9 gezeigt, der Laststrom weniger stark an, die Stackspannung bleibt, abgesehen von kleinen Abweichungen in den interpolierten Bereichen, oberhalb der Begrenzung von $U_{\mathrm{Akku}} = 34{,}5\,\mathrm{V}$, die in der Darstellung gestrichelt eingezeichnet ist. Die auftretende Abweichung von der Soll-Leistung in Abbildung 6.8 kann nicht verhindert werden, sie muss zur Einhaltung der Ungleichungsnebenbedingung in Kauf genommen werden.

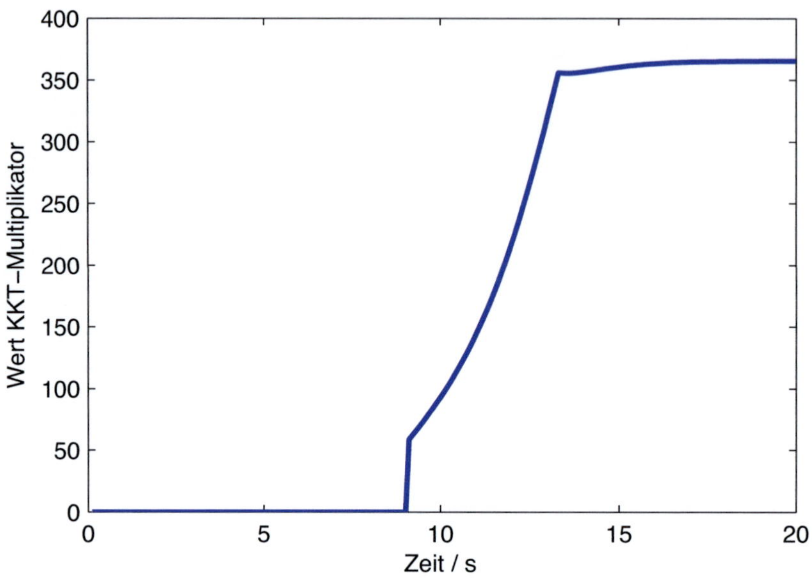

Abbildung 6.7: Zeitlicher Verlauf des KKT-Multiplikators

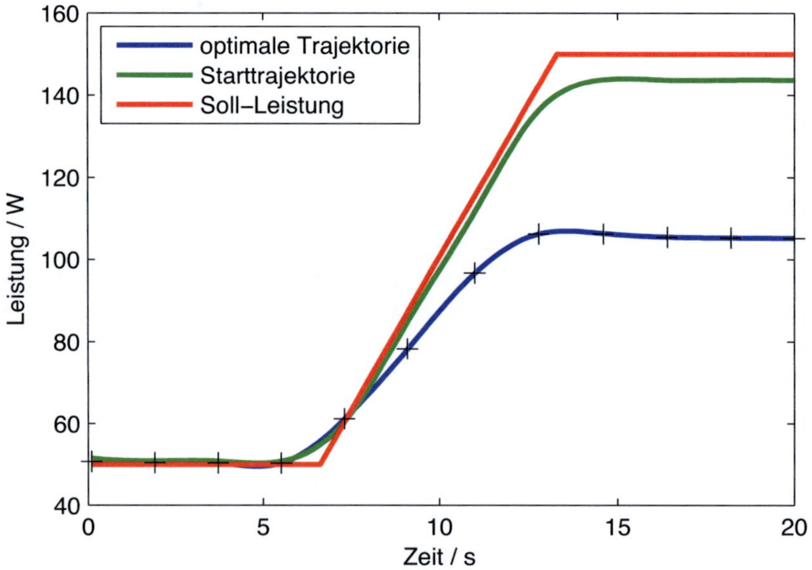

Abbildung 6.8: Vergleich von Soll- und Ist-Leistung mit Begrenzung

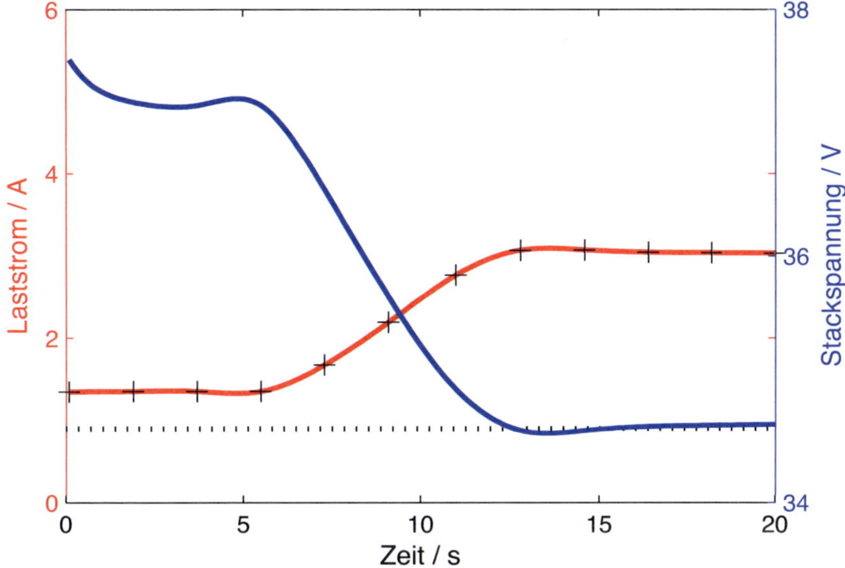

Abbildung 6.9: Verlauf von Stackspannung und Laststrom mit Begrenzung

Auch mit weniger als den bisher gezeigten zwölf Interpolationspunkten können vorgegebene Leistungstransienten gut erreicht werden. Einen solchen Fall zeigen die
Abbildungen 6.10 und 6.11. Dabei werden nur vier Interpolationspunkte verwendet,
der Rechenaufwand liegt entsprechend niedriger und der Aufwand für die Umsetzung auf dem Zielsystem sinkt. Die Punkte, die durch die Optimierung vorgegeben
werden, liegen genau auf dem Soll-Verlauf. Durch die größeren Abstände zwischen
diesen Punkten ist der Verlauf im Bereich der Interpolation etwas schlechter. Die
Reduktion des Rechenaufwandes ist erforderlich, um das Verfahren der dynamischen Optimierung auf der Reglerhardware des Demonstrator-Systems betreiben zu
können. Die Abweichungen von der Optimierung mit der höheren Anzahl von Interpolationspunkten können dabei toleriert werden.

6.8 Betrieb des Demonstrator-Systems

Das beschriebene Verfahren der optimalen Betriebsführung mittels der dynamischen
Optimierung ist nach der simulationsgestützten Entwicklung am realen Robotersystem eingesetzt worden. Dazu wurde die MATLAB-Toolbox xPC TARGET verwendet,
mit der eine automatische Code-Generierung und die Kopplung an die PC/104-
Hardware mit den I/O-Karten durchgeführt werden kann. Sämtliche Funktionen liegen in einer Implementierung in C++ vor, sie wurden als sogenannte S-Functions in

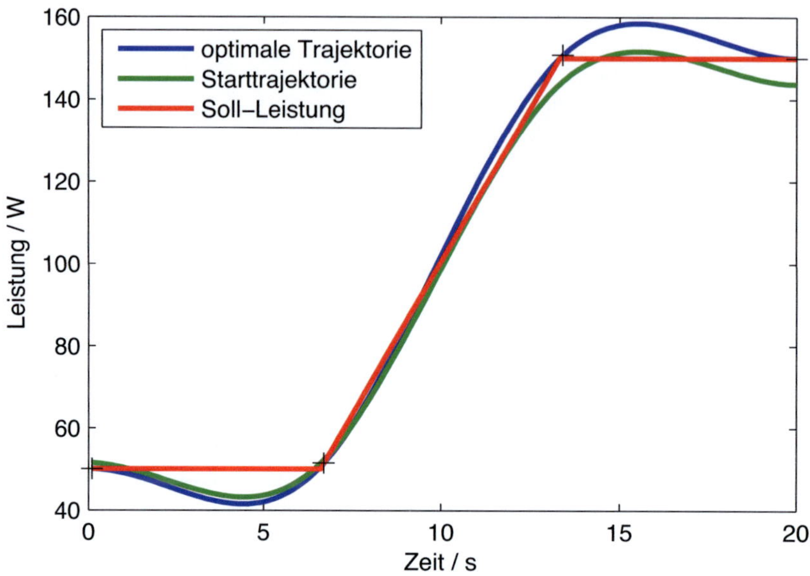

Abbildung 6.10: Vergleich von Soll- und Ist-Leistung bei vier Optimierungspunkten

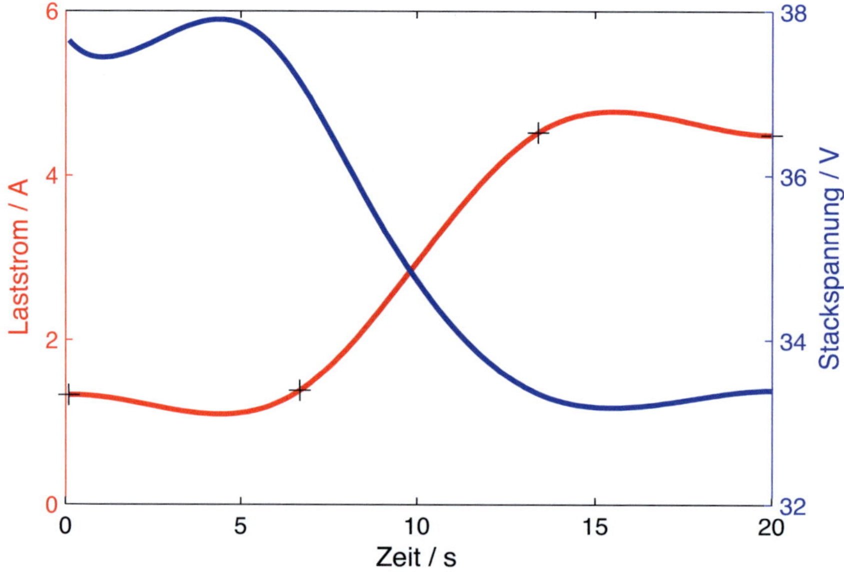

Abbildung 6.11: Verlauf von Stackspannung und Laststrom bei vier Optimierungs-
                              punkten

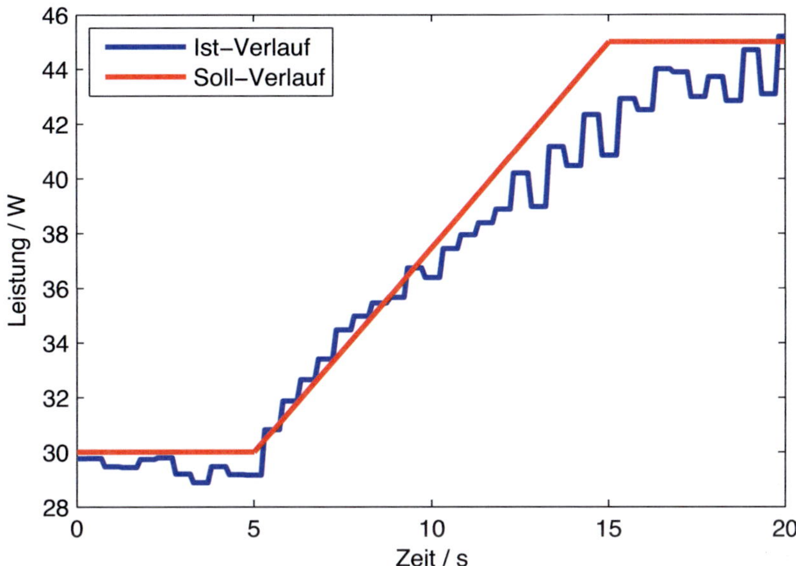

Abbildung 6.12: Zeitlicher Verlauf der Leistung beim Betrieb des Reglers am realen System

MATLAB/SIMULINK eingebunden. Der Prädiktionshorizont, der bei dem modellprädiktiven Ansatz verwendet wurde, beträgt 20 s, die Anzahl der Interpolationspunkte liegt bei vier. In diesem Zeitraum kann eine beliebige Transiente über den gesamten Leistungsbereich des Systems durchgeführt werden. Die Zeitdauer einer einzelnen Optimierung über den gesamten Horizont beträgt dabei weniger als 2 s.

Die Abbildung 6.12 zeigt eine beispielhafte Leistungstransiente, die dem Brennstoffzellensystem vorgegeben wurde. Dabei handelt es sich um einen Übergang von 30 auf 45 W. Es wurde ein rampenförmiger Übergang mit einer Dauer von 10 s zwischen den Leistungen als Soll-Verlauf vorgegeben. Die Messung wurde am vollständigen Demonstrator-System durchgeführt, der DC/DC-Wandler diente dabei als elektrische Last. Der Verlauf der Stackspannung und des Laststromes, der eine wesentliche Eingangsgröße des Systems darstellt, kann der Abbildung 6.13 entnommen werden. Am gezeigten Leistungsverlauf in Abbildung 6.12 fällt außerdem die stufenförmig verlaufende Ist-Leistung auf. Sie ergibt sich aus der Verarbeitungsgeschwindigkeit des DC/DC-Wandlers, durch den die Aufzeichnung von Stackspannung und Laststrom erfolgt. Das implementierte Kommunikationsprotokoll zum Datenaustausch erzwingt feste Pausen zwischen einzelnen Abfragen der Werte. Der stufenförmige Verlauf ergibt sich daher ebenso für Stackspannung und Laststrom in Abbildung 6.13.

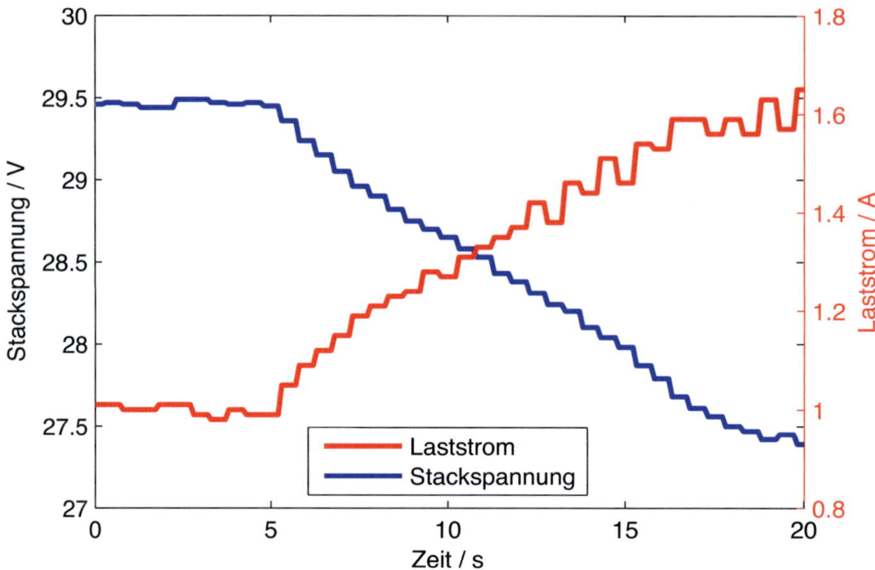

Abbildung 6.13: Zeitlicher Verlauf von Stackspannung und Laststrom beim Betrieb des Reglers am realen System

Für den Bereich höherer Leistungen, in Abbildung 6.12 ab etwa 40 W, fallen starke Schwankungen in der Ist-Leistung auf, zudem wird die Soll-Trajektorie in diesem Bereich nicht mehr erreicht. Durch den Betrieb zur Identifikation und ausgiebige Probeläufe zur elektrischen Integration des Gesamtsystems ist eine Degradation oder Schädigung des Stacks aufgetreten. Ein möglicher Schädigungsmechanismus könnte auf den Eigenschaften der Membran beruhen. Sie ist erst im befeuchteten Zustand gasdicht. Beim Betrieb des Systems mit einer ausgetrockneten Membran, wie dies beim Start des Betriebs der Fall ist, kann durch die erhöhte Gasdurchlässigkeit Wasserstoff direkt auf die Kathodenseite diffundieren und mit dem Sauerstoff reagieren. Durch die Reaktionswärme könnten sogenannte Hot-Spots entstehen, also lokale Punkte mit einer hohen Temperatur, die sich durch die direkte Reaktion ergibt. Dadurch könnten letztlich Schädigungen der Membran entstehen, etwa Mikro-Perforationen, die dann im regulären Betrieb zu einer unzureichenden Gasversorgung der jeweiligen Zelle führen. Ein solches Verhalten zeigt der verwendete Stack schon bei sehr geringen Lastströmen. Die fünf aufgezeichneten Einzelzellspannungen in Abbildung 6.14 sollten idealerweise übereinander liegen. Hier bricht jedoch die Spannung der Zelle 40 wiederholt ein. Bei größeren Lastströmen ist dann ein stabiler Betrieb des Systems nicht mehr möglich. Daher ergeben sich die starken Leistungsschwankungen in Abbildung 6.12 im Bereich ab 40 W, und deshalb kann dann auch die vorgegebene Soll-Leistung nicht erreicht werden.

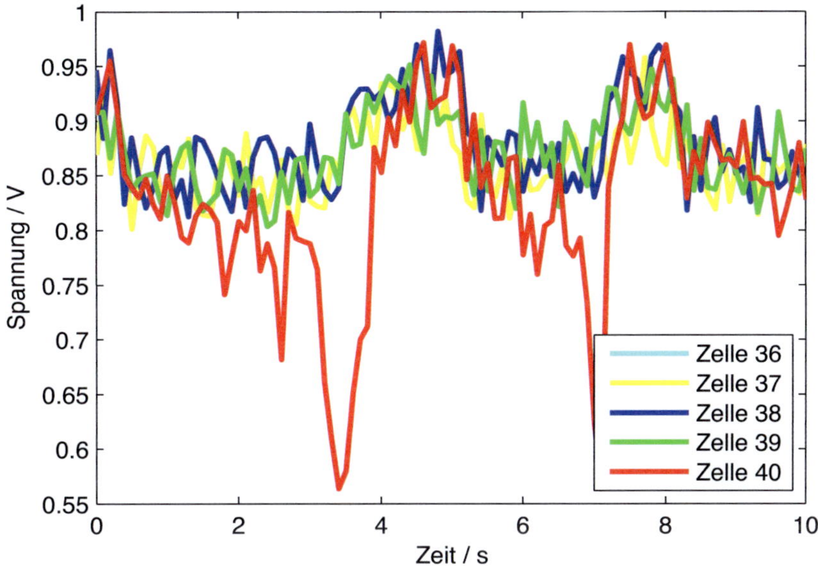

Abbildung 6.14: Vergleich der Einzelzellspannungen

Die Problematik des Betriebs bei trockener Membran tritt insbesondere bei kleinen, mobilen PEM-Systemen auf, da keine aktive Befeuchtung der Reaktionsgase vorgenommen wird und der verwendete Wasserstoff keine Wasseranteile aufweist. Bei jedem Start des Systems besteht die Gefahr einer Schädigung, im laufenden Betrieb führt das Reaktionswasser zur Befeuchtung der Membran.

Ein Verfahren der modellprädiktiven Regelung wurde hier zur optimalen Betriebsführung des PEM-Brennstoffzellensystems eingesetzt. Ausgehend von einem physikalischen nichtlinearen Systemmodell wurde die dynamische Optimierung mit einer speziellen numerischen Variante des Hamilton-Verfahrens gelöst, eine Linearisierung des Modells wird nicht durchgeführt. Die erforderliche Bestimmung der Zustandsgrößen kann mit einem Verfahren der nichtlinearen Zustandsschätzung, dem Sigma-Punkt Kalman-Filter, umgesetzt werden. Die Verfahren wurden in C++ implementiert und können am realen Demonstrator-System eingesetzt werden.

Wegen der beschriebenen Degradation des Stacks konnte die vom Hersteller angegebene elektrische Leistung nicht erreicht werden, Fahrversuche mit dem Demonstrator-System waren daher nicht möglich. Ein Austauschen des Stacks war ebenfalls nicht möglich. Der Stack der Firma Staxon wird derzeit nur mit einer geänderten Geometrie und veränderten Anschlüssen der Medienzufuhr angeboten, sodass der komplette Aufbau des Brennstoffzellensystems und der Einbau im Roboter-Gehäuse erneuert werden müssten.

6.9 Parametrierung der Steuertrajektorien durch Wavelets

Für die numerischen Verfahren der dynamischen Optimierung hat neben den Verfahren zur Bestimmung von Abstiegsrichtung $\underline{s}_k^{(\nu)}$ und zugehöriger Schrittweite $\alpha_k^{(\nu)}$ die Art der Parametrierung der Steuertrajektorie einen wesentlichen Einfluss auf den Rechenaufwand des Verfahrens und damit auf die Möglichkeit, es praktisch für Anwendungen zu nutzen. Ziel der Parametrierung ist es, die optimale Steuertrajektorie $\underline{u}^*$ durch möglichst wenige Parameter zu beschreiben, denn diese Parameter sind die Variablen der Optimierung. Je kleiner deren Anzahl ist, desto schneller kann auch die Optimierungsaufgabe gelöst werden.

Offensichtliche Varianten bestehen in der Beschreibung von $\underline{u}$ durch einzelne Punkte, die durch Stufen oder Splines interpoliert werden. Hier wurden bisher über das Optimierungsintervall gleichverteilte Punkte verwendet, die Interpolation wurde mithilfe von Splines durchgeführt. Eine andere Möglichkeit die Steuertrajektorie zu beschreiben, besteht in der Verwendung einer Klasse orthogonaler Basisfunktionen, wie etwa den Tschebyscheff-Polynomen.

Die Idee ist vergleichbar mit den spektralen Verfahren zur Lösung von partiellen Differentialgleichungen aus Abschnitt 5.2.4. Ein Funktionsverlauf wird nicht durch eine orts- bzw. im Falle der Steuertrajektorie eine zeitdiskrete Darstellung approximiert, sondern durch eine Diskretisierung des Funktionenraumes, durch den er beschrieben wird. Für das ortsaufgelöste Membranmodell hat sich die Verwendung von Tschebyscheff-Polynomen als vorteilhaft erwiesen. Dort konnte die Lösung schon durch eine geringe Anzahl von Basisfunktionen beschrieben werden, da der Verlauf des Feuchteprofils in der Membran durch eine glatte Funktion, also eine Funktionen deren partielle Ableitungen beliebiger Ordnung stetig sind [BSGH96], gut wiedergegeben werden kann. Für die optimale Steuertrajektorie, durch die ein Leistungssprung des Brennstoffzellensystems erreicht werden soll, ist dies nicht der Fall. Die entsprechenden Verläufe könnten nur durch eine hohe Anzahl von Tschebyscheff-Polynomen approximiert werden.

Daher wird hierzu eine spezielle Klasse orthogonaler Basisfunktionen verwendet, die Klasse der Wavelet-Funktionen. Sie besitzen eine Zeit- und Frequenzauflösung, die dazu genutzt werden kann, eine Steuertrajektorie in unterschiedlichen Zeitabschnitten mit einem angepassten Grad der Detaillierung zu beschreiben. Dabei werden durch eine entsprechende Adaption an den Stellen mehr Parameter zur Beschreibung der Trajektorie verwendet, an denen dies erforderlich ist. Andere Teile der Steuertrajektorie können durch wenige Parameter repräsentiert werden. Damit ist dann auch der Aufwand bei der Optimierung an die jeweilige Situation angepasst. Die typischen Anwendungen von Wavelet-Verfahren liegen in den Bereichen der Signalverarbeitung und der Datenkompression. Wavelets werden hier speziell zur dynamischen Optimierung eingesetzt unter dem Aspekt die Rechenzeit des Verfahrens zu verringern und so den Einsatz im Online-Betrieb auf einer Regler-Hardware mit beschränkter Rechenleistung zu ermöglichen.

Wegen der besseren Anschaulichkeit wird im Folgenden eine zeitkontinuierliche Darstellung gewählt, die Umsetzung der Verfahren auf einem Rechner erfolgt in zeitdiskreter Form.

6.9.1 Eigenschaften der Wavelet-Funktionen

Hier wird eine kurze Einführung der Wavelet-Theorie gegeben. Sie beruht auf den Darstellungen in [BGG98, LMR98, Bän05]. Durch Wavelets $\psi(t)$ wird eine Klasse orthogonaler Basisfunktionen beschrieben. Der Verlauf einer Wavelet-Funktion berechnet sich aus der zugehörigen Skalierungsfunktion $\phi(t)$, die wiederum durch die sogenannten Filterkoeffizienten $h(n) = \{h_1, h_2, \ldots h_\mathrm{n}\}$ festgelegt ist. Für beide Funktionen kann eine Translation um den Wert k und eine Skalierung um den Wert j vorgenommen werden mit $k, j \in \mathbb{Z}$. Die Translation bedeutet eine zeitliche Verschiebung und ermöglicht es beispielsweise, zeitlich begrenzte Skalierungsfunktionen oder Wavelets mit beliebig langen Zeitverläufen eines Signals zu vergleichen. Die Skalierung j ist gleichbedeutend mit der Auflösung, die durch eine Skalierungsfunktion oder ein Wavelet wiedergegeben werden kann. Für große Werte von j können feinere Details wiedergegeben als mit einer kleineren Skalierung. Translation k und Skalierung j werden üblicherweise als Index zu einer Skalierungsfunktion oder einem Wavelet angegeben. Die entsprechenden Funktionsverläufe berechnen sich aus der Grundauflösung (auch Mother-Wavelet genannt) als

$$\phi_{\mathrm{j,k}} \;=\; 2^{\frac{j}{2}} \cdot \phi\left(2^{j} \cdot t - k\right), \tag{6.86}$$

$$\psi_{\mathrm{j,k}} \;=\; 2^{\frac{j}{2}} \cdot \psi\left(2^{j} \cdot t - k\right) \quad \text{mit} \quad j, k \in \mathbb{Z}. \tag{6.87}$$

Durch die Menge aller Translationen von Skalierungsfunktion oder Wavelet wird jeweils ein Funktionenraum beschrieben. In Abhängigkeit von der Skalierung j unterscheidet sich die Auflösung dieser Funktionenräume mit

$$\mathcal{V}_{\mathrm{j}} \;=\; \overline{\mathrm{span}\left\{\phi_{\mathrm{j,k}}(t) \mid k \in \mathbb{Z}\right\}}, \tag{6.88}$$

$$\mathcal{W}_{\mathrm{j}} \;=\; \overline{\mathrm{span}\left\{\psi_{\mathrm{j,k}}(t) \mid k \in \mathbb{Z}\right\}}. \tag{6.89}$$

Aufgrund der speziellen Eigenschaften von Skalierungsfunktion und Wavelet gilt für die Funktionenräume

$$\mathcal{V}_0 \subset \mathcal{V}_1 \subset \ldots \;\subset\; \mathcal{L}^2\left(\mathbb{R}\right), \tag{6.90}$$

$$\mathcal{W}_0 \subset \mathcal{W}_1 \subset \ldots \;\subset\; \mathcal{L}^2\left(\mathbb{R}\right) \tag{6.91}$$

wobei $\mathcal{L}^2(\mathbb{R})$ die Menge der Funktionen darstellt, für die $\int_{\mathbb{R}} |f(x)|^2 \, dx < \infty$ gilt. Außerdem sind die $\mathcal{W}_j$ das orthogonale Komplement der $\mathcal{V}_j$ in $\mathcal{V}_{j+1}$. Das bedeutet, dass ausgehend von den Skalierungsfunktionen der Skalierung j durch Hinzunehmen der Wavelets der gleichen Skalierung j die detaillierteren Skalierungsfunktionen $j+1$ dargestellt werden können. Es gilt

$$
\begin{aligned}
\mathcal{V}_1 &= \mathcal{V}_0 \oplus \mathcal{W}_0 \,, & (6.92) \\
\mathcal{V}_2 &= \mathcal{V}_0 \oplus \mathcal{W}_0 \oplus \mathcal{W}_1 = \mathcal{V}_1 \oplus \mathcal{W}_1 & (6.93)
\end{aligned}
$$

bzw. allgemein

$$
\mathcal{V}_{j+1} = \mathcal{V}_j \oplus \mathcal{W}_j \quad \text{mit} \quad \mathcal{V}_j \perp \mathcal{W}_j \,. \tag{6.94}
$$

Diese Eigenschaft von Skalierungsfunktionen und Wavelets kann genutzt werden, um Funktionsverläufe mit verschiedenen Genauigkeiten zu approximieren. Ausgehend von der Auflösung der Skalierungsfunktion können entsprechende Skalierungen der Wavelet-Funktion hinzugenommen werden, um eine gewünschte Genauigkeit zu erreichen. Für die Darstellung einer Funktion $f(t)$ gilt

$$
f(t) = \sum_{k=-\infty}^{\infty} c_k \cdot \phi_{j_0,k}(t) + \sum_{k=-\infty}^{\infty} \sum_{j=j_0}^{\infty} d_{j,k} \cdot \psi_{j,k}(t) \tag{6.95}
$$

bzw. für deren Approximation mit einer endlichen Anzahl von Skalierungsfunktionen und Wavelets kann die Darstellung

$$
f(t) \approx \sum_{k=k_0}^{k_N} c_k \cdot \phi_{j_0,k}(t) + \sum_{k=k_0}^{k_1} \sum_{j=j_0}^{j_N} d_{j,k} \cdot \psi_{j,k}(t) \tag{6.96}
$$

angegeben werden. Ist die Funktion $f(t)$ bekannt, dann berechnen sich die zugehörigen Koeffizienten von Skalierungsfunktionen und Wavelets durch Innenprodukte als

$$
\begin{aligned}
c_{j,k} &= \langle f(t), \phi_{j,k}(t) \rangle = \int f(t) \cdot \phi_{j,k}(t) \, dt \,, & (6.97) \\
d_{j,k} &= \langle f(t), \psi_{j,k}(t) \rangle = \int f(t) \cdot \psi_{j,k}(t) \, dt \,. & (6.98)
\end{aligned}
$$

Eine vorliegende Approximation kann dann durch Berechnung weiterer $d_{j,k}$ verbessert werden. Durch den Koeffizienten k der Translation kann dabei der zeitliche Bereich, in dem diese Verbesserung vorgenommen wird, vorgegeben werden. Durch eine Erhöhung der Skalierung j wird die Auflösung verbessert.

Der Verlauf von Skalierungsfunktion und zugehörigem Wavelet ergibt sich aus den sogenannten Filterkoeffizienten $\{h_k\}_{k=1,\,\ldots,\,N}$. Um die speziellen Eigenschaften der

Wavelet-Funktionen zu erhalten, müssen spezielle Bedingungen bei der Wahl der Koeffizienten eingehalten werden [BGG98, LMR98]. Bei üblichen Anwendungen der Signalverarbeitung, wie etwa der Datenkompression, wird ausschließlich mit den Filterkoeffizienten gearbeitet [KS07], der zeitliche Verlauf von Sklaierungsfunktion oder Wavelet muss dazu nicht berechnet werden. Für die spezielle Anwendung in diesem Fall muss letztlich eine Steuertrajektorie im Zeitbereich bestimmt werden und daher müssen die zeitlichen Verläufe von Skalierungsfunktion und Wavelet bestimmt werden. Für den Zusammenhang zwischen Skalierungsfunktion und den Filterkoeffizienten gilt

$$\phi_{j,k}(t) = \sqrt{2} \cdot \sum_{k \in \mathbb{Z}} h_k \cdot \phi_{j,k}(2 \cdot t - k) = \sum_{k \in \mathbb{Z}} h_k \cdot \phi_{j+1,k}(t) \, . \tag{6.99}$$

Dabei handelt es sich um die sogenannte Skalierungsgleichung, die eine rekursive Definition der Skalierungsfunktion beschreibt. Wenn die entsprechende Skalierungsfunktion bekannt ist, kann daraus die zugehörige Wavelet-Funktion berechnet werden mit

$$\psi_{j,k}(t) = \sum_{k \in \mathbb{Z}} (-1)^k \cdot h_{N-k} \cdot \sqrt{2} \cdot \phi_{j,k}(2 \cdot t - k) \, . \tag{6.100}$$

Die Berechnung der Skalierungsfunktion, die die Gleichung (6.99) erfüllen muss, kann beispielsweise mit dem Kaskaden-Algorithmus [BGG98, LMR98] durchgeführt werden. Dabei handelt es sich um eine iterative Berechnung mit der Vorschrift

$$\phi_{j,k}^{(m+1)} = \sum_{k=0}^{N} h_k \cdot \sqrt{2} \cdot \phi_{j,k}^{(m)}(2 \cdot t - k) \, . \tag{6.101}$$

Die Eigenschaften der Wavelets sollen hier an einem besonders einfachen Beispiel dargestellt werden, dem Haar-Wavelet. Es wird definiert durch die beiden Filterkoeffizienten

$$h(n) = \left\{ \frac{1}{\sqrt{2}}, \frac{1}{\sqrt{2}} \right\} \, . \tag{6.102}$$

Ausgehend von einem Startverlauf werden in Abbildung 6.15 die iterativen Schritte des Kaskaden-Algorithmus zur Berechnung der zugehörigen Skalierungsfunktion dargestellt. Der Einfluss der Translation k und der Skalierung j auf den Verlauf von Skalierungsfunktion $\phi_{j,k}(t)$ und Wavelet $\psi_{j,k}(t)$ sind in den Abbildungen 6.16 und 6.17 veranschaulicht. Es wird dabei deutlich, dass mit steigendem Index j der Skalierung detailliertere Funktionsverläufe beschrieben werden können. Genau diese Eigenschaft wird zusammen mit der Eigenschaft der orthogonalen Ergänzung aus Gleichung (6.94) für die Parametrierung der optimalen Steuertrajektorie $\underline{u}^*$ mit möglichst wenigen Parametern ausgenutzt.

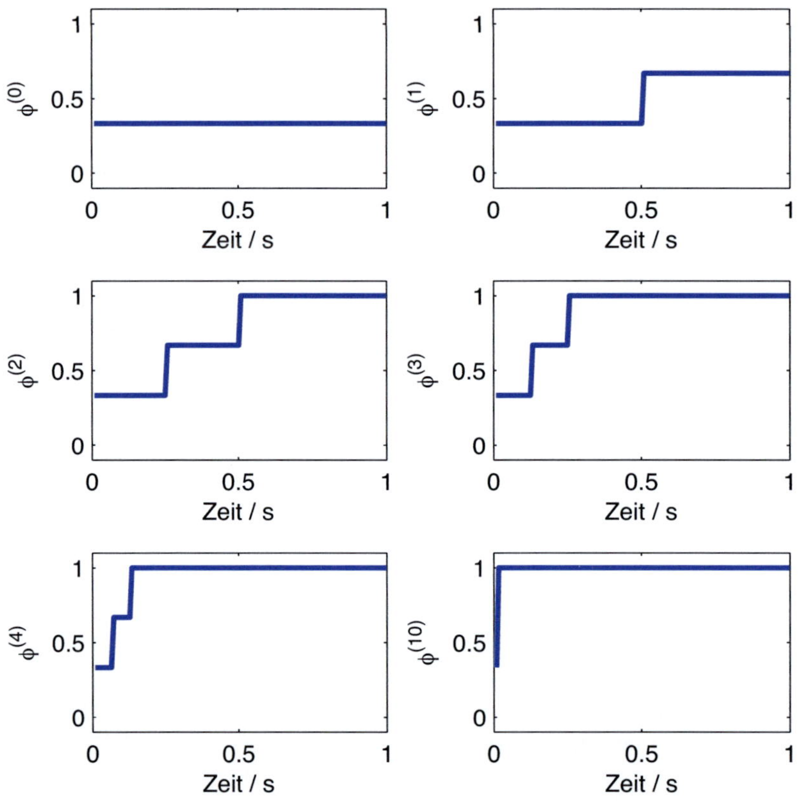

Abbildung 6.15: Ablauf des Kaskaden-Algorithmus zur Berechnung einer Skalierungsfunktion

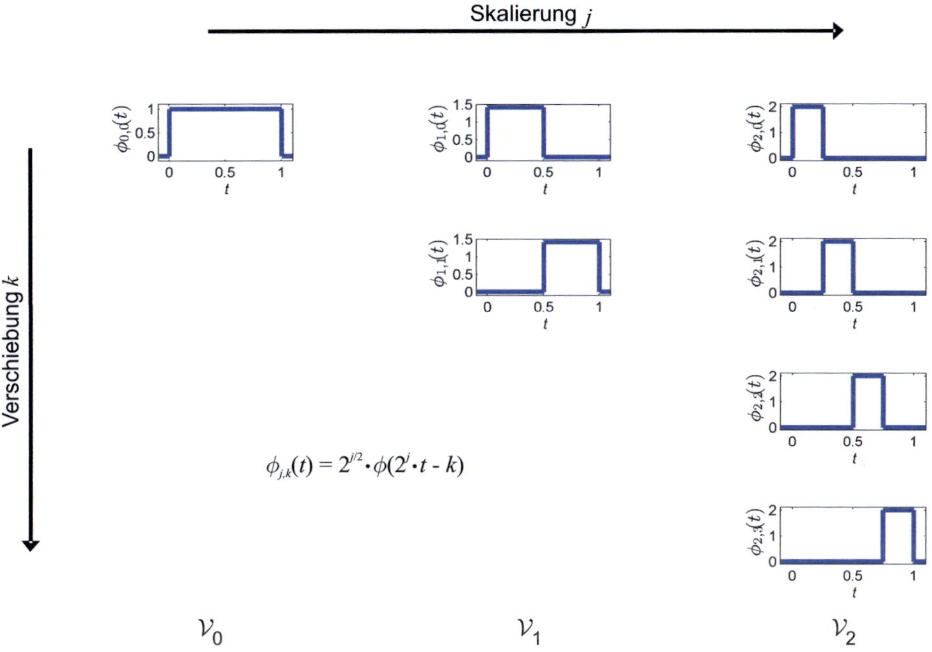

$$\phi_{j,k}(t) = 2^{j/2} \cdot \phi(2^j \cdot t - k)$$

Abbildung 6.16: Skalierung und Translation einer Skalierungsfunktion

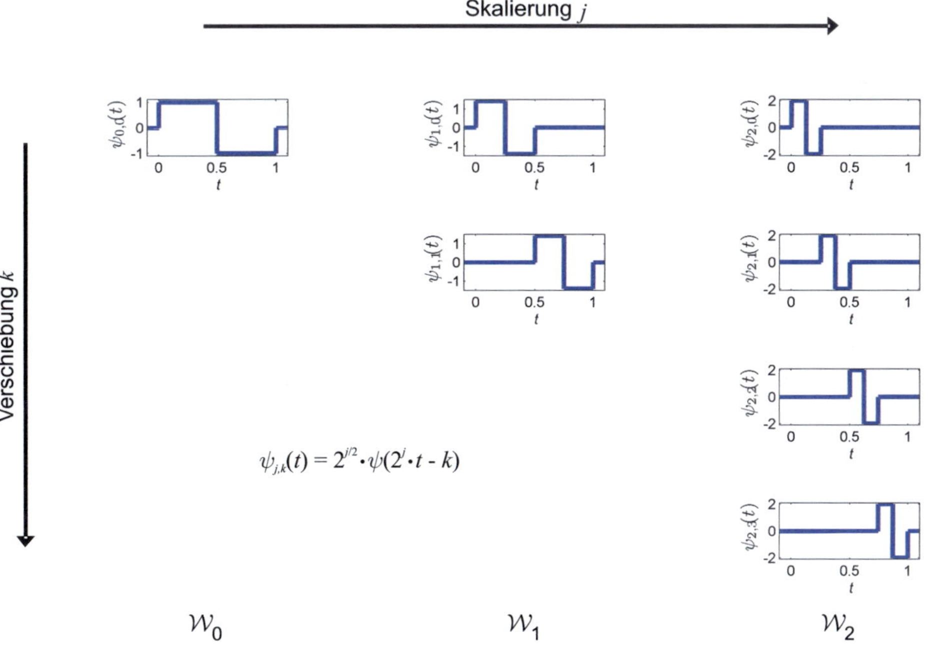

$$\psi_{j,k}(t) = 2^{j/2} \cdot \psi(2^j \cdot t - k)$$

Abbildung 6.17: Skalierung und Translation eines Wavelets

6.9.2   Dynamische Optimierung auf Basis von Wavelet-Funktionen

Die speziellen Eigenschaften der Skalierungs- und Wavelet-Funktionen können nun zur Parametrierung der Steuertrajektorien für die dynamische Optimierung verwendet werden. Durch die Eigenschaft der orthogonalen Ergänzung kann zunächst mit einer wenig detaillierten Approximation gerechnet werden, in den Iterationsschleifen des numerischen Lösungsverfahrens aus Abschnitt 6.5 können dann nach Bedarf zusätzliche Basisfunktionen und damit auch zusätzliche Parameter der Optimierung aufgenommen werden.

Das Verfahren startet mit der Darstellung der Steuertrajektorie durch die Skalierungsfunktion der Form

$$\underline{u}^{(0)} = \sum_{k=0}^{k_N} c_k(t) \cdot \phi_{j,k}(2 \cdot t - k) \,, \tag{6.103}$$

deren Parameter $c_{j,k}$ im ersten Durchlauf des Lösungsalgorithmus optimiert werden. Der Parameter k_N wird dabei so gewählt, dass das Optimierungsintervall komplett beschrieben werden kann. Das bestimmende Gleichungssystem für die optimale Lösung mit den Gleichungen (6.37) bis (6.41) ist dann noch nicht vollständig erfüllt, die Steuerungsgleichung (6.39) verschwindet mit der ungenauen Darstellung der Steuertrajektorie nicht. Die optimale Lösung ist erst erreicht, wenn

$$\frac{\partial H^{(\nu)} \left(\underline{x}^{(\nu)}(t), \underline{\psi}^{(\nu)}(t), \underline{u}^{(\nu)}(t), t \right)}{\partial \underline{u}^{(\nu)}} = 0 \quad \forall \, t \tag{6.104}$$

gilt. In den Bereichen, in denen diese Bedingung nach Durchlauf der Optimierung der c_k noch nicht erfüllt ist, müssen daher weitere Freiheitsgrade hinzugenommen werden, die Darstellung der Steuertrajektorie muss dort detaillierter werden. Dazu werden für die einzelnen Bereiche die quadratischen Abweichungen $F_i^{(\nu)}$ von der Bedingung der Steuerungsgleichung berechnet mit

$$F_i^{(\nu)} = \int_{k_i}^{k_{i+1}} \left(\frac{\partial H^{(\nu)} \left(\underline{x}^{(\nu)}(t), \underline{\psi}^{(\nu)}(t), \underline{u}^{(\nu)}(t), t \right)}{\partial \underline{u}^{(\nu)}} \right)^2 dt \,. \tag{6.105}$$

Weitere Wavelet-Funktionen $\psi_{j,k}(t)$ werden jetzt in Bereichen mit

$$F_i^{(\nu)} \geq \frac{1}{i_{\max}} \cdot \sum_i F_i^{(\nu)} \tag{6.106}$$

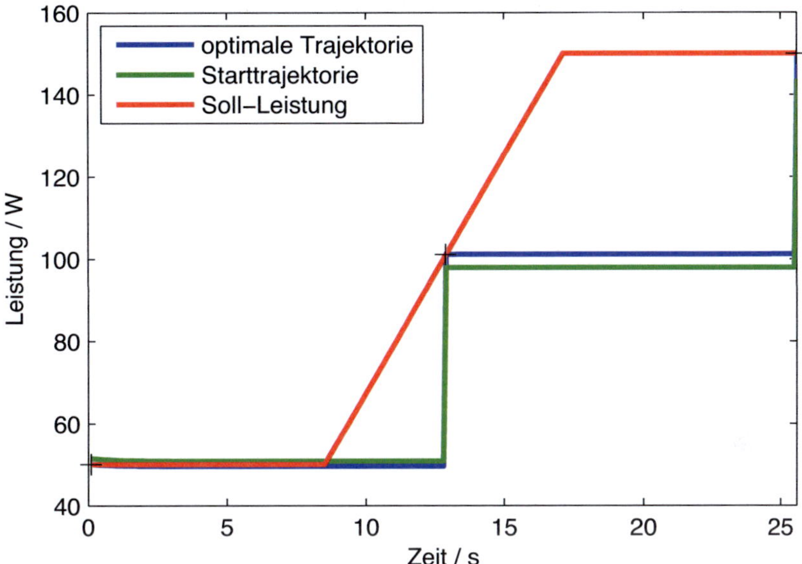

Abbildung 6.18: Verwendung der ersten Parametrierung der Stellgrößen

hinzugenommen. Für einen erneuten Durchlauf des Optimierungsalgorithmus werden die Startwerte für die neuen $d_{j,k}$ zu null gesetzt, für alle anderen Koeffizienten wird als Startwert der bisherige Wert beibehalten. Damit liegen für den erneuten Ablauf günstige Startwerte vor, der Optimierungsalgorithmus terminiert im Allgemeinen nach wenigen Durchläufen.

Ein beispielhafter Verlauf für die Berechnung der optimalen Steuertrajektorie ist in den Abbildungen 6.18 bis 6.21 dargestellt. Zunächst wird mit einer groben Beschreibung der Steuertrajektorien begonnen, in den weiteren Iterationsschritten wird die Darstellung der Steuertrajektorien durch Hinzunehmen weiterer Wavelet-Funktionen verbessert. Die Auswahl, in welchen Bereichen weitere Basisfunktionen berücksichtigt werden, ergibt sich aus der Auswertung der Steuerungsgleichung. Schon nach vier Iterationsschritten kann der Verlauf der Soll-Leistung gut nachgebildet werden. Im letzten Durchlauf müssen dann bei der Optimierung zehn Parameter bestimmt werden, deren Startwerte allerdings aus den vorangegangenen Schritten dicht am optimalen Wert liegen.

Durch den Ansatz die Steuertrajektorien mittels der Klasse der Wavelet-Funktionen zu Parametrieren, kann wie hier dargestellt der Rechenaufwand bei der Optimierung angepasst werden.

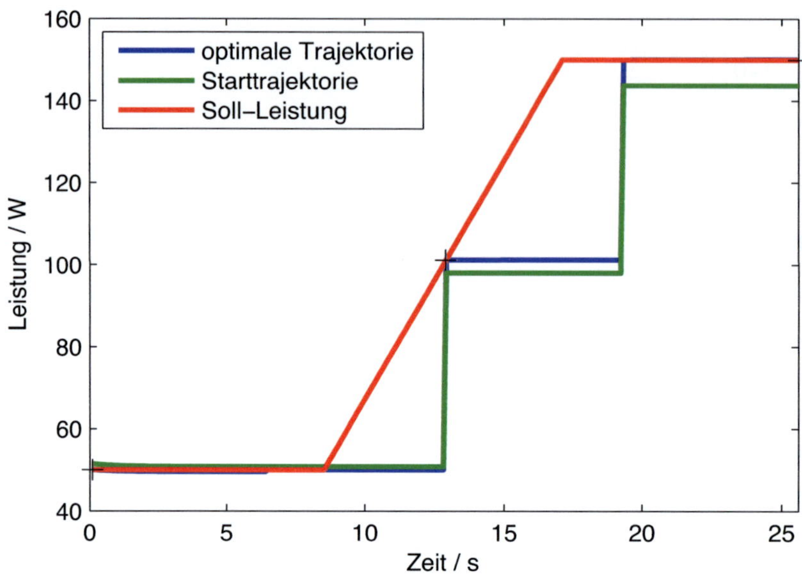

Abbildung 6.19: Verwendung der zweiten Parametrierung der Stellgrößen

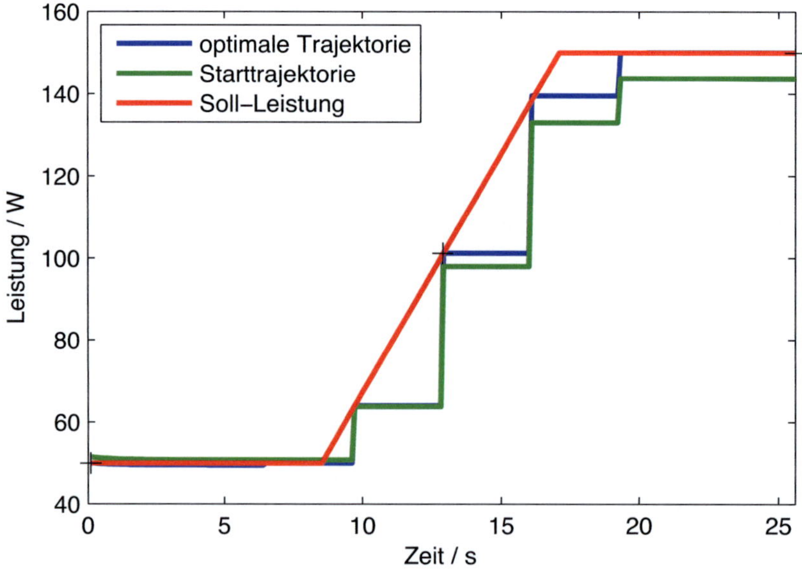

Abbildung 6.20: Verwendung der dritten Parametrierung der Stellgrößen

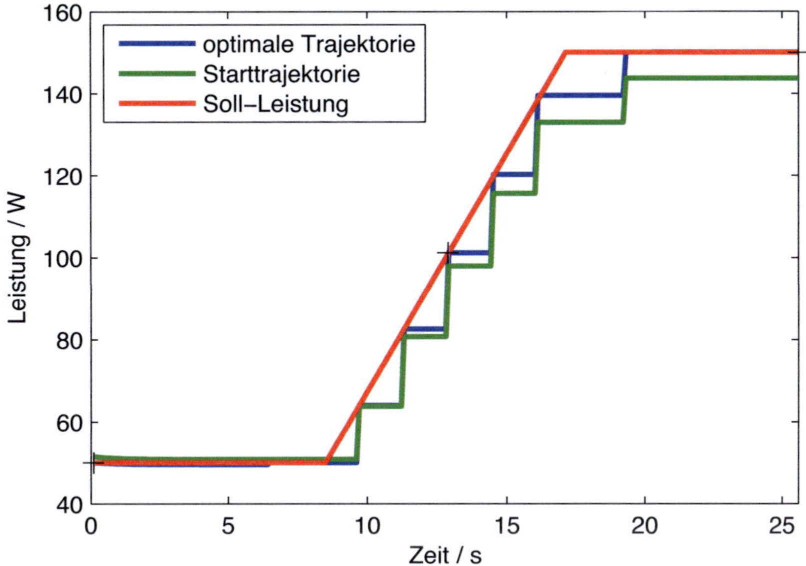

Abbildung 6.21: Verwendung der vierten Parametrierung der Stellgrößen

6.10 Bewertung

Zur Entwicklung einer optimalen Betriebsführungsstrategie für das PEM-Brennstoff-zellensystem wurde eine detaillierte Untersuchung verschiedener Regelungsverfahren vorgenommen. Durch die Komplexität des Systemmodells können einige der klassischen linearen und nichtlinearen Entwurfsverfahren nicht eingesetzt werden. Ein Verfahren zum methodisch korrekten Reglerentwurf ist das adaptive Verfahren des geschwindigkeitsbasierten Algorithmus. Eine Leistungsregelung des Systems konnte damit entworfen werden.

Eine besonders leistungsfähige Methode ist die dynamische Optimierung. Zum einen kann bei diesem Verfahren neben der reinen Leistungsregelung des Systems auch der Verbrauch elektrischer Energie in den Peripheriekomponenten des Brennstoff-zellensystems berücksichtigt und im Rahmen der Optimierung minimiert werden. Außerdem ermöglicht es dieses Verfahren auch, die Informationen über den zukünftigen Leistungsbedarf des Roboters, die durch die intelligente Wegplanung verfügbar sind, bei der Bestimmung der Stellgrößen zu berücksichtigen. Zudem können Ungleichungsnebenbedingungen, die beim Betrieb des realen Systems beachten werden müssen, bei der Optimierung berücksichtigt werden.
Um die Methode der dynamischen Optimierung am realen Systemaufbau testen zu können, wurde eine spezielle numerische Variante zur Lösung der Hamilton-

Gleichungen in der Programmiersprache C++ umgesetzt und auf dem Miniatur-PC betrieben. Eine hier dargestellte geregelte Leistungstransiente des Demonstrator-Systems zeigt die prinzipielle Funktion der Reglerstruktur.

Um den Rechenaufwand bei der Minimierung zu verringern, wurde eine spezielle Variante des Verfahrens entwickelt mit dem Ziel, die Steuertrajektorie durch möglichst wenige Parameter zu beschreiben, die durch die Optimierung bestimmt werden müssen. Dazu wurde die Klasse der Wavelet-Funktionen verwendet. Mit ihnen ist es möglich, eine ungenaue Parametrierung der Steuertrajektorie nur in den Bereichen durch zusätzliche Parameter zu verbessern, in denen dies auch einen Vorteil zum Erreichen der optimalen Lösung liefert. Wegen der aufgetretenen Degradation des PEM-Brennstoffzellenstacks wurde dieser Ansatz nur simulativ untersucht und nicht am Demonstrator-System eingesetzt.

Kapitel 7

Zustandsschätzung mit dem Sigma-Punkt Kalman-Filter

Um das im Kapitel 6 entwickelte Verfahren zur modellprädiktiven Regelung umsetzen zu können, ist es erforderlich, dass immer der vollständige Zustandsvektor $\underline{x}$ des Systemmodells bekannt ist. Einige der Größen können direkt gemessen werden, wie beispielsweise die Temperaturen. Andere Größen, wie die Wasserkonzentrationen $c_{H_2O,\,Anode}$ und $c_{H_2O,\,Kathode}$, beeinflussen zwar das Verhalten des Brennstoffzellensystems, sie können aber mit vertretbarem Aufwand im konkreten Demonstrator-Aufbau nicht gemessen werden.

Daher ist es erforderlich, diese Werte aus den messbaren Größen zu rekonstruieren. Für lineare Systeme kann dazu der sogenannte Luenberger-Beobachter [Föl94b] oder ein Kalman-Filter [GA93, BS94] eingesetzt werden. Für einige spezielle Klassen nichtlinearer Systeme gibt es Beobachterstrukturen [Bir92], häufig wird jedoch das extended Kalman-Filter verwendet. Eine neue Entwicklung ist das sogenannte Sigma-Punkt Kalman-Filter [Sim06, vdM04], das im Allgemeinen leistungsfähiger als das extended Kalman-Filter ist.

Im Folgenden wird zunächst kurz auf das klassische Kalman-Filter eingegangen und das extended Kalman-Filter erläutert. Dann wird das Sigma-Punkt Kalman-Filter dargestellt, das letztlich im Demonstrator-System eingesetzt wurde. Mit Erläuterungen zur Implementierung und entsprechenden Ergebnissen schließt dieses Kapitel.

7.1 Lineares Kalman-Filter

Um die Lesbarkeit der Gleichungen zu erhöhen, wird im Folgenden der Zeitindex der zeitdiskreten Darstellung abweichend von Gleichung (5.3) durch die Schreibweise $\underline{x}(k) = \underline{x}\,(T \cdot k)$ wiedergegeben. Der Index wird beispielsweise bei den Kovarianzmatrizen benötigt, um die zugehörige Größe anzuzeigen.

Das Kalman-Filter kann für lineare Systeme, bei denen die zeitdiskreten Systemgleichungen

$$\underline{x}(k+1) \;=\; \underline{A}(k) \cdot \underline{x}(k) + \underline{B}(k) \cdot \underline{u}(k) + \underline{v}(k)\,, \tag{7.1}$$

$$\underline{y}(k) \;=\; \underline{C}(k) \cdot \underline{x}(k) + \underline{D}(k) \cdot \underline{u}(k) + \underline{w}(k) \tag{7.2}$$

gelten angewendet werden. In den Gleichungen (7.1) und (7.2) tritt additives Prozessrauschen $\underline{v}(k)$ und additives Messrauschen $\underline{w}(k)$ auf. Beide Rauschprozesse werden als Gauß-verteilt und mittelwertfrei mit den Kovarianzmatrizen $\underline{P}_{\underline{v}\,\underline{v}}(k)$ und $\underline{P}_{\underline{w}\,\underline{w}}(k)$ vorausgesetzt. Sie sind untereinander unkorreliert.

Ziel des Kalman-Filters ist es, aus den Messwerten $\underline{y}(k)$ unter Kenntnis der Eingangsgrößen $\underline{u}(k)$ einen Schätzwert $\hat{\underline{x}}(k)$ für die Zustandsgrößen zu bestimmen. Es liefert die optimale Lösung der sogenannten rekursiven Bayes-Schätzung, die durch

$$p\left(\underline{x}(k)|\underline{Y}_{\mathrm{k}}\right) = \frac{p\left(\underline{y}(k)|\underline{x}(k)\right) \cdot p\left(\underline{x}(k)|\underline{Y}_{\mathrm{k\text{-}1}}\right)}{p\left(\underline{y}(k)|\underline{Y}_{\mathrm{k\text{-}1}}\right)} \tag{7.3}$$

beschrieben wird. Dabei beschreibt $\underline{Y}_{\mathrm{k\text{-}1}}$ die Menge der Messwerte bis zum Zeitpunkt $k-1$, $\underline{Y}_{\mathrm{k}}$ umfasst die Messwerte bis zum Zeitpunkt k. Für den gesuchten Schätzwert gilt

$$\hat{\underline{x}}(k) = E\left\{\underline{x}(k)|\underline{Y}_{\mathrm{k}}\right\} = \int_{-\infty}^{+\infty} \underline{x}(k) \cdot p\left(\underline{x}(k)|\underline{Y}_{\mathrm{k}}\right) d\underline{x}(k)\,. \tag{7.4}$$

Der auftretende Schätzfehler wird mit

$$\tilde{\underline{x}}(k) = \underline{x}(k) - \hat{\underline{x}}(k) \tag{7.5}$$

bezeichnet, die zugehörige Fehlerkovarianzmatrix mit

$$\underline{P}_{\tilde{\underline{x}}\,\tilde{\underline{x}}}(k) = E\left\{(\underline{x}(k) - \hat{\underline{x}}(k)) \cdot (\underline{x}(k) - \hat{\underline{x}}(k))^{T}\right\}\,. \tag{7.6}$$

Der Ablauf der Filterung besteht in einer rekursiven Schätzung, die immer durch einen neuen Messwert aktualisiert wird. Das Vorgehen vollzieht sich dabei in zwei Schritten, dem Prädiktionsschritt und dem Korrekturschritt.

Ausgehend vom letzten Schätzwert $\hat{\underline{x}}^{+}(k-1)$ und der zugehörigen Kovarianzmatrix des Schätzfehlers $\underline{P}_{\tilde{\underline{x}}\,\tilde{\underline{x}}}^{+}(k-1)$ wird im sogenannten Prädiktionsschritt mittels des Prozessmodells zunächst ein a-priori-Schätzwert des Zustandsvektors ohne aktuelle Messinformaton berechnet, der hier mit $\hat{\underline{x}}^{-}(k)$ bezeichnet wird. Zudem wird ein a-priori-Wert für die Kovarianzmatrix des Schätzfehlers $\underline{P}^-_{\tilde{x}\,\tilde{x}}(k)$ prädiziert. Die Gleichungen des Prädiktionsschrittes lauten

$$\hat{\underline{x}}^-(k) \;=\; \underline{A}(k-1)\cdot\hat{\underline{x}}^+(k-1)+\underline{B}(k-1)\cdot\underline{u}(k-1)\,, \tag{7.7}$$

$$\underline{P}^-_{\tilde{x}\,\tilde{x}}(k) \;=\; \underline{A}(k-1)\cdot\underline{P}^+_{\tilde{x}\,\tilde{x}}(k-1)\cdot\underline{A}^T(k-1)+\underline{P}_{v\,v}(k-1)\,. \tag{7.8}$$

Liegt die aktuelle Messinformation $\underline{y}(k)$ vor, so werden die sogenannten a-posteriori-Schätzwerte $\hat{\underline{x}}^+(k)$ und $\underline{P}^+_{\tilde{x}\,\tilde{x}}(k)$ im Korrekturschritt berechnet. Dabei wird der a-posteriori-Schätzwert aus dem a-priori-Schätzwert und einem Korrekturterm, der sich aus einer Gewichtung der Differenz von Messwert $\underline{y}(k)$ und prädiziertem Messwert $\hat{\underline{y}}^-(k)$ ergibt, berechnet. Für den Ausgangsfehler gilt

$$\tilde{\underline{y}}(k) = \underline{y}(k) - \hat{\underline{y}}^-(k)\,. \tag{7.9}$$

Die entsprechenden Gleichungen ergeben sich aus der Minimierung von

$$\mathrm{Spur}\left(\underline{P}^+_{\tilde{x}\,\tilde{x}}(k)\right) \to \min\,, \tag{7.10}$$

das Kalman-Filter liefert dann den Schätzwert minimaler Fehlervarianz. Für den Korrekturschritt gelten die Kalman-Filtergleichungen [vdM04, GA93]

$$\hat{\underline{x}}^+(k) \;=\; \hat{\underline{x}}^-(k)+\underline{K}(k)\cdot\big(\underline{y}(k)-\underline{C}(k)\cdot\hat{\underline{x}}^-(k)-\underline{D}(k)\cdot\underline{u}(k)\big) \tag{7.11}$$

$$=\; \hat{\underline{x}}^-(k)+\underline{K}(k)\cdot\tilde{\underline{y}}(k)\,, \tag{7.12}$$

$$\underline{P}^+_{\tilde{x}\,\tilde{x}}(k) \;=\; \underline{P}^-_{\tilde{x}\,\tilde{x}}(k)-\underline{K}(k)\cdot\underline{C}(k)\cdot\underline{P}^-_{\tilde{x}\,\tilde{x}}(k)\,, \tag{7.13}$$

$$\underline{K}(k) \;=\; \underbrace{\underline{P}^-_{\tilde{x}\,\tilde{x}(k)}(k)\cdot\underline{C}^T(k)}_{\underline{P}^-_{\tilde{x}\,\tilde{y}}(k)}$$

$$\cdot\;\bigg(\underbrace{\underline{C}(k)\cdot\underline{P}^-_{\tilde{x}\,\tilde{x}}(k)\cdot\underline{C}^T(k)+\underline{P}_{w\,w}(k)}_{\underline{P}^-_{\tilde{y}\,\tilde{y}}(k)}\bigg)^{-1}\;. \tag{7.14}$$

Die sogenannte Kalman-Verstärkung $\underline{K}(k)$ beschreibt die Gewichtung der neuen Messinformation im Verhältnis zur Prädiktion durch das Systemmodell. Sie berechnet sich wie gezeigt als

$$\underline{K}(k) = \underline{P}^-_{\tilde{x}\,\tilde{y}}(k)\cdot\left(\underline{P}^-_{\tilde{y}\,\tilde{y}}(k)\right)^{-1}\,. \tag{7.15}$$

Für große Werte von $\underline{K}(k)$ wird der a-posteriori-Schätzwert stark von der aktuellen Messung beeinflusst, bei kleinen Werten stützt sich dessen Berechnung stark auf die

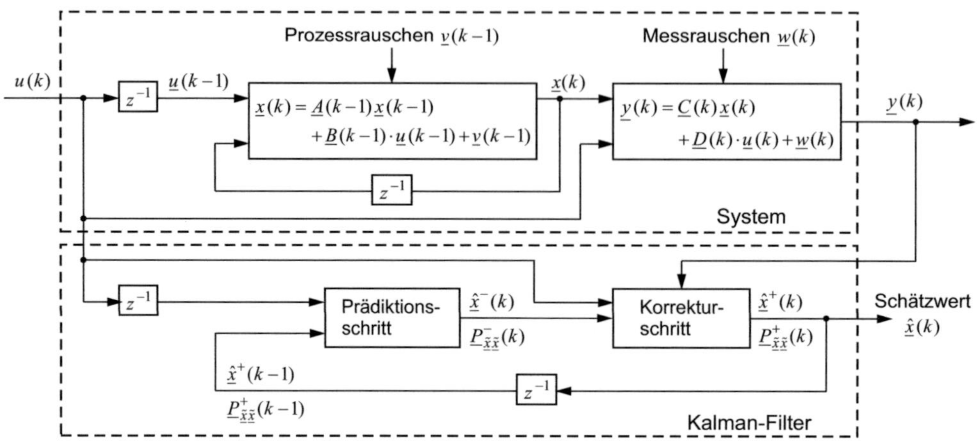

Abbildung 7.1: Prinzip des linearen Kalman-Filters

Prädiktion durch das Systemmodell. Der Wert von $\underline{K}(k)$ hängt proportional von der prädizierten Fehlerkovarianz ab und damit auch vom Prozessrauschen, sowie reziprok vom Messrauschen.

Der schematische Ablauf der Zustandsschätzung mit dem Kalman-Filter ist in Abbildung 7.1 dargestellt. In der oberen Hälfte ist der betrachtete Prozess abgebildet. Eingangsvektor und Messvektor sind die Eingangsgrößen des Kalman-Filters, bei dem durch Prädiktions- und Korrekturschritt – die beide auf dem Prozessmodell beruhen – der Schätzwert für den Zustandsvektor $\hat{\underline{x}}^+(k)$ und die zugehörige Fehlerkovarianzmarix $\underline{P}_{\tilde{x}\,\tilde{x}}(k)$ berechnet wird. Das Filter ist unten in der Abbildung eingezeichnet.

Das Kalman-Filter liefert den Schätzwert minimaler Fehlervarianz für lineare Systeme, wenn es sich bei Messrauschen und Prozessrauschen jeweils um mittelwertfreies Gaußsches Rauschen handelt und beide stochastischen Prozesse unkorreliert sind.

Aus der bisherigen Notation als lineares aber zeitvariantes System mit einer Abhängigkeit der Systemmatrizen von der Zeit k wird schon eine Möglichkeit, dieses Vorgehen auch für nichtlineare Systeme anzuwenden deutlich: Beim extended Kalman-Filter werden die ursprünglich nichtlinearen Systemgleichungen um den jeweiligen Schätzwert $\hat{\underline{x}}^+(k-1)$ linearisiert. Für die weiteren Berechnungen können dann teilweise die nichtlinearen Systemgleichungen verwendet werden, beispielsweise zur Berechnung von $\hat{\underline{x}}^-(k)$ anstelle von Gleichung (7.7). In anderen Rechenschritten, wie der Berechnung von $\underline{P}^-_{\tilde{x}\,\tilde{x}}(k)$, werden die Matrizen der Linearisierung eingesetzt.

Der Nachteil dieses Vorgehens liegt darin, dass zum einen für komplizierte Systeme die Linearisierung aufwendig zu berechnen sein kann und eventuell nur numerisch mittels Differenzenquotienten durchgeführt werden kann, oder die Systemgleichungen unstetig sind und daher keine linearisierte Darstellung angegeben werden kann. Im folgenden Abschnitt wird daher das Sigma-Punkt Kalman-Filter vorgestellt. Dabei handelt es sich um eine aktuelle Methode im Bereich der nichtlinearen Filterung, die auf dem Prinzip des Kalman-Filters beruht, aber allgemein auch für nichtlineare Systeme ohne eine erforderliche Linearisierung der Systemgleichungen durchgeführt werden kann.

7.2 Sigma-Punkt Kalman-Filter

Beim Sigma-Punkt Kalman-Filter wird die grundsätzliche Vorgehensweise zur Schätzung der Zustandsgrößen vom linearen Kalman-Filter übernommen: Es werden im Prädiktionsschritt a-priori-Schätzwerte für den Zustandsvektor und die Fehlerkovarianzmatrix berechnet, im folgenden Korrekturschritt wird mit der neu vorliegenden Messinformation die Abweichung von gemessenem und prädiziertem Ausgangsvektor bestimmt und gewichtet mit der Kalmanverstärkung zur Berechnung der a-posteriori-Schätzwerte berücksichtigt.

Der Vorteil des Sigma-Punkt Kalman-Filters besteht darin, dass es allgemein für nichtlineare Systeme eingesetzt werden kann. Die Prädiktions- und Korrekturgleichungen (7.7) und (7.8) bzw. (7.11) bis (7.14) gelten nur für lineare Systemgleichungen[1]. Nur dann sind die Gleichungen zur Propagation der Kovarianzmatrizen exakt. Das neuartige Vorgehen besteht jetzt darin, statt wie beim extended Kalman-Filter eine Approximation der Gleichungen zu berechnen, die die Propagation der Kovarianzmatrizen beschreiben, die Kovarianzen durch die Auswertung einer definierten Anzahl von Testpunkten – den sogenannten Sigma-Punkten – zu approximieren. Diese Testpunkte werden dann mit den nichtlinearen Systemgleichungen exakt abgebildet und daraus werden die benötigten Kovarianzmatrizen näherungsweise ermittelt. Dieser Ansatz wurde von Julier und Uhlmann um 1990 entwickelt [JUDW95].

7.2.1 Prinzip des Sigma-Punkt Kalman-Filters

Im Folgenden wird eine Variante des Sigma-Punkt Kalman-Filters beschrieben, die sogenannten Scaled Unscented Transformation, die Darstellung orientiert sich an [vdM04]. Weitere Varianten des Sigma-Punkt Kalman-Filters sind dort auch angegeben, ebenso in [Sim06].

---

[1]Die ursprüngliche Herleitung von Kalman ist etwas allgemeiner, sie gilt auch für nichtlineare Systeme, wenn die stochastischen Größen durch die ersten beiden Momente (Erwartungswert und Kovarianz) vollständig beschrieben sind. Das Kalman-Filter ist dann das optimale lineare Filter mit minimaler Schätzfehlervarianz [vdM04].

Hier wird ein nichtlineares, zeitdiskretes Zustandsraummodell in der Notation der Gleichungen (5.4) und (5.5) mit der Systemordnung n angenommen. Mit dem zusätzlich auftretenden Prozess- und Messrauschen erhält man die Darstellung

$$\underline{x}(k+1) \;=\; \underline{f}_{\mathrm{T}}\left(\underline{x}(k), \underline{u}(k)\right) + \underline{v}(k)\,, \tag{7.16}$$

$$\underline{y}(k) \;=\; \underline{g}_{\mathrm{T}}\left(\underline{x}(k), \underline{u}(k)\right) + \underline{w}(k)\,. \tag{7.17}$$

Für das Rauschen werden wieder unkorrelierte, mittelwertfreie Gaußsche Rauschenprozesse mit den Kovarianzmatrizen $\underline{P}_{\underline{v}\,\underline{v}}(k)$ und $\underline{P}_{\underline{w}\,\underline{w}}(k)$ angenommen.

Ausgehend vom aktuellen Schätzwert $\hat{\underline{x}}^{+}(k-1)$ berechnen sich die Sigma-Punkte in Abhängigkeit von der Wurzel der Fehlerkovarianzmatrix $\underline{S}^{+}_{\tilde{x}\,\tilde{x}}(k-1)$, für die

$$\underline{P}^{+}_{\tilde{x}\,\tilde{x}}(k-1) = \left(\underline{S}^{+}_{\tilde{x}\,\tilde{x}}(k-1)\right)^{T} \cdot \underline{S}^{+}_{\tilde{x}\,\tilde{x}}(k-1) \tag{7.18}$$

gilt. Diese Form der Wurzel einer Matrix wird auch als Cholesky-Faktor bezeichnet, es handelt sich um eine obere Dreiecksmatrix. Im Folgenden wird mit $\left(\underline{S}^{+}_{\tilde{x}\,\tilde{x}}(k-1)\right)_{\mathrm{i}}$ die i-te Spalte der entsprechenden Matrix bezeichnet. Die Menge der Sigma-Punkte wird mit

$$\underline{\chi} = \left[\underline{\chi}_0, \underline{\chi}_1, \cdots \underline{\chi}_{2\cdot \mathrm{n}}\right] \tag{7.19}$$

zusammengefasst. Die einzelnen Elemente der Menge berechnen sich nach der Vorschrift

$$\underline{\chi}^{+}_{0}(k-1) \;=\; \hat{\underline{x}}^{+}(k-1)\,, \tag{7.20}$$

$$\underline{\chi}^{+}_{\mathrm{i}}(k-1) \;=\; \hat{\underline{x}}^{+}(k-1) + \left(\sqrt{n+\lambda}\,\underline{S}^{+}_{\tilde{x}\,\tilde{x}}(k-1)\right)_{\mathrm{i}}$$
$$\mathrm{mit}\quad i = 1,\ldots,n\,, \tag{7.21}$$

$$\underline{\chi}^{+}_{\mathrm{i}}(k-1) \;=\; \hat{\underline{x}}^{+}(k-1) - \left(\sqrt{n+\lambda}\,\underline{S}^{+}_{\tilde{x}\,\tilde{x}}(k-1)\right)_{\mathrm{i}}$$
$$\mathrm{mit}\quad i = n+1,\ldots,2\cdot n\,. \tag{7.22}$$

Damit wird der aktuelle Schätzwert des Zustands und eine festgelegte Anzahl von Punkten um ihn herum beschrieben. Der Abstand der Punkte vom Schätzwert kann durch den Parameter λ beeinflusst werden, der sich wiederum aus den Parametern α und κ zusammensetzt mit

$$\lambda = \alpha^2 \cdot (n+\kappa) - n\,. \tag{7.23}$$

Die Menge der Sigma-Punkte lässt sich auch zusammenfassen als

$$\underline{\chi}^+(k-1) = \left[\ \hat{\underline{x}}^+(k-1)\ \ \hat{\underline{x}}^+(k-1) + \gamma\left(\underline{S}^+_{\tilde{x}\,\tilde{x}}(k-1)\right)_i \right.$$

$$\left. \hat{\underline{x}}^+(k-1) - \gamma\left(\underline{S}^+_{\tilde{x}\,\tilde{x}}(k-1)\right)_i\ \right] \tag{7.24}$$

mit

$$\gamma = \sqrt{n+\lambda}\,. \tag{7.25}$$

Die Wahl der auftretenden Parameter κ, α und β wird wie folgt vorgenommen [vdM04]:

Für κ wird $\kappa \geq 0$ gewählt, durch diesen Parameter soll die positive Semidefinitheit der Kovarianzmatrix sichergestellt werden. Konkret wird hier $\kappa = 0$ gewählt. Der Parameter α beschreibt die Ausdehnung der Sigma-Punkte um den Schätzwert mit $0 \leq \alpha \leq 1$. Je kleiner der Wert von α gewählt wird, desto enger liegen die Sigma-Punkte um $\hat{\underline{x}}$ und desto stärker gehen die lokalen Eigenschaften der Systemfunktionen ein. Hier wird $\alpha = 0{,}5$ gewählt. Für β gilt $\beta \geq 0$. In [vdM04] wird $\beta = 2$ als Wert für Gauß-Prozesse vorgeschlagen.

Nach der Festlegung der Menge der Sigma-Punkte wird nun jeweils deren Abbildung $\underline{\chi}_i^-(k)$ mittels der Systemgleichung (7.16) berechnet:

$$\underline{\chi}_i^-(k) = \underline{f}_T\left(\underline{\chi}_i^+(k-1), \underline{u}(k-1)\right) \qquad \text{mit} \qquad i = 0, \ldots 2 \cdot n\,. \tag{7.26}$$

Aus einer gewichteten Summe der abgebildeten Sigma-Punkte wird dann der a-priori-Schätzwert

$$\hat{\underline{x}}^-(k) = \sum_{i=0}^{2 \cdot n} w_i^{(m)} \cdot \underline{\chi}_i^-(k) \tag{7.27}$$

und die a-priori Fehlerkovarianz

$$\underline{P}^-_{\tilde{x}\,\tilde{x}}(k) = \sum_{i=0}^{2 \cdot n} w_i^{(c)} \cdot \left(\underline{\chi}_i^-(k) - \hat{\underline{x}}^-(k)\right) \cdot \left(\underline{\chi}_i^-(k) - \hat{\underline{x}}^-(k)\right)^T + \underline{P}_{\underline{v}\,\underline{v}}(k) \tag{7.28}$$

berechnet. Die Gewichtungen $w_i^{(m)}$ und $w_i^{(c)}$ sind dabei nach [vdM04] durch

$$w_0^{(m)} = \frac{\lambda}{n+\lambda}, \qquad i = 0\,, \tag{7.29}$$

$$w_0^{(c)} = \frac{\lambda}{n+\lambda} + \left(1 - \alpha^2 + \beta\right), \qquad i = 0\,, \tag{7.30}$$

$$w_i^{(m)} = w_i^{(c)} = \frac{1}{2 \cdot (n+\lambda)} \qquad i = 1, \ldots, 2 \cdot n \tag{7.31}$$

festgelegt.

In einem weiteren Schritt werden die abgebildeten Sigma-Punkte aus Gleichung (7.26) jeweils mittels der Ausgangsgleichung abgebildet, und man erhält die transformierten Punkte $\underline{\Upsilon}_{\mathrm{i}}$ mit

$$\underline{\Upsilon}_{\mathrm{i}}^{-}(k) = \underline{g}_{\mathrm{T}}\left(\underline{\chi}_{\mathrm{i}}^{-}(k), \underline{u}(k)\right) . \tag{7.32}$$

Analog zu den oberen Berechnungen können nun der Schätzwert für die Ausgangsgröße $\underline{\hat{y}}^{-}(k)$ und die Kovarianzmatrix des Ausgangsfehlers $\underline{P}_{\tilde{y}\,\tilde{y}}^{-}(k)$ mittels der entsprechend gewichteten Summen bestimmt werden. Es gilt dann

$$\underline{\hat{y}}^{-}(k) = \sum_{\mathrm{i}=0}^{2\cdot\mathrm{n}} w_{\mathrm{i}}^{(\mathrm{m})}\,\underline{\Upsilon}_{\mathrm{i}}^{-}(k) \tag{7.33}$$

und

$$\underline{P}_{\tilde{y}\,\tilde{y}}^{-}(k) = \sum_{\mathrm{i}=0}^{2\cdot\mathrm{n}} w_{\mathrm{i}}^{(\mathrm{c})}\left(\underline{\Upsilon}_{\mathrm{i}}^{-}(k) - \underline{\hat{y}}^{-}(k)\right) \cdot \left(\underline{\Upsilon}_{\mathrm{i}}^{-}(k) - \underline{\hat{y}}^{-}(k)\right)^{T} + \underline{P}_{\underline{w}\,\underline{w}}(k) . \tag{7.34}$$

Um den Korrekturschritt des Kalman-Filters durchführen zu können, muss außerdem die Kreuzkovarianz $\underline{P}_{\tilde{x}\,\tilde{y}}(k)$ berechnet werden. Dafür erhält man

$$\underline{P}_{\tilde{x}\,\tilde{y}}^{-}(k) = \sum_{\mathrm{i}=0}^{2\cdot\mathrm{n}} w_{\mathrm{i}}^{(\mathrm{c})}\left(\underline{\chi}_{\mathrm{i}}^{-}(k) - \underline{\hat{x}}^{-}(k)\right) \cdot \left(\underline{\Upsilon}_{\mathrm{i}}^{-}(k) - \underline{\hat{y}}^{-}(k)\right)^{T} . \tag{7.35}$$

Mit diesen Rechenschritten sind dann alle Größen bekannt, um den üblichen Kalman-Filteralgorithmus durchzuführen. Der Prädiktionsschritt wird ersetzt durch die Gleichungen (7.27), (7.28) und (7.33). Für den Korrekturschritt gilt

$$\underline{\hat{x}}^{+}(k) = \underline{\hat{x}}^{-}(k) + \underline{K}(k) \cdot \left(\underline{y}(k) - \underline{\hat{y}}^{-}(k)\right) , \tag{7.36}$$

$$\underline{P}_{\tilde{x}\,\tilde{x}}^{+}(k) = \underline{P}_{\tilde{x}\,\tilde{x}}^{-}(k) - \underline{K}(k) \cdot \underline{P}_{\tilde{y}\,\tilde{y}}^{-}(k) \cdot \underline{K}(k)^{T} . \tag{7.37}$$

Die auftretende Kalman-Verstärkung berechnet sich wie gehabt nach Gleichung (7.15) als

$$\underline{K}(k) = \underline{P}_{\tilde{x}\,\tilde{y}}^{-}(k) \cdot \left(\underline{P}_{\tilde{y}\,\tilde{y}}^{-}(k)\right)^{-1} . \tag{7.38}$$

Der Ablauf des Sigma-Punkt Kalman-Filters wird in Abbildung 7.2 dargestellt.

7.2.2   Square-Root-Implementierung

Durch numerische Ungenauigkeiten, die beispielsweise durch die begrenzte Genauigkeit der Zahlendarstellung auf einem Rechner entstehen, können bei der Berechnungen des Sigma-Punkt Kalman-Filters negative Kovarianzmatrizen auftreten. Da-

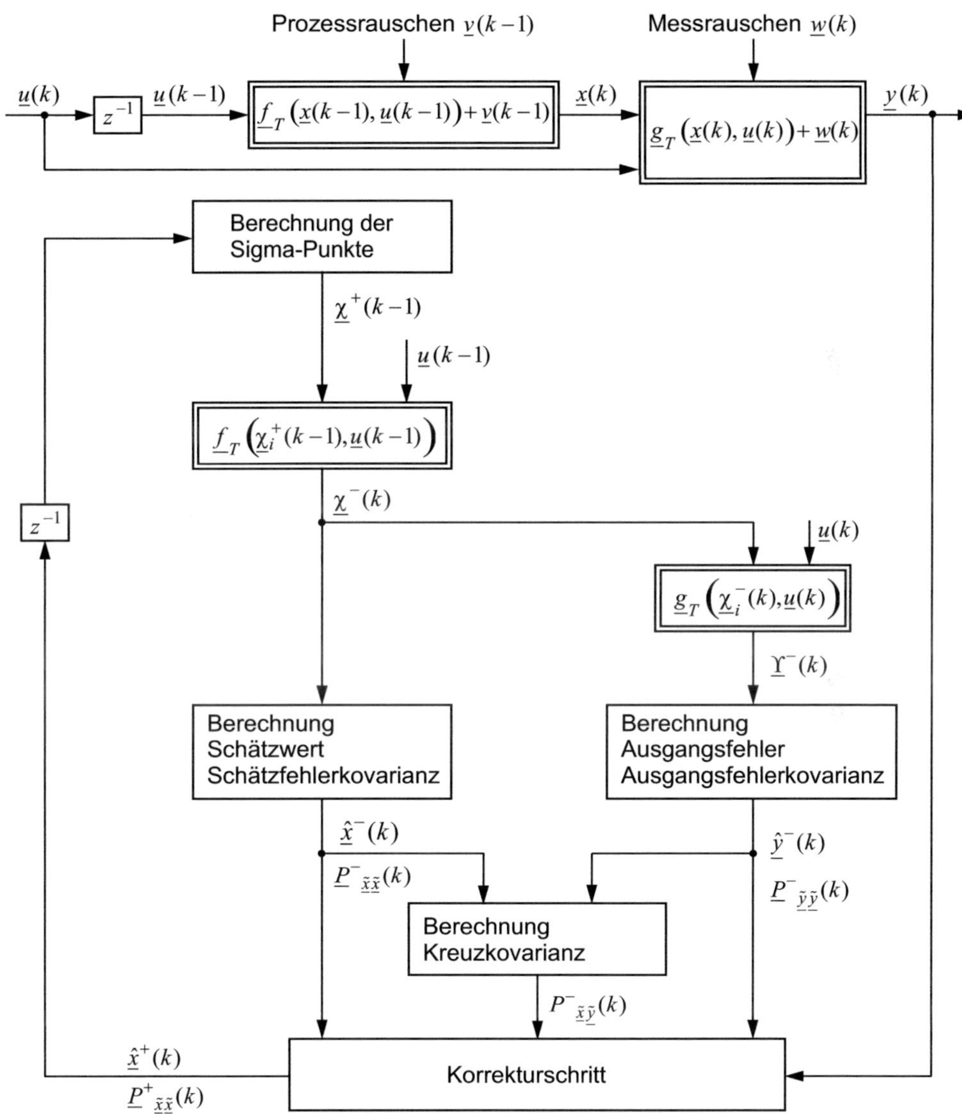

Abbildung 7.2: Prinzip des Sigma-Punkt Kalman-Filters

durch können für die Kalman-Verstärkung $\underline{K}$ fehlerhafte Werte resultieren, und dies kann zur Instabilität des Filters führen. Im Folgenden wird eine numerisch robuste Implementierung des Sigma-Punkt Kalman-Filters vorgestellt.

Es handelt sich um eine sogenannte Square-Root-Implementierung. Das Prinzip kann auch beim klassischen linearen Kalman-Filter umgesetzt werden [Sim06], es beruht darauf, dass statt der Propagation der Kovarianzmatrizen (z.B. $\underline{P}_{\tilde{x}\,\tilde{x}}(k)$) deren Cholesky-Faktor (entsprechend $\underline{S}_{\tilde{x}\,\tilde{x}}(k)$) betrachtet wird. Die Gleichungen des Sigma-Punkt Kalman-Filters werden entsprechend umformuliert [vdM04].

Die Berechnung der Sigma-Punkte ist identisch zur bisherigen Gleichung (7.21), sie werden aus dem bisherigen Schätzwert $\hat{\underline{x}}^{+}(k-1)$ und dem bisherigen Cholesky-Faktor $\underline{S}_{\tilde{x}\,\tilde{x}}(k)$ berechnet. Wie bisher werden die Sigma-Punkte nach Gleichung (7.26) mit der nichtlinearen Systemgleichung abgebildet, und man erhält die Matrix $\underline{\chi}^{-}(k)$ der prädizierten Sigma-Punkte. Daraus wird nach Gleichung (7.27) der a-priori-Schätzwert $\hat{\underline{x}}^{-}(k)$ berechnet.

Die Propagation der Fehlerkovarianzmatrix $\underline{P}_{\tilde{x}\,\tilde{x}}$ nach Gleichung (7.28) wird nun ersetzt durch eine entsprechende Gleichung für den bei der Square-Root-Implementierung betrachteten Cholesky-Faktor $\underline{S}_{\tilde{x}\,\tilde{x}}$. Dabei werden zunächst die Sigma-Punkte mit Ausnahme des Zustandsschätzwertes betrachtet, der aufgrund des negativen Gewichts $w_0^{(c)}$ bei dem Cholesky-Update gesondert betrachtet wird. Man erhält dann

$$\underline{S}_{\tilde{x}\,\tilde{x}}^{-}(k) \;=\; \mathrm{qr}\left\{\left[\;\sqrt{w_{\mathrm{i}}^{(c)}}\cdot\left(\underline{\chi}_{1:2\cdot\mathrm{n}}^{*\,-}(k)-\hat{\underline{x}}^{-}(k)\right)\;\;\underline{S}_{\underline{v}\,\underline{v}}(k)\;\right]\right\}, \tag{7.39}$$

$$\underline{S}_{\tilde{x}\,\tilde{x}}^{-}(k) \;=\; \mathrm{cholupdate}\left\{\underline{S}_{\tilde{x}\,\tilde{x}}^{-}(k),\;\sqrt[4]{-w_0^{(c)}}\left(\chi_0^{*\,-}(k)-\hat{\underline{x}}^{-}(k)\right),'\!-'\right\}$$

$$\text{mit}\quad w_0^{(c)}\leq 0. \tag{7.40}$$

Mittels der Cholesky-Faktoren der Fehlerkovarianz können jetzt wie in Gleichung (7.27) die Sigma-Punkte berechnet werden. Analog zum bisherigen Vorgehen werden sie durch die Systemgleichung abgebildet und man berechnet die Werte $\underline{\Upsilon}$ durch Anwendung der nichtlinearen Ausgangsgleichung. Daraus kann nun unter Einbeziehung des Cholesky-Faktors des Messrauschens der Cholesky-Faktor des Ausgangsfehlers $\underline{S}_{\tilde{y}\,\tilde{y}}$ bestimmt werden. Wie in der obigen Rechnung werden zunächst die Punkte 1 bis $2\cdot n$ abgebildet, wegen der negativen Gewichtung muss der prädizierte Ausgangswert mit dem Cholesky-Update separat betrachtet werden. Man erhält dann

$$\underline{S}_{\underline{y}\,\underline{y}}^{-}(k) = \text{qr}\left\{\left[\ \sqrt{w_{\mathrm{i}}^{(\mathrm{c})}}\cdot(\underline{\Upsilon}_{1:2\,n}^{*\,-}(k)-\hat{\underline{y}}^{-}(k))\ \ \underline{S}_{\underline{w}\,\underline{w}}(k)\ \right]\right\}, \tag{7.41}$$

$$\underline{S}_{\underline{y}\,\underline{y}}^{-}(k) = \text{cholupdate}\left\{\underline{S}_{\underline{y}\,\underline{y}}^{-}(k),\ \sqrt[4]{-w_{0}^{(c)}}\cdot(\underline{\Upsilon}_{0}^{*\,-}(k)-\hat{\underline{y}}^{-}(k)),'-'\right\}$$

$$\text{mit}\quad w_{0}^{(c)}\le 0. \tag{7.42}$$

Die Kalman-Verstärkung wird prinzipiell wie in Gleichung (7.15) dargestellt berechnet, wobei hier die Cholesky-Faktoren verwendet werden. Es gilt

$$\underline{K}(k) = \underline{P}_{\tilde{x}\,\tilde{y}}(k)\cdot\underline{P}_{\tilde{y}\,\tilde{y}}(k)^{-1}, \tag{7.43}$$

$$= \underline{P}_{\tilde{x}\,\tilde{y}}(k)\cdot\left(\underline{S}_{\tilde{y}\,\tilde{y}}(k)\cdot\underline{S}_{\tilde{y}\,\tilde{y}}(k)^{T}\right)^{-1}. \tag{7.44}$$

Da die Cholesky-Faktoren als obere Dreiecksmatrizen definiert sind, kann die erforderliche Matrixinversion hier durch Rückersetzung besonders einfach gelöst werden. Das Vorgehen wird mit dem Operator / dargestellt, und man erhält für die Kalman-Verstärkung

$$\underline{K}(k) = \left(\underline{P}_{\tilde{x}\,\tilde{y}}^{-}(k)\,/\,\underline{S}_{\tilde{y}\,\tilde{y}}^{-\,T}(k)\right)\,/\,\underline{S}_{\tilde{y}\,\tilde{y}}^{-}(k). \tag{7.45}$$

Die Berechnung der Kreuzkovarianz erfolgt dabei wie beim gewöhnlichen Sigma-Punkt Kalman-Filter nach Gleichung (7.35).

Schließlich muss noch die Korrektur des Cholesky-Faktors der Fehlerkovarianz $\underline{S}_{\tilde{x}\,\tilde{x}}^{+}(k)$ berechnet werden. Dafür gilt

$$\underline{S}_{\tilde{x}\,\tilde{x}}^{+}(k) = \text{qr}\left\{\underline{S}_{\tilde{x}\,\tilde{x}}^{-}(k)\cdot\underline{S}_{\tilde{x}\,\tilde{x}}^{-\,T}(k)-\underline{U}(k)\cdot\underline{U}(k)^{T}\right\} \tag{7.46}$$

mit der Matrix

$$\underline{U}(k) = \underline{K}(k)\cdot\underline{S}_{\tilde{y}\,\tilde{y}}^{-}(k). \tag{7.47}$$

Mit der Durchführung des Korrekturschrittes ist ein Durchlauf des Sigma-Punkt Kalman-Filters abgeschlossen. Mit dem Eintreffen einer neuen Messinformation startet der Zyklus erneut. Der grundsätzliche Ablauf entspricht auch der Darstellung in Abbildung 7.2 wobei die beschriebenen Rechnungen mit den Cholesky-Faktoren durchgeführt werden.

7.3 Ergebnisse der Zustandsschätzung

Das Verfahren der Zustandsschätzung wird für die optimale Betriebsführung benötigt, damit zu Beginn einer Optimierung die vollständige Zustandsinformation des Systems vorliegt. Die Wasserkonzetrationen an Anode und Kathode können für

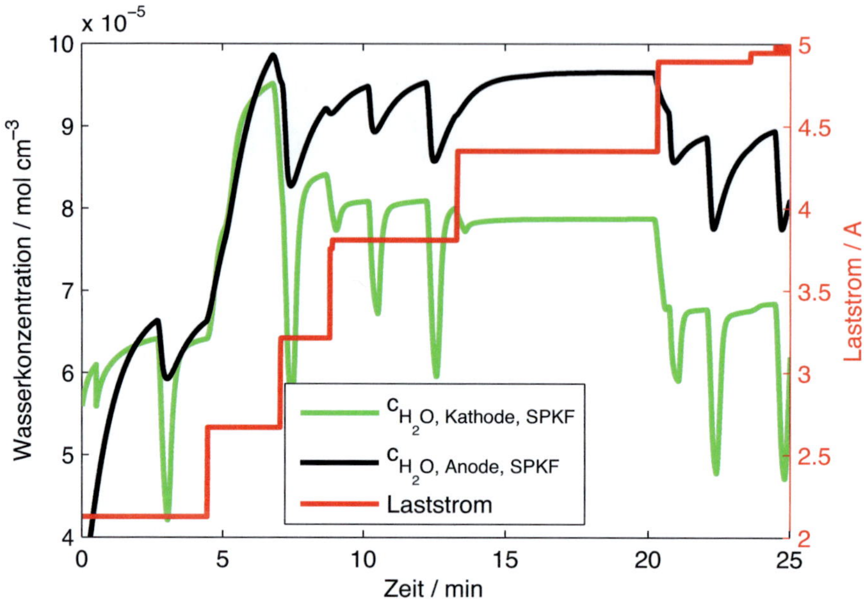

Abbildung 7.3: Geschätzte Wasserkonzentrationen an Kathode und Anode

das Demonstrator-System nicht gemessen werden. Verfügbare Feuchte-Sensoren sind wegen ihrer langsamen Dynamik nicht für die dynamische Regelung des Brennstoffzellensystems geeignet.

Das beschriebene Verfahren der Zustandsschätzung mit Sigma-Punkt Kalman-Filter in der Square-Root-Implementierung wurde in C++ umgesetzt und am Demonstrator-System betrieben. Die Ergebnisse der Zustandsschätzung sind in den Abbildungen 7.3 bis 7.5 wiedergegeben.

Durch die Wahl der Kovarianzmatrizen des Prozessrauschens $P_{\underline{v}\,\underline{v}}$ und des Messrauschens $P_{\underline{w}\,\underline{w}}$ kann die Gewichtung vorgegeben werden, wie stark bei der Zustandsschätzung die Modellrechnung und wie stark die jeweilige Messinformation berücksichtigt wird.

In Abbildung 7.3 sind die geschätzten Wasserkonzentrationen dargestellt, die nicht gemessen werden können. In den Abbildungen 7.4 und 7.5 sind die Vergleiche von gemessenen und geschätzten Spannungen und Temperaturen wiedergegeben. Die geschätzte Stackspannung stimmt gut mit dem gemessenen Verlauf überein. Der Verlauf der geschätzten Stacktemperatur stimmt qualitativ mit der Messung überein. Durch die aufgetretene Degradation des Stacks konnte das thermische Verhalten nur wenig angeregt werden, die zulässige maximale Stacktemperatur von 55 °C (= 330 K) wurde in den durchgeführten Messungen nicht erreicht. Die absoluten Abweichungen

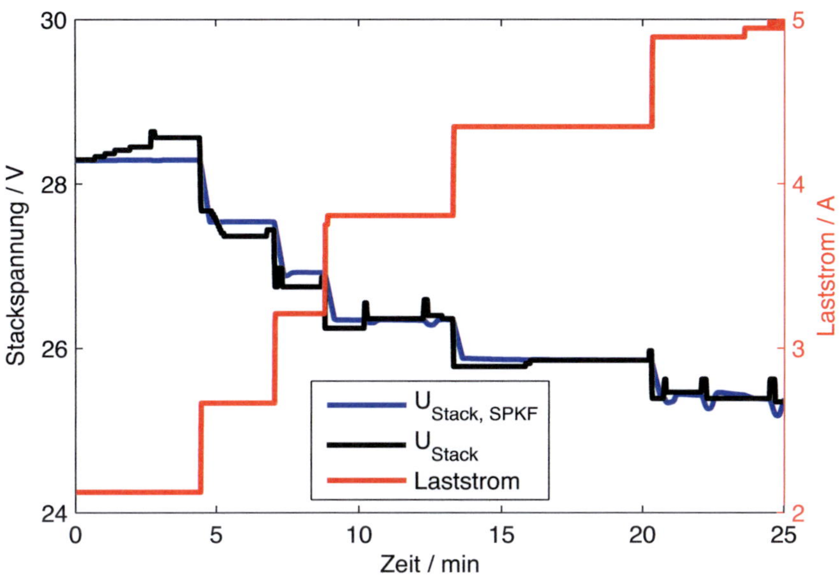

Abbildung 7.4: Geschätzte Stackspannung

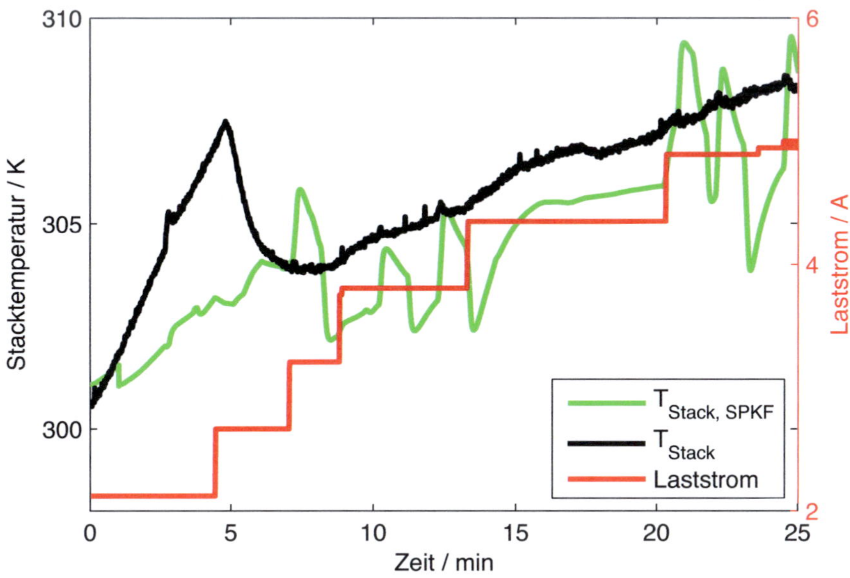

Abbildung 7.5: Geschätzte Stacktemperatur

zwischen Messung und Schätzung von wenigen Kelvin treten durch den geringen Bereich in dem das System betrieben werden konnte besonders deutlich hervor, der prozentuale Fehler bleibt in den meisten Bereichen unter zehn Prozent. Generell ergeben sich die Abweichungen aus Fehlern der Modellierung und aus Messfehlern.

Mit dem Schätzverfahren kann die benötigte vollständige Zustandsinformation aus den vorliegenden Messwerten rekonstruiert werden. Durch die Berücksichtigung der Werte bei der Optimierung wird der Wirkkreis geschlossen, und eine Regelung des Systems kann umgesetzt werden.

Kapitel 8

Zusammenfassung

Für das Demonstrator-System des autonom agierenden Staubsauger-Roboters mit der Energieversorgung durch ein PEM-Brennstoffzellensystem wurde ein Verfahren zur optimalen Betriebsführung entwickelt. Das methodische Vorgehen umfasste die detaillierte physikalische Modellierung des Systemverhaltens, die Bestimmung unbekannter Systemparameter durch eine Parameteridentifikation und die Entwicklung und Umsetzung eines geeigneten Regelungskonzeptes.

Die Besonderheit dieser Arbeit ist die durchgehende Anwendung der regelungstechnischen Methodik zur Lösung der Betriebsführungsaufgabe des Brennstoffzellensystems. Insbesondere wurden die modernen Verfahren der Regelungstechnik systematisch untersucht und ihre Umsetzbarkeit für die konkrete Aufgabenstellung bewertet. Die Herausforderungen der Aufgabenstellung lagen darin, dass ein komplexes, nichtlineares System unter Berücksichtigung von Nebenbedingungen geregelt werden musste und eine Erprobung des Verfahrens am realen System erreicht werden sollte. Dazu wurde hier eine spezielle Variante des Verfahrens der dynamischen Optimierung entwickelt. Es beruht auf den Wavelet-Funktionen und ermöglicht die numerische Lösung der Optimierungsaufgabe im Online-Betrieb auf der Regler-Hardware. Insgesamt wurde ein Regelungskonzept erarbeitet und umgesetzt, das ausgehend von einer geeigneten Modellierung des Systems und der Bestimmung der Systemparameter durch Identifikation auf der Umsetzung der dynamischen Optimierung und einer nichtlinearen Schätzung der Zustandsgrößen mittels des Sigma-Punkt Kalman-Filters beruht.

Bereits bei der physikalischen Modellierung wurde die Zielsetzung des Reglerentwurfs berücksichtigt und die Modellgleichungen mit möglichst wenigen Zustandsgrößen beschrieben. Aus der Untersuchung verschiedener Ansätze für die einzelnen Teilmodelle ergab sich schließlich das Systemmodell. Die Eignung des Modells, das reale Systemverhalten wiederzugeben, zeigte sich im Rahmen der durchgeführten Parameteridentifikation. Sowohl das elektrische wie auch das thermische Verhalten konnten gut nachgebildet werden.

Eine Untersuchung von numerischen Verfahren zur Lösung gewöhnlicher und partieller Differentialgleichungssysteme ermöglichte die effiziente Simulation der Modelle. Für das später verwendete Regelungsverfahren wurden die Ergebnisse ebenfalls genutzt.

Die Betriebsführungsstrategie wurde auf Basis des Systemmodells entwickelt. Zunächst wurde eine Bewertung der bekannten Entwurfsverfahren für Regler vorgenommen, von klassischen linearen Verfahren über adaptive und nichtlineare Methoden bis zur dynamischen Optimierung. Es zeigte sich, dass nicht alle Verfahren für die konkrete Aufgabenstellung praktikabel sind. Das adaptive Vorgehen nach dem geschwindigkeitsbasierten Algorithmus stellt ein Verfahren dar, das hier angewendet werden kann. In einer simulativen Untersuchung wurde dies getestet.
Als Alternative stellte sich die dynamische Optimierung heraus. Sie ist anderen Ansätzen dahingehend überlegen, dass neben der erforderlichen Regelung der abgegebenen elektrischen Leistung noch weitere Aspekte berücksichtigt werden können. Dies ist zum einen der Verbrauch an Energie in der Komponenten der Stackperipherie, wie auch Ungleichungsnebenbedingungen, die beim realen Systembetrieb eingehalten werden müssen. Das numerische Lösungsverfahren, das auf der Variationsrechnung nach Hamilton beruht, wurde detailliert dargestellt. Die bei der Optimierung auftretenden Schritte der Wahl einer Suchrichtung und der zugehörigen Schrittweite wurden erläutert.

Ein weiterer Aspekt der Optimierung, der in dieser Arbeit besonders berücksichtigt wird, ist eine geeignete Parametrierung der Steuertrajektorie. Übliche Darstellungen sind Stufenverläufe oder die Spline-Interpolation zwischen einzelnen Optimierungspunkten. Um die Anzahl der Optimierungsparameter und damit den Rechenaufwand des Verfahren möglichst klein zu halten, wurde hier ein neuer Ansatz gewählt. Die Steuertrajektorie wurde durch Wavelet-Funktionen beschrieben, dadurch konnte der Detaillierungsgrad der Darstellung und so die Anzahl der zu optimierenden Parameter an die jeweilige Aufgabenstellung angepasst werden. Die Verwendung von Wavelets ist durch die in der Arbeit erläuterten Vorteile besonders günstig.

Um ausgehend von der dynamischen Optimierung, die letztlich nur eine Steuertrajektorie und keine Regelung des Systems liefert, tatsächlich eine Regelung zu erreichen, wurden noch zwei weitere Schritte durchgeführt. Zum einen muss in jedem Zeitpunkt die vollständige Zustandsinformation des Modells vorliegen. Das bedeutet, dass auch die Werte nicht messbarer Zustandsgrößen ermittelt werden müssen. Dazu wurde ein Verfahren der nichtlinearen Zustandsschätzung eingesetzt, das Sigma-Punkt Kalman-Filter. Es ermöglicht die Rekonstruktion der Zustände aus den vorliegenden Messdaten unter Nutzung der nichtlinearen Systemgleichungen. Als weiterer Schritt zur Umsetzung einer Regelung wurde das Prinzip des gleitenden Horizonts genutzt. Im Sinne einer modellprädiktiven Regelung wird in festen Zeitabständen die Optimierung der Steuertrajektorie durchgeführt. Dadurch können Einflüsse von

Messrauschen und Abweichungen des realen Systemverhaltens vom Modell ausgeglichen werden. Zusammen mit der Zustandsschätzung ergab sich dann auch der geschlossene Wirkungskreis einer Regelung.

Das Verfahren der modellprädiktiven Regelung wurde in C++ implementiert, auf einer Miniatur-PC-Hardware mit entsprechenden I/O-Karten umgesetzt und konnte am Demonstrator-System betrieben werden. Damit konnte die Funktionalität der Reglerstruktur nachgewiesen werden. Bei der Umsetzung der Strategie für das reale System mussten spezielle Herausforderungen berücksichtigt werden. Die dynamische Optimierung muss online im Betrieb des Systems gelöst werden. Wegen der begrenzten Rechenkapazität stellt dies besondere Anforderungen an das numerische Lösungsverfahren, es muss besonders effizient implementiert sein. Außerdem bestanden ganz praktische Anforderungen, etwa in einem geringen Bauraum, einer möglichst geringen Leistungsaufnahme und einem möglichst geringen Gewicht, denen das am IRS entwickelte Regler-Modul gerecht werden musste.

Der Aufbau des Brennstoffzellensystems, der Aufbau des Demonstrator-Systems, die intelligente Navigationsstrategie, die Entwicklung der Betriebsführungsstrategie und deren Umsetzung auf der entsprechenden Hardware für den Betrieb des Systems bis hin zur Erprobung am Aufbau sind das Ergebnis der Zusammenarbeit von drei Forschungsgruppen. Allein die Arbeiten am IRS, die in dieser Arbeit dargestellt sind, umfassen eine große Spanne von Aufgaben, die hier abschließend zusammengefasst wurden.

Über die konkrete Aufgabenstellung des Projektes hinaus lassen sich noch weitere Schlussfolgerungen ziehen. Zum einen zeigt sich an der durchgeführten detaillierten Untersuchung der verschiedenen Regelungsverfahren der Grund für die zunehmende Verbreitung von Optimierungsverfahren in der Regelungstechnik. Für komplexe Systeme kann durch diese Ansätze für den Anwender sehr anschaulich das Regelungsziel durch ein Gütemaß vorgeben werden, zusätzlich können auch Ungleichungsnebenbedingungen berücksichtigt werden. Durch die Leistungsfähigkeit der heutigen Rechner können Konzepte der modellprädiktiven Regelung auch für sehr dynamische Systeme, wie das hier betrachtete PEM-Brennstoffzellensystem, umgesetzt werden.
Zum anderen bleibt die Bewertung der PEM-Brennstoffzellentechnologie an sich. Einerseits ermöglicht sie eine Erzeugung größerer Mengen elektrischer Energie ohne lokale Emissionen und Lärm und übt dadurch eine Faszination aus. Andererseits werden auch die Nachteile deutlich. Die Lebensdauer der Systeme ist noch zu gering, die Technik ist noch nicht robust genug für den Einsatz im Massenmarkt. Durch eine geeignete Betriebsführungsstrategie kann ein Teil dieser Probleme durch den sicheren und optimierten Betrieb des Systems verkleinert werden. Weitere Impulse der technologischen Verbesserung müssen sich aus dem Gebiet der Materialentwicklung ergeben, um eine erfolgreiche Energiequelle für zukünftige Anwendungen zu erhalten.

Anhang A

Physikalische Gleichungen

A.1   Ideales Gasgesetz

Das ideale Gasgesetz wird in der Physik auch als Zustandsgleichung für ideale Gase bezeichnet. Es beschreibt den (stationären) Zusammenhang zwischen Druck, Volumen, Teilchenzahl und Temperatur eines idealen Gases und lautet

$$p \cdot V = n \cdot R \cdot T\,. \tag{A.1}$$

Die Größe R wird als Gaskonstante bezeichnet, sie hat den Wert

$$R = 8{,}314\,\frac{\mathrm{J}}{\mathrm{mol}\,\mathrm{K}}\,. \tag{A.2}$$

A.2   Umrechnung der Druckeinheiten, Partialdruck

Für die Berechnung des Drucks gilt

$$1\,\frac{\mathrm{N}}{\mathrm{m}^2} = 1\,\mathrm{Pa}\ (=\mathrm{Pascal}) = 10^{-5}\,\mathrm{bar}\,. \tag{A.3}$$

Für die Atmosphäre gilt

$$1\,\mathrm{atm} = 1013\,\mathrm{mbar} = 101300\,\mathrm{Pa}\,. \tag{A.4}$$

Für die Partialdrücke der Komponenten eines idealen Gasgemisches gilt

$$p_{\mathrm{gesamt}} = \sum_i p_i\,. \tag{A.5}$$

Dabei entspricht der Anteil einer Komponente i am Gesamtdruck auch deren Anteil an der Stoffkonzentration, der Zusammenhang ergibt sich aus dem idealen Gasgesetz.

A.3 Berechnung des Sättigungsdampfdrucks von Wasser

Der Sättigungsdampfdruck von Wasser beschreibt, bei welchen Partialdruck von Wasser in einem Gasgemisch die Kondensation von flüssigem Wasser beginnt. Er hängt von der Temperatur T ab. Nach [SZG91] gilt der empirische Zusammenhang

$$p_{\mathrm{sat}} = 101300 \cdot 10^{-2,1794+0,02953 \cdot T - 9,1837 \cdot 10^{-5} \cdot T^2 + 1,4454 \cdot 10^{-7} \cdot T^3} \,. \tag{A.6}$$

Die Temperatur wird dabei in Kelvin angegeben, der Druck in Pascal.

A.4 Faraday-Gesetz

Die Umrechnung des Stromes in die verbrauchte Stoffmenge einer elektrochemischen Reaktion wird mit dem Faraday-Gesetz vorgenommen. Dazu wird die Faraday-Konstante

$$F = 9,64867 \, \frac{\mathrm{C}}{\mathrm{mol}} \tag{A.7}$$

verwendet. Die Umrechnung lautet

$$N_{\mathrm{i}} = \frac{I}{z_{\mathrm{i}} \cdot F} \,. \tag{A.8}$$

z_i ist die Ladungszahl des betrachteten Stoffes und bezeichnet Zahl und Wertigkeit der bei der Reaktion entstehenden Ionen. Beispielsweise entstehen bei der Reaktion von Wasserstoff zwei Wasserstoff-Ionen und zwei Elektronen ($H_2 \rightarrow 2\,H^+ + 2e^-$), die Ladungszahl ist $z_{H_2} = 2$.

A.5 Berechnung der mittleren Temperatur des Wärmetauschers

Für das thermische Verhalten muss die erzwungene Konvektion beim Betrieb des Lüfters modelliert werden. Die Luft, die durch den Wärmetauscher transportiert wird, heizt dabei auf. Zur Berechnung des mitgeführten Wärmestromes wird die mittlere Temperatur der aufgeheizten Luft im Wärmetauscher berechnet.

Die Ortskoordinate durch den Wärmetauscher wird hier mit x bezeichnet und die Temperatur T der Luft in x-Richtung berechnet. Wird der in einem Ortselement dx durch Wärmeleitung übertragene Wärmestrom vom Luftstrom aufgenommen, dann gilt

$$\frac{k\,A_{\mathrm{WT}}}{d_{\mathrm{WT}}} \cdot (T_{H_2O} - T(x)) = \dot{m}_{\mathrm{Luft}} \cdot c_{\mathrm{Luft}} \cdot \frac{d\,T(x)}{dx} \qquad (A.9)$$

mit dem Wärmeleitwert $k\,A_{\mathrm{WT}}$, der Dicke d_{WT} des Wärmetauschers (hier: $d_{\mathrm{WT}} = 4{,}5\,\mathrm{cm}$), dem Luftstrom $\dot{m}_{\mathrm{Luft}}$, der durch den Lüfter mit der Stellgröße $u_{\mathrm{Lüfter}}$ eingestellt wird und der Wärmekapazität von Luft c_{Luft}. Auflösen der Gleichung nach der zeitlichen Ableitung der Temperatur liefert

$$\frac{d\,T(x)}{dx} = \underbrace{\frac{k\,A_{\mathrm{WT}}}{d_{\mathrm{WT}}} \cdot \frac{1}{N_{\mathrm{Luft}} \cdot c_{\mathrm{Luft}}} \cdot T_{H_2O}}_{c_1} - \underbrace{\frac{k\,A_{\mathrm{WT}}}{d_{\mathrm{WT}}} \cdot \frac{1}{N_{\mathrm{Luft}} \cdot c_{\mathrm{Luft}}}}_{c_2} \cdot T(x)\,. \qquad (A.10)$$

Dabei wurden die Abkürzungen c_1 und c_2 eingeführt. Die erhaltene lineare Differentialgleichung wird nun gelöst. Dazu wird zunächst nur der homogene Teil betrachtet und als Ansatz eine Exponentialfunktion eingesetzt. Man erhält als Lösung der homogenen Differentialgleichung

$$T(x) = T_0 \cdot e^{-c_2 \cdot x}\,. \qquad (A.11)$$

Die inhomogene Differentialgleichung wird dann durch die sogenannte Variation der Konstanten gelöst mit dem Ansatz

$$T_0 = T_0(x)\,. \qquad (A.12)$$

Man erhält damit

$$\begin{aligned}
\frac{dT}{dx} &= \frac{d\,T_0(x)}{dt} \cdot e^{-c_2 \cdot x} + T_0(x) \cdot (-c_2)e^{-c_2 \cdot x} \\
&\stackrel{!}{=} c_1 - c_2 \cdot T_0(x) \cdot e^{-c_2 \cdot x}\,.
\end{aligned} \qquad (A.13)$$

Daraus folgt, dass

$$c_1 = \frac{d\,T_0(x)}{dt} \cdot e^{-c_2 \cdot x} \qquad (A.14)$$

gelten muss. Die Lösung $T_0(x)$ berechnet sich dann als

$$\frac{d\,T_0(x)}{dx} = c_1 \cdot e^{c_2 \cdot x} \quad \rightarrow \quad T_0(x) = \frac{c_1}{c_2} \cdot e^{c_2 \cdot x} + c_3\,. \qquad (A.15)$$

Mit der Randbedingung $T_0(x = 0) = T_{\text{Umgebung}}$ folgt nun

$$T_{Umgebung} = \frac{c_1}{c_2} + c_3 \quad \rightarrow \quad c_3 = T_{\text{Umgebung}} - \frac{c_1}{c_2} . \tag{A.16}$$

Damit erhält man dann die Lösung

$$T(x) \;=\; \left(\frac{c_1}{c_2} \cdot e^{c_2 \cdot x} + T_{\text{Umgebung}} - \frac{c_1}{c_2} \right) \cdot e^{-c_2 \cdot x} \tag{A.17}$$

$$=\; \frac{c_1}{c_2} + T_{\text{Umgebung}} \cdot e^{-c_2 \cdot x} - \frac{c_1}{c_2} \cdot e^{-c_2 \cdot x} . \tag{A.18}$$

Durch eine Integration über die Temperatur entlang der Dicke des Wärmetauschers erhält man dann die mittlere Temperatur als

$$T_{\text{Wärmetauscher}} \;=\; \frac{1}{d} \int_0^{\text{d}} T(x) dx \tag{A.19}$$

$$=\; \frac{1}{d} \cdot \left[\frac{c_1}{c_2} \cdot x - \frac{T_{\text{Umgebung}}}{c_2} \cdot e^{-c_2 \cdot x} + \frac{c_1}{c_2} \cdot e^{-c_2 \cdot x} \right]_0^{\text{d}} \tag{A.20}$$

$$=\; \frac{1}{d} \cdot \left[\left(\frac{c_1}{c_2} \cdot d - \frac{T_{\text{Umgebung}}}{c_2} \cdot e^{-c_2 \cdot d} + \frac{c_1}{c_2^2} \cdot e^{-c_2 \cdot d} \right) \right.$$
$$\left. - \left(0 - \frac{T_{\text{Umgebung}}}{c_2} + \frac{c_1}{c_2^2} \right) \right] \tag{A.21}$$

$$=\; \frac{1}{d} \cdot \left[\frac{c_1}{c_2} \cdot d - \frac{T_{\text{Umgebung}}}{c_2} \cdot e^{-c_2 \cdot d} + \frac{c_1}{c_2^2} \cdot e^{-c_2 \cdot d} \right.$$
$$\left. + \frac{T_{\text{Umgebung}}}{c_2} - \frac{c_1}{c_2^2} \right] . \tag{A.22}$$

Mit der mittleren Temperatur des Wärmetauschers kann dann der Wärmestrom berechnet werden, und es ergibt sich

$$\dot{Q}_{\text{Wärmetauscher}} = c_{\text{Luft}} \cdot \dot{m}_{\text{Luft}} \cdot \left(\frac{T_{\text{Kühl, ein}} + T_{\text{Kühl, aus}}}{2} - T_{\text{Wärmetauscher}}(u_{\text{Lüfter}}) \right) \tag{A.23}$$

mit dem Zusammenhang

$$T_{\text{Wärmetauscher}} = \frac{1}{d} \cdot \left[\frac{c_1}{c_2} \cdot d - \frac{T_{\text{Umgebung}}}{c_2} \cdot e^{-c_2 \cdot d} + \frac{c_1}{c_2^2} \cdot e^{-c_2 \cdot d} + \frac{T_{\text{Umgebung}}}{c_2} - \frac{c_1}{c_2^2} \right] . \tag{A.24}$$

Anhang B

Parameter des Systemaufbaus

Im Kapitel 5 wurde die Identifikation des Systemmodells beschrieben. Die für den konkreten Systemaufbau des Demonstrator-Systems erhaltenen Werte der Systemparameter sind im Folgenden zusammen mit den übrigen bekannten Größen angegeben.

Parameter	Wert	Bedeutung
A	$0{,}036\,\Omega\,\mathrm{cm}^2$	Parameter des Membranmodells
$A_{\mathrm{Befeuchter}}$	$200\,\mathrm{cm}^2$	Oberfläche Membranbefeuchter
A_{Einlass}	$0{,}012\,\mathrm{cm}^2$	Querschnittsfläche eines Gaskanals
A_{Zelle}	$30{,}2\,\mathrm{cm}^2$	aktive Oberfläche einer Zelle
b	$1{,}62$	Parameter des Membranmodells
b_{ch}	$0{,}15\,\mathrm{cm}$	Breite eines Gaskanals
C_{Stack}	$48{,}95\,\mathrm{kJ\,K}^{-1}$	Wärmekapazität des Stacks
C_{Wasser}	$6{,}73\,\mathrm{kJ\,K}^{-1}$	Wärmekapazität des Kühlwassers
d_{M}	$1{,}75\cdot 10^{-4}\,\mathrm{cm}$	Dicke der Membran
h_{c}	$0{,}08\,\mathrm{cm}$	Höhe eines Gaskanals
$k\,A_{\mathrm{Stack}}$	$33{,}87\,\mathrm{W\,K}^{-1}$	Wärmedurchgangskoeffizient Stack
$k\,A_{\mathrm{KW}}$	$100{,}69\,\mathrm{W\,K}^{-1}$	Wärmedurchgangskoeffizient Kühlwasser
$k\,A_{\mathrm{Lüfter}}$	$117{,}28\,\mathrm{W\,K}^{-1}$	Wärmedurchgangskoeffizient Lüfter
l_{ch}	$46{,}5\,\mathrm{cm}$	Länge eines Gaskanals
$n_{\mathrm{Transport}}$	$0{,}00014\,\mathrm{mol\,A}^{-1}$	Wassertransport durch die Membran
n_{Zellen}	40	Anzahl der Zellen im Stack

Zeichen	Einheit	Bedeutung
ξ_1	$-87{,}70\,\mathrm{V}$	Parameter des Elektrodenmodells
ξ_2	$3{,}01\,\mathrm{V}\,\mathrm{K}^{-1}$	Parameter des Elektrodenmodells
ξ_3	$0{,}18\,\mathrm{V}\,\mathrm{K}^{-1}$	Parameter des Elektrodenmodells
ξ_4	$0{,}0003\,\mathrm{K}^{-1}$	Parameter des Elektrodenmodells

Anhang C

Herleitung des Hamilton-Verfahrens

Im Abschnitt 6.4 wurden die Bestimmungsgleichungen für die optimale Lösung des dynamischen Optimierungsproblems ohne Herleitung angegeben. Das entsprechende Gleichungssystem kann auf verschiedene Weisen hergeleitet werden [Föl94a, Kir04]. Üblich ist die Herleitung durch die Anwendung einer Schar von Vergleichskurven wie in [Föl94a]. Die Herleitung des Gleichungssystems hier orientiert sich an der Darstellung in [Kir04], sie ergibt sich direkt aus der Differential- und Integralrechnung.

Für die Systemgleichung gilt wie gehabt

$$\underline{\dot{x}} = \underline{f}\left(\underline{x}, \underline{u}\right) \tag{C.1}$$

mit dem Startwert

$$\underline{x}\left(t_0\right) = \underline{x}_0 \, . \tag{C.2}$$

Das zu minimierende Gütemaß ist in der Form

$$J\left(\underline{u}\right) = h\left(\underline{x}(t_\mathrm{f}), t_\mathrm{f}\right) + \int_{t_0}^{t_\mathrm{e}} l\left(\underline{x}, \underline{u}, t\right) \, dt \tag{C.3}$$

gegeben. Dabei kann der Mayersche Anteil des Gütemaßes auch in der Form

$$h\left(\underline{x}(t_\mathrm{e}), t_\mathrm{e}\right) = \int_{t_0}^{t_\mathrm{e}} \frac{d\,h\left(\underline{x}, t\right)}{dt} \, dt + h\left(\underline{x}\left(\underline{x}(t_0), t_0\right)\right) \tag{C.4}$$

dargestellt werden. Damit gilt für das gesamte Gütemaß

$$J\left(\underline{u}\right) = \int_{t_0}^{t_\mathrm{e}} \left\{ l\left(\underline{x}, \underline{u}, t\right) + \frac{d\,h\left(\underline{x}, t\right)}{dt} \right\} \, dt + h\left(\underline{x}\left(\underline{x}(t_0), t_0\right)\right) \, . \tag{C.5}$$

Der Ausdruck $h\left(\underline{x}\left(\underline{x}(t_0), t_0\right)\right)$ hängt nur vom festen Startwert ab und kann daher bei der Berechnung des Gütemaßes vernachlässigt werden. Mit den Regeln der Differentialrechnung kann das Gütemaß nun auch als

$$J\left(\underline{u}\right) = \int_{t_0}^{t_e} \left\{ l\left(\underline{x}, \underline{u}, t\right) + \left[\frac{\partial h\left(\underline{x}, t\right)}{\partial t}\right]^T \cdot \dot{\underline{x}} + \frac{\partial h\left(\underline{x}, t\right)}{\partial t} \right\} dt \qquad (\text{C}.6)$$

geschrieben werden. Mittels des Lagrangeschen Multiplikators $\underline{\psi}$ können die Systemgleichungen, die eine Nebenbedingung für das ursprüngliche Optimierungsproblem darstellen, in das Gütemaß aufgenommen werden und man erhält

$$J_{\underline{\psi}}\left(\underline{u}\right) = \int_{t_0}^{t_e} \left\{ l\left(\underline{x}, \underline{u}, t\right) + \left[\frac{\partial h\left(\underline{x}, t\right)}{\partial t}\right]^T \cdot \dot{\underline{x}} + \frac{\partial h\left(\underline{x}, t\right)}{\partial t} + \underline{\psi}^T \cdot \left[\underline{f}\left(\underline{x}, \underline{u}\right) - \dot{\underline{x}}\right] \right\} dt\,.$$
$$(\text{C}.7)$$

Wird nun $l_{\underline{\psi}}$ definiert mit

$$l_{\underline{\psi}}\left(\underline{x}, \dot{\underline{x}}, \underline{u}, \underline{\psi}, t\right) = l\left(\underline{x}, \underline{u}, t\right) + \left[\frac{\partial h\left(\underline{x}, t\right)}{\partial t}\right]^T \cdot \dot{\underline{x}} + \frac{\partial h\left(\underline{x}, t\right)}{\partial t} + \underline{\psi}^T \cdot \left[\underline{f}\left(\underline{x}, \underline{u}\right) - \dot{\underline{x}}\right]\,, \quad (\text{C}.8)$$

so kann das Gütemaß als

$$J_{\underline{\psi}}\left(\underline{u}\right) = \int_{t_0}^{t_e} \left\{ l_{\underline{\psi}}\left(\underline{x}, \dot{\underline{x}}, \underline{u}, \underline{\psi}, t\right) \right\} dt \qquad (\text{C}.9)$$

dargestellt werden. Unter der Berücksichtigung des Zusammenhangs

$$\delta x(t) = \int_{t_0}^{t} \delta \dot{x}(t)\, dt + \delta x(t_0) \qquad (\text{C}.10)$$

und mit der Durchführung einer partiellen Integration erhält man für die optimale Steuertrajektorie $\underline{u}^*$ den Ausdruck

$$\left.\frac{dJ(\underline{u})}{dt}\right|_{\underline{u}^*} \overset{!}{=} 0 = \left[\frac{\partial l_\psi\left(\underline{x}^*(t_{\mathrm{f}}), \dot{\underline{x}}^*(t_{\mathrm{f}}), \underline{u}^*(t_{\mathrm{f}}), \underline{\psi}^*(t_{\mathrm{f}}), t_{\mathrm{f}}\right)}{\partial \dot{\underline{x}}}\right]^T \cdot \delta\underline{x}_{\mathrm{f}}$$

$$+ \left[l_\psi\left(\underline{x}^*(t_{\mathrm{f}}), \dot{\underline{x}}^*(t_{\mathrm{f}}), \underline{u}^*(t_{\mathrm{f}}), \underline{\psi}^*(t_{\mathrm{f}}), t_{\mathrm{f}}\right)\right.$$

$$\left[\frac{\partial l_\psi\left(\underline{x}^*(t_{\mathrm{f}}), \dot{\underline{x}}^*(t_{\mathrm{f}}), \underline{u}^*(t_{\mathrm{f}}), \underline{\psi}^*(t_{\mathrm{f}}), t_{\mathrm{f}}\right)}{\partial \dot{\underline{x}}}\right]^T \cdot \dot{\underline{x}}^*(t_{\mathrm{f}})\bigg] \cdot \delta t_{\mathrm{f}}$$

$$\int_{t_0}^{t_{\mathrm{f}}} \left\{\left[\left[\frac{\partial l_\psi\left(\underline{x}^*(t), \dot{\underline{x}}^*(t), \underline{u}^*(t), \underline{\psi}^*(t), t\right)}{\partial \underline{x}}\right]^T\right.\right.$$

$$\left.\left. - \frac{d}{dt}\left[\frac{\partial l_\psi\left(\underline{x}^*(t), \dot{\underline{x}}^*(t), \underline{u}^*(t), \underline{\psi}^*(t), t\right)}{\partial \dot{\underline{x}}}\right]^T\right] \cdot \delta\underline{x}(t)\right.$$

$$+ \left[\frac{\partial l_\psi\left(\underline{x}^*(t), \dot{\underline{x}}^*(t), \underline{u}^*(t), \underline{\psi}^*(t), t\right)}{\partial \underline{u}}\right]^T \cdot \delta\underline{u}(t)$$

$$\left.\left[\frac{\partial l_\psi\left(\underline{x}^*(t), \dot{\underline{x}}^*(t), \underline{u}^*(t), \underline{\psi}^*(t), t\right)}{\partial \underline{\psi}}\right]^T \cdot \delta\underline{\psi}(t)\right\} dt. \quad (\mathrm{C}.11)$$

Die Terme können nun geeignet zusammengefasst werden. Betrachtet man alle Terme im Integral, die die Funktion h enthalten, so ergibt sich der Zusammenhang

$$\frac{\partial}{\partial \underline{x}}\left[\left[\frac{\partial h\left(\underline{x}^*(t), t\right)}{\partial \underline{x}}\right]^T \cdot \dot{\underline{x}}^*(t) + \frac{\partial h\left(\underline{x}^*(t), t\right)}{\partial t}\right] - \frac{d}{dt}\left\{\frac{\partial}{\partial \dot{\underline{x}}}\left[\left[\frac{\partial h\left(\underline{x}^*(t), t\right)}{\partial \underline{x}}\right]^T \cdot \dot{\underline{x}}^*(t)\right]\right\} \cdot$$

$$(\mathrm{C}.12)$$

Der Ausdruck kann mit zweiten partiellen Ableitungen als

$$\left[\frac{\partial^2 h\left(\underline{x}^*(t), t\right)}{\partial x^2}\right] \cdot \dot{\underline{x}}^*(t) + \left[\frac{\partial^2 h\left(\underline{x}^*(t), t\right)}{\partial t \partial \underline{x}}\right] - \frac{d}{dt}\left[\frac{\partial h\left(\underline{x}^*(t), t\right)}{\partial \underline{x}}\right] \quad (\mathrm{C}.13)$$

dargestellt werden. Wird die Kettenregel der Differentialrechnung auf den letzten Summanden angewendet, so ergibt sich

$$\left[\frac{\partial h\left(\underline{x}^*(t), t\right)}{\partial x^2}\right] \cdot \dot{\underline{x}}^*(t) + \left[\frac{\partial^2 h\left(\underline{x}^*(t), t\right)}{\partial t \partial \underline{x}}\right] - \left[\frac{\partial^2 h\left(\underline{x}^*(t), t\right)}{\partial x^2}\right] \cdot \dot{\underline{x}}^*(t) - \left[\frac{\partial^2 h\left(\underline{x}^*(t), t\right)}{\partial \underline{x} \partial t}\right].$$

$$(\mathrm{C}.14)$$

Wenn die auftretenden zweiten Ableitungen stetig sind, kann die Reihenfolge der Ableitungen vertauscht werden, und der Ausdruck (C.14) ist identisch null. Für den Ausdruck aus Gleichung (C.11) ergibt sich dann

$$
\begin{aligned}
0 \; &\overset{!}{=} \; \int_{t_0}^{t_e} \Bigg\{ \left[\left[\frac{\partial l\left(\underline{x}^*(t), \underline{u}^*(t), t\right)}{\partial \underline{x}} \right]^T \right. \\
&\quad \left. + \underline{\psi}^{*\,T}(t) \cdot \left[\frac{\underline{f}\left(\underline{x}^*(t), \underline{u}^*(t), t\right)}{\partial \underline{x}} \right] - \frac{d}{dt}\left[-\underline{\psi}^{*\,T}(t) \right] \right] \cdot \delta\underline{x}(t) \\
&\quad + \left[\left[\frac{\partial l\left(\underline{x}^*(t), \underline{u}^*(t), t\right)}{\partial \underline{u}} \right]^T + \underline{\psi}^{*\,T}(t) \cdot \left[\frac{\partial \underline{f}\left(\underline{x}^*(t), \underline{u}^*(t), t\right)}{\partial \underline{u}} \right] \right] \cdot \delta\underline{u}(t) \\
&\quad + \left[\left[\underline{f}\left(\underline{x}^*(t), \underline{u}^*(t), t\right) - \underline{\dot{x}}^* \right]^T \right] \cdot \delta\underline{\psi}(t) \Bigg\} \, dt \, .
\end{aligned}
\tag{C.15}
$$

Für die optimale Lösung $\underline{x}^*(t)$ ist die Systemgleichung mit

$$
\underline{\dot{x}}^*(t) = \underline{f}\left(\underline{x}^*(t), \underline{u}^*(t), t\right)
\tag{C.16}
$$

erfüllt, der Faktor $\delta\underline{\psi}(t)$ kann dann zu null gesetzt werden. Der Lagrangesche Multiplikator $\underline{\psi}(t)$ kann jetzt beliebig gewählt werden. Er wird jetzt so festgelegt, dass

$$
\underline{\dot{\psi}}^*(t) = - \left[\frac{\underline{f}\left(\underline{x}^*(t), \underline{u}^*(t), t\right)}{\partial \underline{x}} \right]^T \cdot \underline{\psi}^*(t) - \frac{\partial l\left(\underline{x}^*(t), \underline{u}^*(t), t\right)}{\partial \underline{x}}
\tag{C.17}
$$

gilt. Die mit $\delta\underline{u}(t)$ multiplizierten Terme sind davon unabhängig, sodass

$$
\frac{\partial l\left(\underline{x}^*(t), \underline{u}^*(t), t\right)}{\partial \underline{u}} + \left[\frac{\partial \underline{f}\left(\underline{x}^*(t), \underline{u}^*(t), t\right)}{\partial \underline{u}} \right]^T \cdot \underline{\psi}^*(t) \overset{!}{=} \underline{0}
\tag{C.18}
$$

gelten muss. Für die weiteren Terme aus Gleichung (C.11) muss nun ebenfalls

$$
\begin{aligned}
0 \; = \; & \left[\frac{\partial h\left(\underline{x}^*(t_f), t_f\right)}{\partial \underline{x}} - \underline{\psi}^*(t_f) \right]^T \cdot \delta\underline{x}_f + \left[l\left(\underline{x}^*(t_f), \underline{u}^*(t_f), t_f\right) + \frac{\partial h\left(\underline{x}^*(t_f), t_f\right)}{\partial t} \right. \\
& \left. + \underline{\psi}^{*\,T}(t_f) \cdot \left[\underline{f}\left(\underline{x}^*(t_f), \underline{u}^*(t_f), t_f\right) \right] \right] \cdot \delta t_f
\end{aligned}
\tag{C.19}
$$

gelten. Unter Verwendung der Hamilton-Funktion mit

$$
H\left(\underline{x}(t), \underline{u}(t), \underline{\psi}(t), t\right) = l\left(\underline{x}(t), \underline{u}(t), t\right) + \underline{\psi}^T(t) \cdot \left[\underline{f}\left(\underline{x}(t), \underline{u}(t), t\right) \right]
\tag{C.20}
$$

können die Gleichungen (C.16), (C.17) und (C.18) in der Form

$$\dot{\underline{x}}^*(t) \;=\; \frac{\partial H\left(\underline{x}^*(t),\underline{u}^*(t),\underline{\psi}^*(t),t\right)}{\partial \underline{\psi}}\,, \tag{C.21}$$

$$\dot{\underline{\psi}}^*(t) \;=\; -\frac{\partial H\left(\underline{x}^*(t),\underline{u}^*(t),\underline{\psi}^*(t),t\right)}{\partial \underline{x}}\,, \tag{C.22}$$

$$\underline{0} \;=\; \frac{\partial H\left(\underline{x}^*(t),\underline{u}^*(t),\underline{\psi}^*(t),t\right)}{\partial \underline{u}} \tag{C.23}$$

dargestellt werden. Aus Gleichung (C.19) ergibt sich der Ausdruck

$$\left[\frac{\partial h\left(\underline{x}^*(t_{\mathrm{f}}),t_{\mathrm{f}}\right)}{\partial \underline{x}} - \underline{\psi}^*(t_{\mathrm{f}})\right]^T \cdot \delta \underline{x}_{\mathrm{f}} + \left[H\left(\underline{x}^*(t),\underline{u}^*(t),\underline{\psi}^*(t),t\right) + \frac{\partial h\left(\underline{x}^*(t_{\mathrm{f}}),t_{\mathrm{f}}\right)}{\partial t}\right]\cdot\delta t_{\mathrm{f}} = 0\,. \tag{C.24}$$

Für den hier betrachteten Fall einer Optimierung ohne Bedingungen an den Endwert $\underline{x}^*(t_{\mathrm{e}})$ ergibt sich dann

$$\frac{\partial h\left(\underline{x}^*(t_{\mathrm{f}})\right)}{\partial \underline{x}} - \underline{\psi}^*(t_{\mathrm{f}}) = \underline{0}\,. \tag{C.25}$$

Damit wurden das bestimmende Gleichungssystem für die optimale Lösung des Problems der dynamischen Optimierung hergeleitet. Es ergibt sich aus den Gleichungen (C.21), (C.22) und (C.21) mit den Randbedingungen aus den Gleichungen (C.2) und (C.24).

Anhang D

Verzeichnisse

D.1 Abkürzungen, Symbole und Formelzeichen

D.1.1 Abkürzungen

Abkürzung	Bedeutung
AFC	Alcaline Fuel Cell
APU	Auxiliary Power Unit
BDF	Backward-Difference-Formulae-Verfahren
DAE	Differential-Algebraisches System
DMFC	Direct Methanol Fuel Cell
FEM	Finite-Elemente-Methode
GDL	Gas Diffusion Layer
HT-PEM	Hochtemperatur-PEM-Brennstoffzelle
IPA	Fraunhofer-Institut für Produktionstechnik und Automatisierung, Stuttgart
IRS	Institut für Regelungs- und Steuerungssysteme, Universität Karlsruhe (TH)
ISE	Fraunhofer-Institut für Solare Energiesysteme, Freiburg
LQR	Linear Quadratic Regulator
LZO	Lanthanzirkonat
MCFC	Molten Carbonate Fuel Cell
MEA	Membrane-Electrode-Assembly
PAFC	Phosphoric Acid Fuel Cell

Abkürzung	Bedeutung
PBI	Polybenzimidazol
PEM	Polymer-Elektrolyt-Membran, auch synonym für PEM-Stack
PEMFC	Polymer Eletrolyte Membrane Fuel Cell, *auch:* Proton Exchange Membrane Fuel Cell
POD	Proper Orthogonal Decomposition
SOFC	Solid Oxide Fuel Cell
SVD	Singular Value Decomposition

D.1.2 Symbole und Formelzeichen

Grundlagen:

Abkürzung	Einheit	Bedeutung
F	$96485{,}3\,\frac{\text{C}}{\text{mol}}$	Faraday-Konstante
ΔG	$\frac{\text{J}}{\text{mol}}$	Gibbssche Energie
ΔH	$\frac{\text{J}}{\text{mol}}$	Reaktionsenthalpie
I	$\frac{\text{A}}{\text{cm}}$	Stromdichte
N_i	$\frac{\text{mol}}{\text{s}}$	Molenstrom Stoffspezies i
n_Zellen	$-$	Anzahl der Zellen eines Stacks
T_i	K	Temperatur Komponente i
U_i	V	Spannung an der Komponente i
z_i	$-$	Ladungszahl Stoffspezies i
η_i	$-$	Wirkungsgrad Komponente i
λ_i	$-$	Stöchiometriefaktor Stoffspezies i

Demonstrator-System:

Abkürzung	Einheit	Bedeutung
U_{Akku}	V	Akkuspannung
U_{Stack}	V	Stackspannung

Modellierung eines PEM-Brennstoffzellensystems:

Abkürzung	Einheit	Bedeutung
a	—	chemische Aktivität
A	$\Omega\,\text{cm}^2$	Parameter des Membranmodells nach [Cle03]
A_{Auslass}	cm^2	Auslassfläche eines Gaskanals
$A_{\text{Befeuchter}}$	cm^2	Membranfläche des Befeuchters
A_{Einlass}	cm^2	Einlassfläche eines Gaskanals
A_{Zelle}	cm^2	aktive Zellfläche
b	—	Parameter des Membranmodells nach [Cle03]
b_{ch}	cm	Breite eines Gaskanals
c_{i}	$\frac{\text{mol}}{\text{cm}^3}$	Stoffkonzentration Spezies i
C_{i}	$\frac{\text{J}}{\text{K}}$	Wärmekapazität
c_{i}	$\frac{\text{J}}{\text{K}\,\text{g}}$	spezifische Wärmekapazität
d_{M}	$0{,}0175\,\text{cm}$	Dicke der Membran
D_{Membran}	$\frac{\text{cm}^2}{\text{s}}$	Diffusionskonstante Membran
f	—	Systemgleichung
F	$96485{,}3\,\frac{\text{C}}{\text{mol}}$	Faraday-Konstante
g	—	Ausgangsgleichung
h_{ch}	cm	Höhe eines Gaskanals
I_0	$\frac{\text{A}}{\text{cm}^2}$	Austauschstromdichte
$k\,A_{\text{i}}$	$\frac{\text{W}}{\text{K}}$	Wärmedurchgangskoeffizient

Zeichen	Einheit	Bedeutung
l_{ch}	cm	Länge eines Gaskanals
m_{i}	kg	Masse Komponente bzw. Stoffspezies i
$\dot{m}_{\mathrm{i}}$	$\frac{\mathrm{g}}{\mathrm{s}}$	Massenstrom Stoffspezies i
M_{i}	$\frac{\mathrm{g}}{\mathrm{mol}}$	molare Masse Stoffspezies i
n_{Zellen}	–	Anzahl der Zellen eines Stacks
p_{i}	Pa	Partialdruck Stoffspezies i
$\dot{Q}_{\mathrm{i}}$	W	Wärmestrom
R	$8{,}3145\,\frac{\mathrm{J}}{\mathrm{K\,mol}}$	allgemeine Gaskonstante
R_{i}	$\frac{\mathrm{mol}}{\mathrm{s}}$	Reaktionsumsatz Stoffspezies i
R_{Membran}	$\Omega\,\mathrm{cm}^2$	elektrischer Widerstand der Membran
s	–	Quellungsfaktor der Membran
t	s	Zeit
T_{i}	K	Temperatur Komponente i
$\underline{u}$	–	Steuervektor
$U_{\mathrm{Elektrode}}$	V	Elektrodenverluste
u_{i}	–	Stellgröße Komponente i
U_{Membran}	V	Verlustspannung der Membran
U_{Stack}	V	Stackspannung
U_{theo}	V	theoretische Leerlaufspannung der Zelle
U_{Zelle}	V	Zellspannung
$\underline{v}$	$\frac{\mathrm{cm}}{\mathrm{s}}$	Geschwindigkeitsvektor
V_{Anode}	cm^3	Volumen eines Gaskanals der Anode
v_{i}	$\frac{\mathrm{cm}}{\mathrm{s}}$	Strömungsgeschwindigkeit Stoffspezies i
V_{i}	cm^3	Volumen Komponente i
$\dot{V}_{\mathrm{i}}$	$\frac{\mathrm{l}}{\mathrm{min}}$	Volumenstrom Stoffspezies i
V_{Kathode}	cm^3	Volumen eines Gaskanals der Kathode
x	–	Ortskoordinate entlang des Gaskanals
$\underline{x}$	–	Zustandsvektor
y	–	Ortskoordinate durch die Membran
$\underline{y}$	–	Ausgangsvektor

Zeichen	Einheit	Bedeutung
$\underline{z}$	–	Vektor mit Größen der algebraischen Nebenbedingung
$\Delta \bar{g}_\mathrm{f}$	$\frac{\mathrm{J}}{\mathrm{mol}}$	Gibbssche freie Energie
ΔS_i	$\frac{\mathrm{J}}{\mathrm{K\,mol}}$	Reaktionsentropie der Reaktion i
ΔV	cm^3	Testvolumen
λ	–	Wassergehalt der Membran
$\tilde{\mu}_\mathrm{i}$	$\frac{\mathrm{J}}{\mathrm{mol}}$	elektrochemisches Potential der Stoffspezies i
ϕ	–	prozentuale Luftfeuchte
ρ_i	$\frac{\mathrm{kg}}{\mathrm{cm}^3}$	Dichte Stoffspezies i
σ	$\frac{\mathrm{S}}{\mathrm{cm}}$	ionische Leitfähigkeit der Membran
ξ_1	V	Parameter des Elektrodenmodells nach [ABM$^+$95a]
ξ_2	$\frac{\mathrm{V}}{\mathrm{K}}$	Parameter des Elektrodenmodells nach [ABM$^+$95a]
ξ_3	$\frac{\mathrm{V}}{\mathrm{K}}$	Parameter des Elektrodenmodells nach [ABM$^+$95a]
ξ_4	$\frac{1}{\mathrm{K}}$	Parameter des Elektrodenmodells nach [ABM$^+$95a]
ζ	cm	Ortskoordinate unter Berücksichtigung des Quellens der Membran

Simulation und Identifikation:

Abkürzung	Einheit	Bedeutung
$\underline{D}$	–	Diagonalmatrix
$\underline{D}_\mathrm{FD}$	–	Differentiationsmatrix des finite Differenzen-Verfahrens
$\underline{D}_\mathrm{Tschebyscheff}$	–	Differentiationsmatrix des Tschebyscheff-Verfahrens
$\underline{e}_\mathrm{k}$	–	Ausgangsfehler im Abtastschritt k

Zeichen	Einheit	Bedeutung
$\underline{f}$	–	Systemgleichung
$\underline{f}_T$	–	zeitdiskrete Systemgleichung mit Abtastzeit T
$\underline{g}$	–	Ausgangsgleichung
$\underline{g}_T$	–	zeitdiskrete Ausgangsgleichung mit Abtastzeit T
h	–	Schrittweite des Differenzenquotienten
J	–	Gütemaß
$N+1$	–	Anzahl der Diskretisierungspunkte
$\underline{p}$	–	Parametervektor
$\underline{p}_0$	–	initialer Parametervektor
T	s	zeitliche Schrittweite
$T_i(x)$	–	Tschebyscheff-Polynom i
$\underline{u}$	–	Steuervektor
$\underline{x}$	–	Zustandsvektor
$\underline{y}$	–	Ausgangsvektor
$\underline{z}$	–	Vektor mit Größen der algebraischen Nebenbedingung
$\delta_{i\,k}$	–	Kronecker-Symbol
Γ	–	Berandung des Gültigkeitsbereichs einer partiellen Differentialgleichung
λ	–	Feuchte der Membran
Ω	–	Fläche auf der eine partielle Differentialgleichung gültig ist
ϕ_k	–	Basisfuktion
σ_i	–	Singulärwert i
Θ	–	Begrenzung des Gültigkeitsbereiches einer partiellen Differentialgleichung
$\Theta(x,t)$	–	ortsabhängige Zustandsgröße
$\Theta_0(x)$	–	Startwert für ortsabhängige Größe

Modellprädiktive Regelung:

Abkürzung	Einheit	Bedeutung
$\underline{a}\,(\underline{u})$	–	affiner Systemanteil
$\underline{A}$	–	Systemmatrix
$\underline{B}$	–	Steuermatrix
$\underline{C}$	–	Ausgangsmatrix
$\underline{D}$	–	Durchgangsmatrix
$h(n)$	–	Menge der Filterkoeffizienten
$h\,(\underline{x}(t_\mathrm{e}), t_\mathrm{e})$	–	Mayerscher Anteil des Gütemaßes
$\underline{h}$	–	Vektor der Nebenbedingungen
H	–	Hamilton-Funktion
$\underline{H}$	–	Approximation der inversen Hesse-Matrix
$\overset{(k)}{u_\mathrm{i}}$	–	k-te Ableitung der i-ten Komponente des Steuervektors
$\overset{(k)}{y_\mathrm{i}}$	–	k-te Ableitung der i-ten Komponente des Messvektors
$\underline{Q}$	–	Gewichtungsmatrix
$\underline{s}_\mathrm{k}$	–	Suchrichtung der Optimierung
$\underline{S}$	–	Gewichtungsmatrix
$\underline{u}$	–	Steuervektor
$\mathcal{V}_\mathrm{j}$	–	Funktionenraum der Skalierungsfunktionen der Skalierung j
$\mathcal{W}_\mathrm{j}$	–	Funktionenraum der Wavelet-Funktionen der Skalierung j
$\underline{x}$	–	Zustandsvektor
$\underline{y}$	–	Ausgangsvektor
α_k	–	Schrittweite der Optimierung
$\underline{\eta}$	–	Vektor der Scheduling-Variablen
$\underline{\mu}$	–	Lagrangescher Multiplikator
$\underline{\phi}_\mathrm{j,k}$	–	Skalierungsfunktion mit Skalierung j und Translation k
$\underline{\psi}$	–	Kozustandsvektor

Zeichen	Einheit	Bedeutung
$\underline{\psi}_{j,k}$	–	Wavelet-Funktion mit Skalierung j und Translation k

Zustandsschätzung mit dem Sigma-Punkt Kalman-Filter:

Abkürzung	Einheit	Bedeutung
$E\{\ldots\}$	–	Erwartungswert
$\underline{K}(k)$	–	Kalmanverstärkung
$p(\ldots\,|\,\ldots)$	–	bedingte Wahrscheinlichkeit
$\underline{P}_{\ldots}$	–	Kovarianzmatrix
$\underline{S}_{\ldots}$	–	Cholesky-Faktor der Kovarianzmatrix
$\underline{v}$	–	Prozessrauschen
$\underline{w}$	–	Messrauschen
$\underline{\tilde{x}}$	–	Schätzfehler
$\underline{\tilde{y}}$	–	Ausgangsfehler
$\underline{\chi}$	–	Menge der Sigma-Punkte
$\underline{\upsilon}$	–	Menge der durch die Ausgangsgleichung abgebildeten Sigma-Punkte

D.2 Betreute Arbeiten

- Sebastian Stöckler, *Modellierung und Identifikation des stationären Verhaltens einer PEM-Brennstoffzelle*, Studienarbeit 167, Institut für Regelungs- und Steuerungssysteme, Universität Karlsruhe (TH), 2003.

- Volker Jockheck, *Simulation eines eindimensionalen dynamischen PEM-Modells*, Diplomarbeit 765, Institut für Regelungs- und Steuerungssysteme, Universität Karlsruhe (TH), 2004.

- Besir Idrizi, *Identifikation eines Membran-Modells für PEM-Brennstoffzellen*, Studienarbeit 180, Institut für Regelungs- und Steuerungssysteme, Universität Karlsruhe (TH), 2004.

- Christian Siegel, *Spektrale Verfahren zur Simulation einer Polymer-Elektrolyt-Membran*, Diplomarbeit 769, Institut für Regelungs- und Steuerungssysteme, Universität Karlsruhe (TH), 2004.

- Faiz Baccour, *Cluster-Analyse zur Diagnose eines stationären PEM-Modells*, Studienarbeit 173, Institut für Regelungs- und Steuerungssysteme, Universität Karlsruhe (TH), 2004.

- Muhammad Rauf Hameed, *Aufbau einer Ansteuerung für ein PEM-Brennstoffzellensystem*, Studienarbeit 185, Institut für Regelungs- und Steuerungssysteme, Universität Karlsruhe (TH), 2005.

- Matthias Gemmar, *Nichtlineare Leistungsregelung eines PEM-Brennstoffzellenstacks*, Diplomarbeit 781, Institut für Regelungs- und Steuerungssysteme, Universität Karlsruhe (TH), 2005.

- Robert Schmidt, *Anwendung numerischer Simulationsverfahren für ein PEM-Brennstoffzellenmodell*, Studienarbeit 195, Institut für Regelungs- und Steuerungssysteme, Universität Karlsruhe (TH), 2006.

- Thiemo Bauer, *Identifikation, Zustandsschätzung und Diagnose für einen PEM-Brennstoffzellenstack*, Diplomarbeit 784, Institut für Regelungs- und Steuerungssysteme, Universität Karlsruhe (TH), 2006.

- Kathrin Härle, *Effiziente Verfahren zur Optimalregelung eines PEM-Brennstoffzellensystems*, Studienarbeit 200, Institut für Regelungs- und Steuerungssysteme, Universität Karlsruhe (TH), 2006.

- Matthias Kahl, *Adaptive Regelung eines PEM-Brennstoffzellensystems*, Studienarbeit 208, Institut für Regelungs- und Steuerungssysteme, Universität Karlsruhe (TH), 2007.

- Robert Schmidt, *Modellprädiktive Leistungsregelung eines PEM-Brennstoffzellensystems mit Ungleichungsnebenbedingungen*, Diplomarbeit 794, Institut für Regelungs- und Steuerungssysteme, Universität Karlsruhe (TH), 2007.

- Georg Hauk, *Entwicklung eines Verfahrens zur dynamischen Optimierung auf Basis von Wavelet-Funktionen*, Diplomarbeit 800, Institut für Regelungs- und Steuerungssysteme, Universität Karlsruhe (TH), 2007.

D.3 Veröffentlichungen und Tagungsbeiträge

- Jens Niemeyer und Volker Krebs, *A Diagnostic Tool for Static PEMFC Overvoltage Models*, 2nd France Deutschland Fuel Cell Conference, Belfort, 2004.

- Christoph Ziegler, Simon Philipps, Jens Niemeyer und Jürgen O. Schumacher, *Dynamic Modeling of a PEM Fuel Cell Stack*, 3rd European Polymer Electrolyte Fuel Cells Forum, Luzern, 2005.

- Jens Niemeyer, Christian Siegel und Volker Krebs, *Simulation of a Dynamic PEMFC Membran Model with Spektral Methods*, 3rd European Polymer Electrolyte Fuel Cells Forum, Luzern, 2005.
  Award: Christian Friedrich Schönbein Award: Best Poster.

- Michael Buchholz, Gwendaelle Pecheur, Jens Niemeyer und Volker Krebs, *PEMFC fault diagnosis based on fuzzy cluster analysis*, Fuel Cells Science & Technology 2006, Turin, 2006.

- Simon Philipps, Jens Niemeyer, Jürgen O. Schumacher und Christoph Ziegler, *Dynamic modeling and identification of a PEM fuel cell stack*, Fuel Cells Science & Technology 2006, Turin, 2006.
  Award: Best Poster Paper on Component Modeling and Characterisation.

- Jens Niemeyer, Thiemo Bauer, Matthias Gemmar, Simon Philipps, Christoph Ziegler und Volker Krebs, *State estimation and optimal control for a PEM fuel cell system*, Fuel Cells Science & Technology 2006, Turin, 2006.

- Jens Niemeyer, Volker Krebs, Christoph Ziegler und Winfried Baum, *Autonomous Robot with Predictive PEMFC Power Supply*, Fuel Cell Seminar, Honolulu, 2006.

- Michael Buchholz, Gwendaelle Pecheur, Jens Niemeyer und Volker Krebs, *Fault Detection and Isolation for PEM Fuel Cell Stacks Using Fuzzy Clusters*, European Control Conference 2007, Kos, Griechenland, 2007.

- Jens Niemeyer und Volker Krebs, *Optimale Betriebsführung von Mini-Brennstoffzellen*, 41. Regelungstechnisches Kolloquium, Boppard, 2007.

Literatur

[ABM+95a] Amphlett, J. C., R. M. Baumert, R. F. Mann, B. A. Peppley, P. R. Roberge und T. J. Harris: *Performance Modeling of the Ballard Mark IV Solid Polymer Electrolyte Fuel Cell. I. Mechanistic Model Development.* J. Electrochem. Soc., Vol. 142(No. 1):1 – 8, 1995.

[ABM+95b] Amphlett, J. C., R. M. Baumert, R. F. Mann, B. A. Peppley, P. R. Roberge und T. J. Harris: *Performance Modeling of the Ballard Mark IV Solid Polymer Electrolyte Fuel Cell. II. Empirical Model Development.* J. Electrochem. Soc., Vol. 142(No. 1):9 – 15, 1995.

[AdP02] Atkins, P. und J. de Paula: *Atkins' Physical Chemistry.* Oxford University Press, 7. Auflage, 2002.

[AGPV04] Arcak, M., H. Görgün, L. M. Pedersen und S. Varigonda: *A Nonlinear Observer Design for Fuel Cell Hydrogen Estimation.* IEEE Transactions on Control Systems Technology, 12(1):101 – 110, 2004.

[AMP+96] Amphlett, J. C., R. F. Mann, P. A. Peppley, P. R. Roberge und A. Rodrigues: *A model predicting transient responses of proton exchange membrane fuel cells.* Journal of Power Sources, 61:183 – 188, 1996.

[AP98] Ascher, U. M. und L. R. Petzold: *Computer Methods for Ordinary Differential Equations and Differential-Algebraic Equations.* SIAM Society for Industrial and Applied Mathematics, 1998.

[ÅW95] Åström, K. J. und B. Wittenmark: *Adaptive Control.* Addison-Wesley, 2. Auflage, 1995.

[Bac04] Baccour, F.: *Cluster-Analyse zur Diagnose eines stationären PEM-Modells.* Studienarbeit 173, Institut für Regelungs- und Steuerungssysteme, Universität Karlsruhe (TH), 2004.

[Bau06] Bauer, T.: *Identifikation, Zustandsschätzung und Diagnose für einen PEM-Brennstoffzellenstack.* Diplomarbeit 784, Institut für Regelungs- und Steuerungssysteme, Universität Karlsruhe (TH), 2006.

[BBB+01] Binder, T., L. Blank, H. G. Bock, R. Bulirsch, W. Dahmen, M. Diehl, T. Kronseder, W. Marquardt, J.P. Schlöder und O.v. Stryk: *Introduction to Model Based Optimization of Chemical Processes on Moving Horizons.* Seiten 295 – 340, 2001.

[Bet01]   Betts, J. T.: *Practical Methods for Optimal Control Using Nonlinear Programming*. SIAM Society for Industrial and Applied Mathematics, 2001.

[BET03]   Bossel, U., B. Eliasson und G. Taylor: *The Future of the Hydrogen Economy: Bright or Bleak?* Technischer Bericht, European Fuel Cell Forum, 2003.

[BGG98]   Burrus, C. S., R. A. Gopinath und H. Guo: *Introduction to Wavelets and Wavelet Transforms*. Prentice Hall, 1998.

[Bir92]   Birk, J.: *Rechnergestützte Analyse und Lösung nichtlinearer Beobachtungsaufgaben*. Fortschrittsbereichte VDI: Reihe 8, Nr. 294. VDI-Verlag, Düsseldorf, 1992.

[BK07]   Buchholz, M. und V. Krebs: *Dynamic Modelling of a Polymer Electrolyte Membrane Fuel Cell Stack by Nonlinear System Identification*. Fuel Cells, 7(5):392 – 401, 2007.

[Bän05]   Bäni, W.: *Wavelets*. Oldenbourg Verlag, 2. Auflage, 2005.

[Bos00]   Bossel, U.: *The Birth of the Fuel Cell*. European Fuel Cell Forum, Oberrohrdorf (Schweiz), 2000.

[Boy01]   Boyd, J. P.: *Chebyshev and Fourier Spectral Methods*. Dover Publications Inc., Mineola, N. Y., 2. Auflage, 2001.

[BPNK06]   Buchholz, M., G. Pecheur, J. Niemeyer und V. Krebs: *PEMFC fault diagnosis based on fuzzy cluster analysis*. Fuel Cells Science & Technology 2006, Turin, 2006.

[BPNK07]   Buchholz, M., G. Pecheur, J. Niemeyer und V. Krebs: *Fault Detection and Isolation for PEM Fuel Cell Stacks Using Fuzzy Clusters*. Seiten 971 – 977. European Control Conference 2007, 2007.

[Bry99]   Bryson, A. E.: *Dynamic Optimization*. Addison-Wesley, 1999.

[BS94]   Brammer, K. und G. Siffling: *Kalman-Bucy-Filter*. Oldenbourg Verlag, 1994.

[BSGH96]   Bronstein, I. N., K. A. Semendjajew, G. Grosche und E. Zeidler (Hrsg.): *Teubner-Taschenbuch der Mathematik. Teil 1*. Teubner Verlagsgesellschaft, 1996.

[BV92]   Bernardi, D. M. und M. W. Verbrugge: *A Mathematical Model of the Solid-Polymer-Electrolyte Fuel Cell*. J. Electrochem. Soc., Vol. 139(No. 9):2477 – 2491, 1992.

[Cle03]   Cleghorn, S.: *Developing Durable, Cost-Effective MEAs for Automotive Fuel Cells*. SAE TOPTEC Symposium, 2003.

[CM05] Cheddie, D. und N. Munroe: *Review and comparison of approaches to proton exchange membrane fuel cell modeling*. Journal of Power Sources, 147:72 – 84, 2005.

[CS01a] Costamagna, P. und S. Srinivasan: *Quantum jumps in the PEMFC science and technology from the 1960s to the year 2000 - Part I. Fundamental scientific aspects*. Journal of Power Sources, 102:242 – 252, 2001.

[CS01b] Costamagna, P. und S. Srinivasan: *Quantum jumps in the PEMFC science and technology from the 1960s to the year 2000 - Part II. Engineering, technology development and application aspects*. Journal of Power Sources, 102:253 – 269, 2001.

[Eik99] Eikerling, M. H.: *Theoretische Modellierung der elektrophysikalischen Eigenschaften, der Struktur und Funktion von Niedertemperatur-Ionenaustauschmemranen*. Doktorarbeit, Technische Universität München, 1999.

[Far93] Farlow, S. J.: *Partial Differential Equations for Scientists and Engineers*. Dover Publications, 1993.

[FEKM04] Frey, H., M. Edel, A. Kessler und W. Münch: *Stationary fuel cells at EnBW*. In: *FDFC 2004, 2nd France - Deutschland Fuel Cell Conference, Volume 1*, Seiten 13 – 17, 2004.

[Föl94a] Föllinger, O.: *Optimale Regelung und Steuerung*. Oldenbourg Verlag, München, 3. Auflage, 1994.

[Föl94b] Föllinger, O.: *Regelungstechnik*. Hüthig-Verlag, 8. Auflage, 1994.

[Fle04] Fletcher, R.: *Practical Methods of Optimization*. John Wiley & Sons, 2. Auflage, 2004.

[FR00] Felder, R. M. und R. W. Rousseau: *Elementary principles of chemical processes*. John Wiley & Sons, 3. Auflage, 2000.

[Fra87] Franke, D.: *Systeme mit örtlich verteilten Parametern*. Springer-Verlag, 1987.

[Fra94] Frank, P. M.: *Diagnoseverfahren in der Automatisierungstechnik*. at Automatisierungstechnik, 42(2):47 – 64, 1994.

[GA93] Grewal, M. S. und A. P. Andrews: *Kalman Filtering - Theory and Practice*. Prentice-Hall, 1993.

[Gem05] Gemmar, M. S.: *Nichtlineare Leistungsregelung eines PEM-Brennstoffzellenstacks*. Diplomarbeit 781, Institut für Regelungs- und Steuerungssysteme, Universität Karlsruhe (TH), 2005.

[GHS03] Gerteisen, D., A. Hakenjos und J. O. Schumacher: *Investigation of the Cathode Active Layer of PEM Fuel Cells using AC Impedance Spec-*

troscopy. 2nd European Polymer Electrolyte Fuel Cell Forum, Luzern, 2003.

[Gil73]   Gilles, E.-D.: *Systeme mit verteilten Parametern.* Oldenbourg Verlag, 1973.

[GL04]   Golbert, J. und D. R. Lewin: *Model-based control of fuel cells: (1) Regulatory control.* Journal of Power Sources, 135:135 – 151, 2004.

[GLK98]   Gurau, V., H. Liu und S. Kakaç: *Two-Dimensional Model for Proton Exchange Membrane Fuel Cells.* AIChE Journal, 44(11):2410 – 2422, 1998.

[Ham05]   Hameed, M. R.: *Aufbau einer Ansteuerung für ein PEM-Brennstoffzellensystem.* Studienarbeit 185, Institut für Regelungs- und Steuerungssysteme, Universität Karlsruhe (TH), 2005.

[Hau07]   Hauk, G.: *Entwicklung eines Verfahrens zur dynamischen Optimierung auf Basis von Wavelet-Funktionen.* Diplomarbeit 800, Institut für Regelungs- und Steuerungssysteme, Universität Karlsruhe (TH), 2007.

[HBBB06]   Holcomb, F. H., J. Bush, T. M. Brown und J. Brouwer: *Silent camp hybrid system and load profile sensitivity.* In: *Fuel Cells Science & Technology 2006, Turin,* 2006.

[Hig03]   High Level Group for Hydrogen and Fuel Cells: *Hydrogen Energy and Fuel Cells, A vision of the future.* Technischer Bericht, European Commission Community Research, 2003.

[HK06]   Hammerschmidt, A. und S. Krummrich: *Fuel Cell Propulsion of Submarines.* In: *2006 Fuel Cell Seminar, Honolulu,* 2006.

[HLGB98]   Holmes, P., J. L. Lumley und G-Berkooz: *Turbulence, Coherent Structures, Dynamical Systems and Symmetry.* Cambridge University Press, 1998.

[Här06]   Härle, K.: *Effiziente Verfahren zur Optimalregelung eines PEM-Brennstoffzellensystems.* Studienarbeit 200, Institut für Regelungs- und Steuerungssysteme, Universität Karlsruhe (TH), 2006.

[HRK$^+$04]   Haschka, M., B. M. Rüger, V. Krebs, A. Weber, V. Sonn und E. Ivers-Tiffée: *Diagnosis of SOFC-Systems Using Fractional Calculus.* Seiten 557 – 568. European Solid Oxide Fuel Cell Forum, Luzern, 2004.

[HSC$^+$06]   Hickner, M., N. Siegel, K. Chen, D. Hussey, D. Jacobson und M. Arif: *Neutron Imaging of Water and Heat Transport in PEM Fuel Cells.* Seiten 380 – 383. Fuel Cell Seminar, Honolulu, 2006.

[HV98]   Hamann, C. H. und W. Vielstich: *Elektrochemie.* Wiley-VCH, 3. Auflage, 1998.

[HV07]   Haschka, M. und V.Krebs: *A Direct Approximation of Fractional Cole-Cole-Systems by Ordinary First Order Processes.* In: *Advances in Fractional Calculus: Theoretical Developments and Applications in Physics and Engineering*, Seiten 257 – 270. Springer-Verlag, 2007.

[HW04]   Haraldsson, K. und K. Wipke: *Evaluating PEM fuel cell system models.* Journal of Power Sources, 126:88 – 97, 2004.

[Idr04]   Idrizi, B.: *Identifikation eines Membran-Modells für PEM-Brennstoffzellen.* Studienarbeit 180, Institut für Regelungs- und Steuerungssysteme, Universität Karlsruhe (TH), 2004.

[Ise92a]   Isermann, R.: *Identifikation dynamischer Systeme 1.* Springer-Verlag, 2. Auflage, 1992.

[Ise92b]   Isermann, R.: *Identifikation dynamischer Systeme 2.* Springer-Verlag, 2. Auflage, 1992.

[Isi95]   Isidori, A.: *Nonlinear Control Systems. An Introduction.* Springer-Verlag, 3. Auflage, 1995.

[IT05]   Ivers-Tiffée, E.: *Brennstoffzellen und Batterien, Skriptum zur Vorlesung.* Institut für Werkstoffe der Elektrotechnik, Universität Karlsruhe (TH), 2005.

[JHPK04]   Jemeï, S., D. Hissel, M. C. Péra und J. M. Kauffmann: *Embedded Fuel Cell Generator: Efficient Modeling through Dynamical Recurrent Neural Network.* In: *FDFC 2004, 2nd France - Deutschland Fuel Cell Conference, Volume 2*, Seiten 371 – 376, 2004.

[JLK05]   Jeong, K.-S., W.-Y. Lee und C.-S. Kim: *Energy management strategies of a fuel cell/batery hybrid system using fuzzy logics.* Journal of Power Sources, 145:319 – 326, 2005.

[Joc03]   Jockheck, V.: *Simulation eines eindimensionalen dynamischen PEM-Modells.* Diplomarbeit 765, Institut für Regelungs- und Steuerungssysteme, Universität Karlsruhe (TH), 2003.

[JUDW95]   Julier, S., J. Uhlmann und H. Durrant-Whyte: *A new approach for filtering nonlinear systems.* American Control Conference, 1995.

[Kah07]   Kahl, M.: *Adaptive Regelung eines PEM-Brennstoffzellensystems.* Studienarbeit 208, Institut für Regelungs- und Steuerungssysteme, Universität Karlsruhe (TH), 2007.

[Kir04]   Kirk, D. E.: *Optimal Control Theory - An Introduction.* Dover Publications, 2004.

[KLSC95]   Kim, J., S.-M. Lee, S. Srinivasan und C. E. Chamberlin: *Modeling of Proton Exchange Membrane Fuel Cell Performance with an Empirical Equation.* J. Electrochem. Soc., Vol. 142(No. 8):2670 – 2674, 1995.

[Kön07]   König, P.: *Modellgestützte Analyse und Simulation von stationären Brennstoffzellensystemen.* Verlagshaus Mainz GmbH Aachen, 2007.

[KS05]   Krewer, U. und K. Sundmacher: *Transfer function analysis of the dynamic behaviour of DMFCs: Response to step changes in cell current.* Journal of Power Sources, 154:153 – 170, 2005.

[KS07]   Kiencke, U. und M. Schwarz: *Methoden der Signalverarbeitung.* Universität Karlsruhe (TH), Institut für Industrielle Informationstechnik, Vorlesungsskript, 2007.

[KWL$^+$05]   König, P., A. Weber, N. Lewald, T. Aicher, L. Jörissen, E. Ivers-Tiffée, R. Szolak, M.Brendel und J. Kaczerowski: *Testing and model-aided analysis of a 2* kW$_{el}$ *PEMFC CHP-system.* Journal of Power Sources, 145:327 – 335, 2005.

[LD03]   Larminie, J. und A. Dicks: *Fuel Cell Systems Explained.* John Wiley & Sons Inc., Chinchester, West Sussex, 2. Auflage, 2003.

[Lei06]   Leibfried, T.: *Erzeugung, Übertragung und Verteilung elektrischer Energie, Manuskript zur Vorlesung.* Institut für Elektroenergiesysteme und Hochspannungstechnik, Universität Karlsruhe (TH), 2006.

[Lju06]   Ljung, L.: *System Identification, Theory for the User.* Prentice Hall, 2. Auflage, 2006.

[LL98a]   Leith, D. J. und W. E. Leithead: *Gain-scheduled and nonlinear systems: dynamic analysis by velocity-based linearization families.* International Journal of Control, 70(2):289 – 317, 1998.

[LL98b]   Leith, D. J. und W. E. Leithead: *Gain-scheduled controller design: an analytic framework directly incorporating non-equilibrium plant dynamics.* International Journal of Control, 70(2):249 – 269, 1998.

[LMR98]   Louis, A. K., P. Maaß und A. Rieder: *Wavelets.* Teubner Studienbücher, 2. Auflage, 1998.

[Lun02]   Lunze, J.: *Regelungstechnik 2. Mehrgrößensysteme, digitale Regelung.* Springer-Verlag, 2. Auflage, 2002.

[MOS05]   McKay, D. A., W. T. Ott und A. G. Stefanopoulou: *Modeling, Parameter Estimation, and Validation of Reactant and Water Dynamics for a Fuel Cell Stack.* In: *Proceedings of IMECE '05,* 2005.

[MSG07]   Müller, E. A., A. G. Stefanopoulou und L. Guzzella: *Optimal Power Control of Hybrid Fuel Cell Systems for an Accelerated System Warm-Up.* IEEE Transactions on Control Systems Technology, 15(2):290 – 305, 2007.

[NBG$^+$06]   Niemeyer, J., Th. Bauer, M. Gemmar, S. Philipps, C. Ziegler und V. Krebs: *State estimation and optimal control for a PEM fuel cell system.* Fuel Cells Science & Technology 2006, Turin, 2006.

[Nel01]   Nelles, O.: *Nonlinear System Identification*. Springer-Verlag, 2001.

[Neu99]   Neubrand, W.: *Modellbildung und Simulation von Elektromembranverfahren*. Logos-Verlag, 1999.

[NK04]   Niemeyer, J. und V. Krebs: *A Diagnostic Tool for Static PEMFC Overvoltage Models*. In: *FDFC 2004, 2nd France - Deutschland Fuel Cell Conference, Volume 2*, Seiten 415 – 419, 2004.

[NKZB06]   Niemeyer, J., V. Krebs, C. Ziegler und W. Baum: *Autonomous Robot with Predictive PEMFC Power Supply*. Fuel Cell Seminar, Honolulu, 2006.

[NN01]   Natarajan, D. und T. V. Nguyen: *A Two-Dimensional, Two-Phase, Multicomponent, Transient Model for the Cathode of a Proton Exchange Membrane Fuel Cell Using Conventional Gas Distributors*. Journal of the Electrochemical Society, 148(12):1324 – 1335, 2001.

[NSK05]   Niemeyer, J., C. Siegel und V. Krebs: *Simulation of a Dynamic PEMFC Membran Model with Spectral Methods*. 3rd European Polymer Electrolyte Fuel Cell Forum, Luzern, 2005.

[NW93]   Nguyen, T. V. und R. E. White: *A Water and Heat Management Model for Proton-Exchange-Membrane Fuel Cells*. J. Electrochem. Soc., Vol. 140(No. 8):2178 – 2186, 1993.

[Pap96]   Papageorgiou, M.: *Optimierung*. Oldenbourg Verlag, 2. Auflage, 1996.

[PNSZ06]   Philipps, S., J. Niemeyer, J. O. Schumacher und C. Ziegler: *Dynamic modeling and identification of a PEM fuel cell stack*. Fuel Cells Science & Technology 2006, Turin, 2006.

[PSP04]   Pukrushpan, J. T., A. G. Stefanopoulou und H. Peng: *Control of fuel cell power systems : principles, modeling, analysis and feedback design*. Springer-Verlag, 2004.

[PTVF02]   Press, W. H., S. A. Tucholsky, W. T. Vetterling und B. P. Flannery: *Numerical Recipes in C - The Art of Scientific Computing*. Cambridge University Press, 2. Auflage, 2002.

[PXT05]   Pathapati, P. R., X. Xue und J. Tang: *A new dynamic model for predicting transient phenomena in a PEM fuel cell system*. Renewable Energy, 30:1 – 22, 2005.

[RBD03]   Rappaz, M., M. Bellet und M. Deville: *Numerical Modeling in Materials Science and Engineering*, Band 32 der Reihe *Springer Series in Computational Mathematics*. Springer-Verlag, 2003.

[Rot97]   Rothfuß, R.: *Anwendung der flachheitsbasierten Analyse und Regelung nichtlinearer Mehrgrößensysteme*. Fortschrittsberichte VDI: Reihe 8, Nr. 664. VDI-Verlag, Düsseldorf, 1997.

[RR04]   Reuter, J. und M. Radhamohan: *A feedback linearization approach for the O_2 control in PEM fuel cells.* In: *Proceedings of NOLCOS 2004*, Seiten 1499 – 1504, Stuttgart, 2004.

[RRZ97]   Rothfuß, R., J. Rudolph und M. Zeitz: *Flachheit: Ein neuer Zugang zur Steuerung und Regelung nichtlinearer Systeme.* at Automatisierungstechnik, 45(11):517 – 525, 1997.

[SAAR05]   Serra, M., J. Aguado, X. Ansede und J. Riera: *Controllability analysis of decentralised linear controllers for polymeric fuel cells.* Journal of Power Sources, 151:93 – 102, 2005.

[Sac01]   Sackmann, M.: *Modifizierte Optimale Regelung: Nichtlinearer Reglerentwurf unter Verwendung der Hyperstabilitätstheorie.* Fortschritt-Berichte Reihe 8 Nr. 906. VDI-Verlag, 2001.

[SAM+01a] Simoglou, A., P. Argyropoulos, E. B. Martin, K. Scott, A. J. Morris und W. M. Taama: *Dynamic modelling of the voltage response of direct methanol fuel cells and stacks Part I: Model development and validation.* Chemical Engineering Science, 56:6761 – 6772, 2001.

[SAM+01b] Simoglou, A., P. Argyropoulos, E. B. Martin, K. Scott, A. J. Morris und W. M. Taama: *Dynamic modelling of the voltage response of direct methanol fuel cells and stacks Part II: Feasibility study of model-based scale-up and scale-down.* Chemical Engineering Science, 56:6773 – 6779, 2001.

[SB00]   Stoer, J. und R. Bulirsch: *Numerische Mathematik 2.* Springer, Berlin, 4. Auflage, 2000.

[Sch82]   Schmidt, G.: *Was sind und wie entstehen komplexe Systeme, und welche spezifischen Aufgaben stellen sie für die Regelungstechnik?* rt Regelungstechnik, 30(10):331 – 339, 1982.

[Sch03]   Schmid, K.: *Qualitative dynamische Modelle für das Verhalten von Hochtemperatur-Brennstoffzellen.* Fortschritt-Berichte Reihe 8 Nr. 1013. VDI-Verlag, 2003.

[Sch06]   Schmidt, R. H.: *Anwendung numerischer Simulationsverfahren für ein PEM-Brennstoffzellenmodell.* Studienarbeit 195, Institut für Regelungs- und Steuerungssysteme, Universität Karlsruhe (TH), 2006.

[Sch07]   Schmidt, R. H.: *Modellprädiktive Leistungsregelung eines PEM-Brennstoffzellensystems mit Ungleichungsnebenbedingungen.* Diplomarbeit 794, Institut für Regelungs- und Steuerungssysteme, Universität Karlsruhe (TH), 2007.

[SGD+04]   Schumacher, J. O., P. Gemmar, M. Denne, M. Zedda und M. Stueber: *Control of miniature proton exchange fuel cells based on fuzzy logic.* Journal of Power Sources, 129:143 – 151, 2004.

[Sie04]   Siegel, C.: *Spektrale Verfahren zur Simulation einer Polymer-Elektrolyt-Membran*. Diplomarbeit 769, Institut für Regelungs- und Steuerungssysteme, Universität Karlsruhe (TH), 2004.

[Sim06]   Simon, D.: *Optimal State Estimation*. John Whiley & Sons, 2006.

[SS05]   Schönbauer, S. und H. Sander: *Experimental Investigation of Current Density Distribution in Polymer Electrolyte Fuel Cells*. 3rd European Polymer Electrolyte Fuel Cell Forum, Luzern, 2005.

[Stö03]   Stöckler, S.: *Modellierung und Identifikation des stationären Verhaltens einer PEM-Brennstoffzelle*. Studienarbeit 167, Institut für Regelungs- und Steuerungssysteme, Universität Karlsruhe (TH), 2003.

[Sta05]   Staxon GmbH: *Staxon V5 - Bedienungshinweise und Datenblatt*. Berlin, 2005.

[Ste00]   Stehle, W.: *Allgemeine Optimierungsverfahren*. Skripten aus dem Institut für Nachrichtentechnik der Universität Karlsruhe (TH), 2000.

[Sto05]   Stoer, J.: *Numerische Mathematik 1*. Springer, Berlin, 9. Auflage, 2005.

[SZG91]   Springer, T. E., T. A. Zawodzinski und S. Gottesfeld: *Polymer Electrolyte Fuel Cell Model*. J. Electrochem. Soc., Vol. 138(No. 8):2334 – 2342, 1991.

[Tol71]   Tolle, H.: *Optimierungsverfahren*. Springer-Verlag, 1971.

[Tre00]   Trefethen, L. N.: *Spectral methods in MATLAB*. Software - Environments - Tools. SIAM Society for Industrial and Applied Mathematics, Philadelphia, PA, 2000.

[TW02]   Tveito, A. und R. Winther: *Einführung in partielle Differentialgleichungen*. Springer-Verlag, 2002.

[Unb95]   Unbehauen, H.: *Regelungstechnik III. Identifikation, Adaption, Optimierung*. Vieweg Verlag, 5. Auflage, 1995.

[vdM04]   Merwe, R. van der: *Sigma-Point Kalman Filters for Probabilistic Inference in Dynamic State-Space Models*. Doktorarbeit, Oregon Health & Science University, 2004.

[Vet05]   Vetter, M.: *Modellbildung und Regelstrategien für erdgasbetriebene Brennstoffzellen-Blockheizkraftwerke*. Fraunhofer IRB Verlag, 2005.

[Vog97]   Vogel, H.: *Gerthsen Physik*. Springer-Verlag, 19. Auflage, 1997.

[WBS$^+$98] Wöhr, M., K. Bolwin, W. Schnurnberger, M. Fischer, W. Neubrand und G. Eigenberger: *Dynamic modelling and simulation of a polymer membrane fuel cell including mass transport limitation*. Int. J. Hydrogen Energy, Vol. 23(No. 3):213 – 218, 1998.

[Wöh00]　　Wöhr, M.: *Instationäres, thermodynamisches Verhalten der Polymer-membran-Brennstoffzelle.* Fortschrittsbereichte VDI: Reihe 3, Nr. 630. VDI-Verlag, Düsseldorf, 2000.

[WN03]　　Weber, A. Z. und J. Newman: *Transport in Polymer-Electrolyte Membranes, I. Physical Model.* Journal of the Electrochemical Society, 150(7):1008 – 1015, 2003.

[WN04a]　　Weber, A. Z. und J. Newman: *Transport in Polymer-Electrolyte Membranes, II. Mathematical Model.* Journal of the Electrochemical Society, 151(2):311 – 325, 2004.

[WN04b]　　Weber, A. Z. und J. Newman: *Transport in Polymer-Electrolyte Membranes, III. Model Validation in a Simple Fuel-Cell Model.* Journal of the Electrochemical Society, 151(2):326 – 339, 2004.

[WW05]　　Wang, Y. und C.-Y. Wang: *Transient analysis of polymer electrolyte fuel cells.* Electrochimica Acta, 50:1307 – 1315, 2005.

[XTS+04]　　Xue, X., J. Tang, A. Smirnova, R. England und N. Sammes: *System level lumped-parameter dynamic modeling of PEM fuel cell.* Journal of Power Sources, 133:188 – 204, 2004.

[YKM+04]　　Yao, K. Z., K. Karan, K. B. McAuley, P. Oosthuizien, B. Peppley und T. Xie: *A Review of Mathematical Models for Hydrogen and Direct Methanol Polymer Electrolyte Membrane Fuel Cells.* Fuel Cells, 4(No. 1-2):3 – 29, 2004.

[YN98]　　Yi, J. S. und T. V. Nguyen: *An Along-the-Channel Model for Proton Exchange Membrane Fuel Cells.* J. Electrochem. Soc., Vol. 145(No. 4):1149 – 1159, 1998.

[Zie05]　　Ziegler, C.: *Modeling and Simulation of the Dynamic Behavior of Portable Proton Exchange Membrane Fuel Cells.* Doktorarbeit, Fraunhofer Institut für Solare Energiesysteme, 2005.

[ZPNS05]　　Ziegler, C., S. Philipps, J. Niemeyer und J. O. Schumacher: *Dynamic Modeling of a PEM Fuel Cell Stack.* 3rd European Polymer Electrolyte Fuel Cell Forum, Luzern, 2005.

[ZST+04]　　Ziegler, C., A. Schmitz, M. Tranitz, E. Fontes und J. O. Schumacher: *Modeling Planar and Self-Breeathing Fuel Cells for Use in Electronic Devices.* J. Electrochem. Soc., 151(12):2028 – 2041, 2004.

[Zwi98]　　Zwillinger, D.: *Handbook of Differential Equations.* Academic Press, 1998.

[ZXZ+06]　　Zhang, J., Z. Xie, J. Zhang, Y. Tang, C. Song, T. Navessin, Z. Shi, D. Song, H. Wang, D. P. Wilkinson, Z.-S. Liu und S. Holdcroft: *High temperature PEM fuel cells.* Journal of Power Sources, 160:872 – 891, 2006.

[ZYS05]   Ziegler, C., H. M. Yu und J. O. Schumacher: *Two-Phase Dynamic Modeling of PEMFCs and Simulation of Cyclo-Voltammograms*. J. Electrochem. Soc., 152(8):1555 – 1567, 2005.